中国轻工业“十四五”规划立项教材
高等职业教育自动化类专业系列教材
“互联网+”新形态立体化教学资源精品教材

PLC 项目式实训教程

（西门子 S7-1200）

主　编　刘　欢　易秀英　向建军
副主编　范润宇　谭　智
参　编　李　丹　李庆国　姚志远
　　　　刘　翼

中国轻工业出版社

图书在版编目（CIP）数据

PLC 项目式实训教程：西门子 S7-1200/刘欢，易秀英，向建军主编 . --北京：中国轻工业出版社，2025. 1
ISBN 978-7-5184-4567-7

Ⅰ. ①P… Ⅱ. ①刘…②易…③向… Ⅲ. ①PLC 技术—教材 Ⅳ. ①TM571. 61

中国国家版本馆 CIP 数据核字（2023）第 184530 号

责任编辑：王　淳　　责任终审：高惠京
文字编辑：宋　博　　责任校对：吴大朋　　封面设计：锋尚设计
策划编辑：宋　博　　版式设计：霸　州　　责任监印：张　可

出版发行：中国轻工业出版社（北京鲁谷东街 5 号，邮编：100040）
印　　刷：三河市万龙印装有限公司
经　　销：各地新华书店
版　　次：2025 年 1 月第 1 版第 1 次印刷
开　　本：787×1092　1/16　印张：16. 25
字　　数：381 千字
书　　号：ISBN 978-7-5184-4567-7　定价：49. 80 元
邮购电话：010-85119873
发行电话：010-85119832　010-85119912
网　　址：http：//www. chlip. com. cn
Email：club@ chlip. com. cn

221609J2X101ZBW

前　言

PLC（可编程控制器）自1969年问世以来，逐渐取代了继电器控制系统，成为现代自动控制的主要器件。我国自20世纪80年代也开始使用和研发国产品牌的PLC。近年来，PLC在我国化工、冶金、电力、机械制造、交通运输、环保及文化娱乐等行业应用活跃，具有较大市场潜力。数据显示，2020年我国PLC市场规模为130亿元。其中大中型PLC市场占比51.20%，小型PLC市场占比48.80%。而2021年我国PLC市场规模已达到143亿元，2022年进一步达到166亿元。PLC技术的不断发展升级以及在自动化行业的广泛应用对人才的素质和技能，尤其是实践设计经验都提出了新的需求。

为了满足自动化行业技术发展要求，帮助职业院校毕业生能够快速地适应实际工作环境，依据机电一体化专业国家教学标准和专业人才培养方案，结合自动化设备和产线装调与设计企业岗位需求，湖南省技能大赛机电一体化项目赛项和可编程控制器系统应用编程1+X证书考核标准，严格按照PLC控制系统项目设计流程，以工作过程为导向，提取企业真实案例作为工作任务，保证课程内容与岗位、1+X证书、赛项的对应与融合。

本书采用项目-任务驱动模式，每个项目包括若干个任务，以工作任务为导向，每个任务按照任务描述、知识链接、任务实施、任务拓展、习题以及实训任务单7个部分进行编写。实训任务单的设计是在完成了知识学习和项目任务实施的详细示例学习之后，按照实训任务单的要求和步骤进行技能训练和考核，突出对学生职业素质的培养，实现职业技能的全面提高。

为方便各职业院校开展线上-线下混合式教学，本教程配套有精品在线课程，包含大量的微课、视频、动画、图片、PPT等资源，在本书的编写中，将这些配套资源以二维码形式嵌入书中，供老师和同学们使用。

本书由湖南科技职业学院的刘欢、易秀英、向建军担任主编。范润宇、谭智担任副主编。李丹、李庆国、姚志远、刘翼参与了本书的编写工作。在编写过程中，还参考了大量国内外相关的著作和网络文献资料，在此一并向所有的作者表示衷心的感谢！

由于编者水平有限，书中难免有不妥之处，恳请广大读者批评指正。

编者

目　录

项目一　驱动电动机的控制

交流电动机由于其工作效率较高，没有烟尘、气味，不污染环境，噪声较小等一系列优点，已经成为工农业生产、交通运输、国防、商业及家用电器、医疗电器等行业的主要驱动设备。对交流电动机的控制，也由早期的继电器接触器控制，转化为 PLC 控制。PLC 控制交流电动机，可以实现其启动、停止，正反转变换，星形接法与三角形接法的转换，以及延时等控制功能。

任务一　电动机启停的 PLC 控制

可编程控制器简称 PLC，是一种工业控制器，它通过输入/输出（I/O）装置发出控制信号和接受输入信号，利用已存入的程序来控制机器的运行或工艺的执行。它不但具有逻辑、顺序、定时、计数、数字运算、数据处理等功能，而且随着技术的进步，其控制功能由简单的逻辑控制、顺序控制发展为复杂的连续控制和过程控制，成为自动化领域的三大技术支柱。

配套课件

电动机启停的PLC控制

西门子 SIMATIC S7-1200 控制器实现了模块化和紧凑型设计，功能强大、可扩展性强、灵活度高，可实现简单却高度精确的自动化任务，使该控制器成为完整、全面的自动化解决方案的重要组成部分。因此，继电器控制电路已经逐步被 PLC 控制电路所替代。

任务描述

电动机启停运行的继电器控制电路

某自动设备的驱动电动机其继电器控制电路图，如图 1-1 所示，现将其改造成 PLC 控制电路。

提出问题：

（1）如图 1-1 所示的继电器-接触器控制电动机连续运行的控制过程是什么？

（2）如何将如图 1-1 所示的电动机运行控制电路改造成 PLC 控制系统？

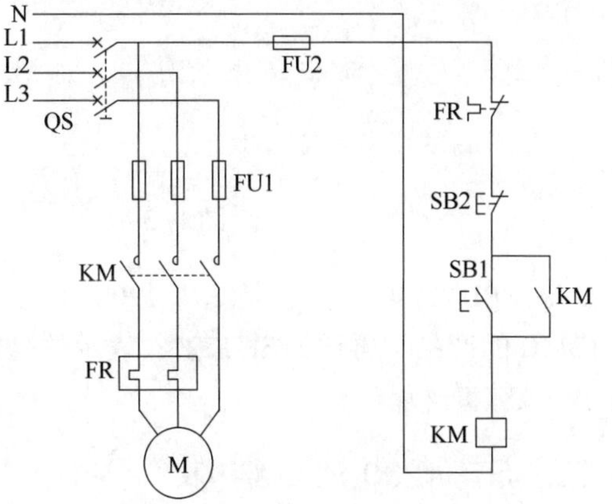

图 1-1　电动机启停运行的继电器控制电路

知识链接

一、S7-1200 PLC 的简介

1. S7-1200 PLC 在西门子 PLC 系列产品中的定位

S7-1200 PLC 是西门子 PLC 家族中一款紧凑型、模块化的 PLC，可完成简单逻辑控制、高级逻辑控制、HMI 和网络通信等任务，本书简称为 S7-1200。西门子 PLC 家族成员及其应用，如图 1-2 所示。

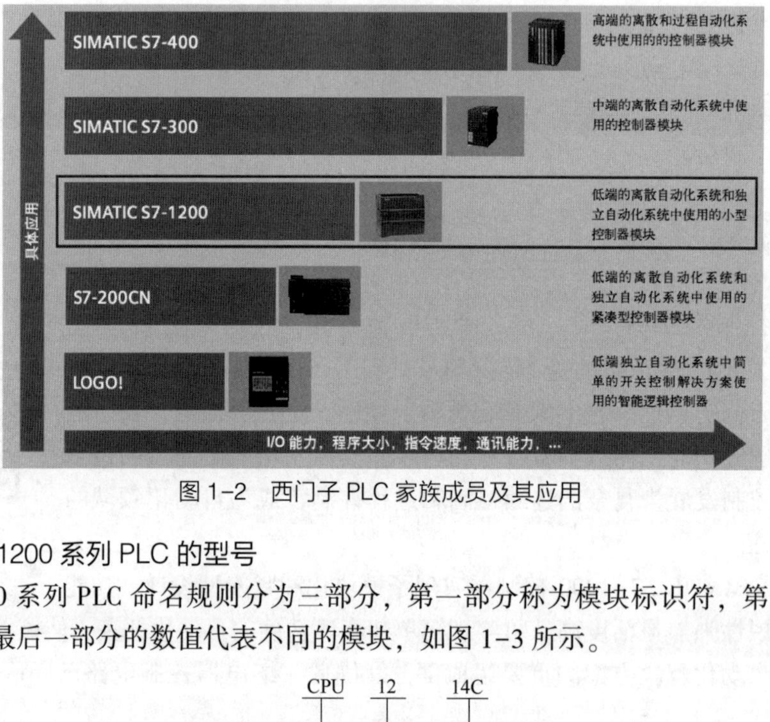

图 1-2 西门子 PLC 家族成员及其应用

2. S7-1200 系列 PLC 的型号

S7-1200 系列 PLC 命名规则分为三部分，第一部分称为模块标识符，第二部分称为 PLC 系列，最后一部分的数值代表不同的模块，如图 1-3 所示。

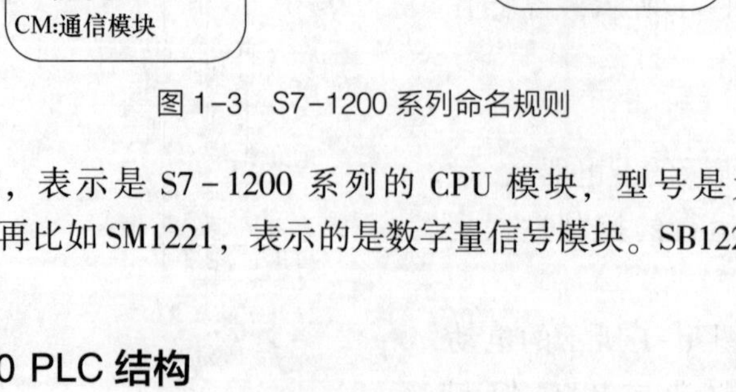

图 1-3 S7-1200 系列命名规则

比如 CPU1214C，表示是 S7-1200 系列的 CPU 模块，型号是为 CPU1214C 的产品。再比如 SM1221，表示的是数字量信号模块。SB1222 表示数字量信号板。

配套视频

S71200PLC 结构

二、S7-1200 PLC 结构

S7-1200 是小型 PLC，主要由 CPU 模块、信号板、信号模块、通信

模块和编程软件组成。各种模块安装在标准 DIN 导轨上。S7-1200 的硬件组成具有高度的灵活性，用户可以根据自身需求确定 PLC 的结构，系统扩展十分方便，如图 1-4 所示。

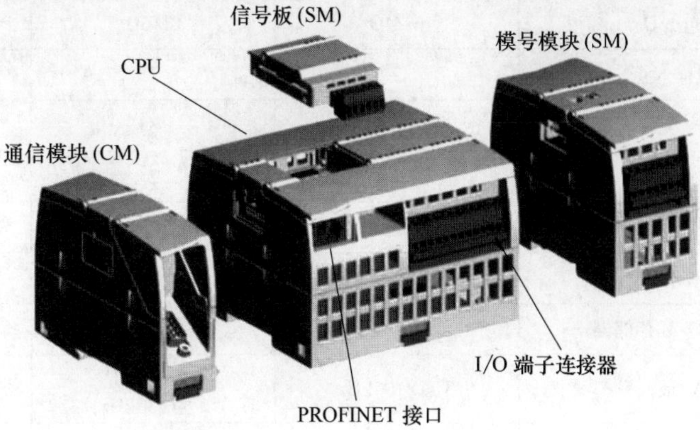

图 1-4　S7-1200 硬件结构组成

1. CPU 模块

S7-1200 的 CPU 模块将微处理器、电源、数字量输入/输出电路、模拟量输入/输出电路、PROFINET 以太网接口、高速运动控制功能组合到一个紧凑的外壳中。每块 CPU 上可以安装一块信号板，安装后不会改变 CPU 的外形和体积。其左侧还可以扩展 3 块通信模块。

微处理器相当于人的大脑，它不断采集输入信号，执行用户程序，刷新系统的输出，存储器用来储存程序和数据。集成的 PROFINET 接口用于与编程计算机、HMI、其他 PLC 或其他设备通信。此外它还通过开放的以太网协议支持与第三方设备通信。

S7-1200 CPU 模块如图 1-5 所示，其中①是 PLC 的工作电源接线端口；②是集成的 I/O（输入/输出）接口；③是板载 I/O 的状态指示 LED（发光二极管）；④是 PROFINET 以太网的通信接口；⑤ 是 3 个指示 CPU 运行状态的 LED；⑥ 是可安装的信号板。

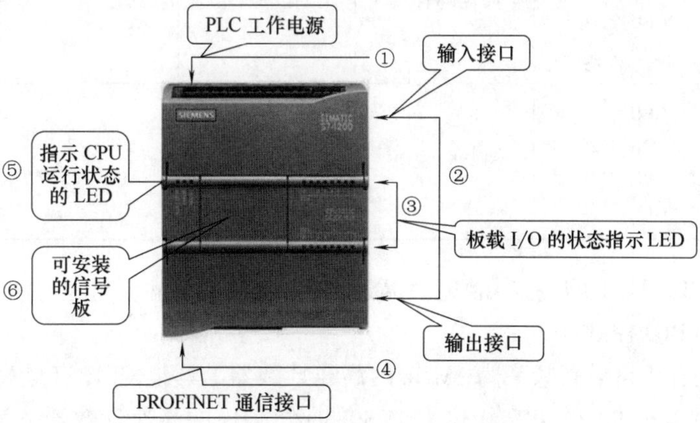

图 1-5　CPU 模块硬件结构

S7-1200 现有 5 种型号的 CPU 模块，其中 3 种典型型号 CPU 模块及参数，如表 1-1 所示，此外还有故障安全型 CPU。

表 1-1　　S7-1200 的 3 种型号 CPU 模块及参数

特性	CPU1211C	CPU1212C	CPU1214C
本机数字量 I/O	6I/4O	8I/6O	14I/10O
本机模拟量输入点	2	2	2
脉冲捕获输入点	6	8	14
扩展模块个数	—	2	8
上升沿/下降沿中断点数	6/6	8/8	12/12
集成/可扩展的工作存储器	25KB/不可扩展	25KB/不可扩展	50KB/不可扩展
集成/可扩展的装载存储器	1MB/24MB	1MB/24MB	2MB/24MB
高速计数器点数/最高频率	3 点/100kHz	3 点/100kHz 1 点/30kHz	3 点/100kHz 3 点/30kHz
高速脉冲输出点数/最高频率	2 点/100kHz(DC/DC/DC 型)		
传感器电源输出电流/mA	300	300	400
外形尺寸/mm	90×100×75	90×100×75	110×100×75

每种 CPU 版本具有不同的电源电压和输入、输出电压，如表 1-2 所示。

表 1-2　　S7-1200 CPU 版本

CPU 版本	CPU 型号	电源电压	DI 输入电压	DO 输出电压	DO 输出电流
DC/DC/DC	CPU1211C CPU1212C CPU1214C CPU1215C CPU1217C	DC 24V	DC 24V	DC 24V	0.5A MOSFET
DC/DC/RLY	CPU1211C CPU1212C CPU1214C CPU1215C	DC 24V	DC 24V	DC 5~30V AC 5~250V	2A DC 30W/ AC 200W
AC/DC/RLY	CPU1211C CPU1212C CPU1214C CPU1215C	AC 85~264V	DC 24V	DC 5~30V AC 5~250V	2A DC 30W/ AC 200W

S7-1200 CPU 集成的工艺功能包括高速计数与频率测量、高速脉冲输出、PWM 控制、运动控制和 PID 控制。

CPU 1217C 有 4 点最高频率为 1MHz 的高速计数器。其他 CPU 有最高频率为 100kHz（单相）/80kHz（互差 90°的正交相位）或 30kHz/20kHz 的高速计数器。信号板的最高计数频率为 200kHz/160kHz。

CPU 1217 支持最高 1MHz 的脉冲输出，其他 DC 输出的 CPU 本机最高 100kHz，信号板 200kHz。

2. 信号板和信号模块

（1）信号板 SB（signal board）。CPU 正面可以安装一块信号板，通过信号板可以给 CPU 增加 I/O，或者增加需要的功能。例如数字量输出信号板使继电器输出的 CPU 具有高速脉冲输出功能。其类型有 4DI、4DQ、2DI/2DQ、热电偶、热电阻、1AI、1AQ、RS485 信号板和电池板。

不同种类的信号板 SB 及其接线如图 1-6、图 1-7、图 1-8、图 1-9 所示。

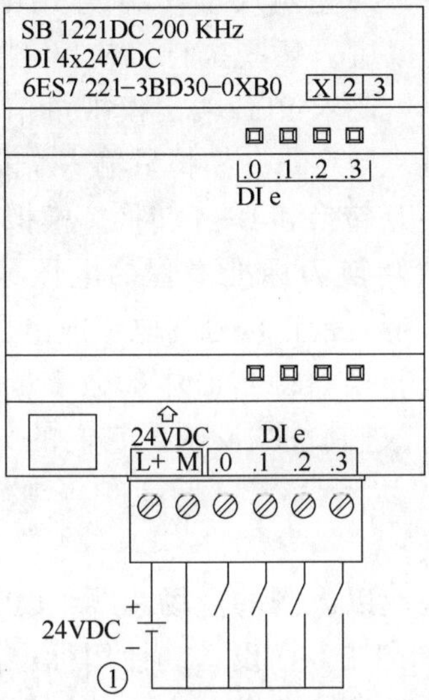

图 1-6　SB 1221 DI 4×24 VDC，200kHz

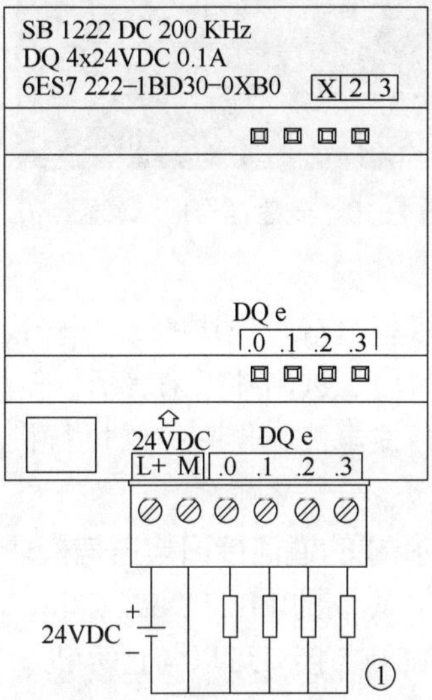

图 1-7　SB 1222 DQ 4×24 VDC，200kHz

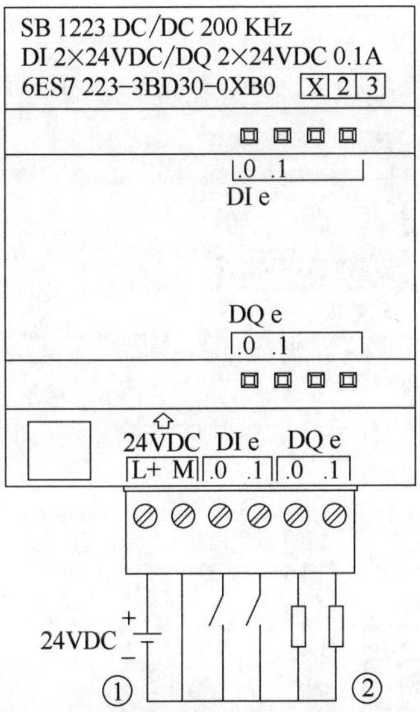

图 1-8　SB 1223 DI 2×24 VDC/DQ 2×24VDC，200kHz

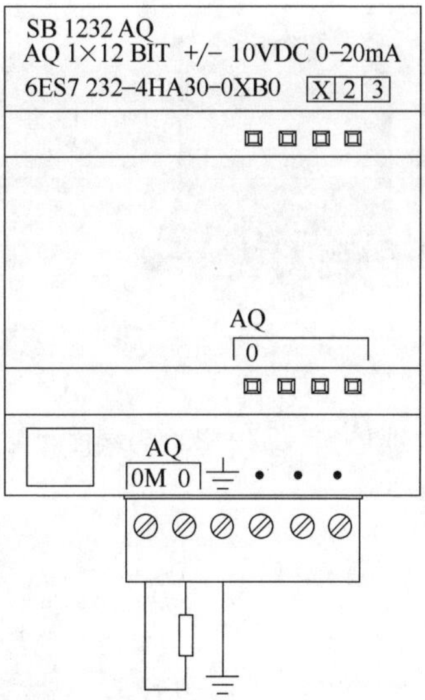

图 1-9　SB 1232 AQ 1×12

信号板安装时，首先取下端子盖板，然后将信号板直接插入 S7-1200 CPU 正面的槽内。信号板有可拆卸的端子，因此可以很容易地更换信号板。信号板的安装，如图 1-10 所示。

图 1-10　安装信号板示意图

（2）信号模块 SM（signal module）。S7-1200 可以使用信号模块给 CPU 增加附加功能，信号模块连接在 CPU 右侧。可以选用 8 点、16 点的 DI 或 DQ 模块，或 8DI/8DQ、16DI/16DQ 的数字量输入/输出模块，来满足不同的控制需要。DQ 模块有继电器输出和 DC 24V 输出两种。

在工业控制中，某些输入量（温度、压力、流量、转速等）是模拟量，某些执行机构（例如电动调节阀和变频器等）要求 PLC 输出模拟量信号，而 PLC 的 CPU 只能处理数字量。模拟量输入/输出模块的任务就是实现 A-D 转换和 D-A 转换。模拟量首先被传感器和变送器转换为标准量程的电压或电流，PLC 用模拟量输入模块的 A/D 转换器将它们转换成数字量。带正负号的电流或电压在 A/D 转换后用二进制补码来表示。模拟量输出模块的 D/A 转换器将 PLC 中的数字量转换为模拟电压或电流，再去控制执行机构。A/D 和 D/A 的二进制位数反映了它们的分辨率，位数越多，分辨率越高。

3. 集成的通信接口与通信模块

（1）集成的 PROFINET 接口。PROFINET 是基于工业以太网的现场总线，CPU 集成的 PROFINET 接口可以与计算机、其他 S7 CPU、PROFINET I/O 设备和使用标准的 TCP 协议的设备通信。支持 TCP/IP、ISO-on-TCP、UDP 和 S7 通信协议。其通信连接示意图，如图 1-11、图 1-12 和图 1-13 所示。

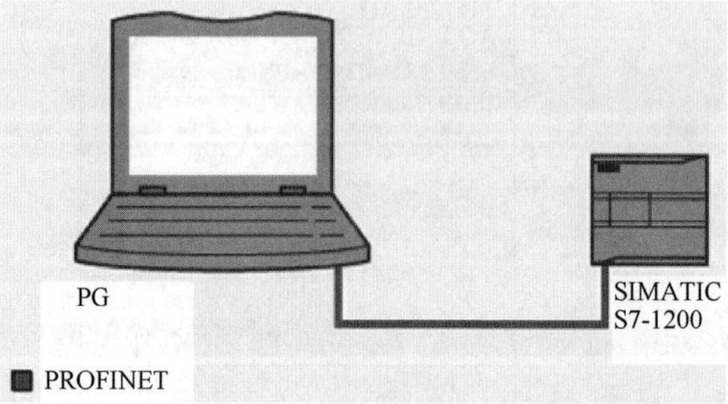

图 1-11　S7-1200 与编程计算机的通信

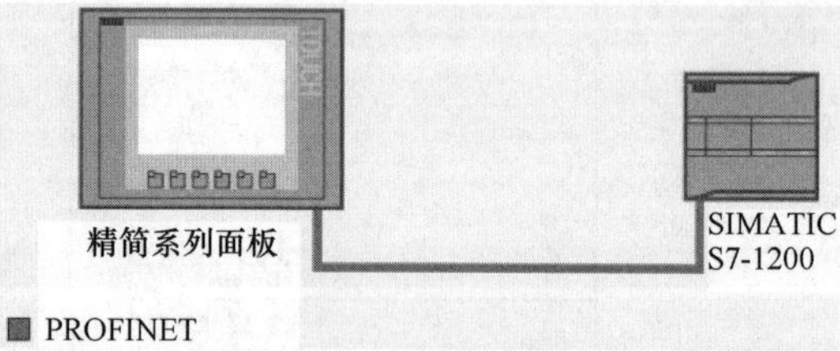

图 1-12　S7-1200 与精简系列面板的通信

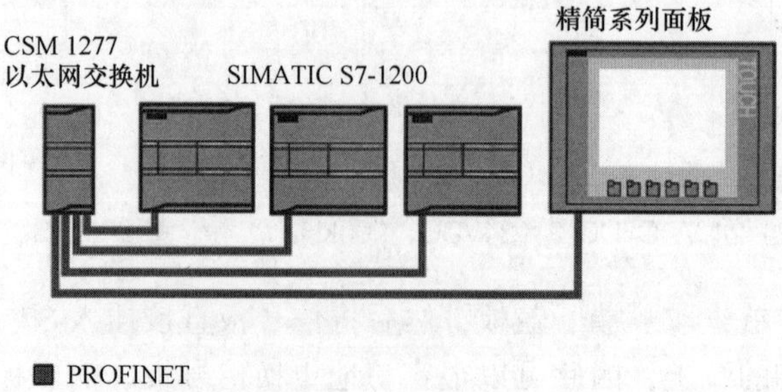

图 1-13　工业以太网交换机 CSM 1277 进行多设备的连接

（2）通信模块 CM（communication module）。S7-1200 有两种通信模块：CM1241 RS232 和 CM1241 RS485。CPU 最多支持 3 个通信模块，各 CM 连接在 CPU 的左侧（或连接到另一 CM 的左侧），通信模块结构与安装，如图 1-14 所示，其中①是通信模块的状态 LED；②是通信接口。

图 1-14　S7-1200 通信模块结构图

点对点串行通信模块 CM 1241 可执行 ASCII、USS 协议、Modbus RTU 主站协议和从站协议。利用 CM 1241 将 PLC 与驱动器等设备进行点对点连接，如图 1-15 所示。

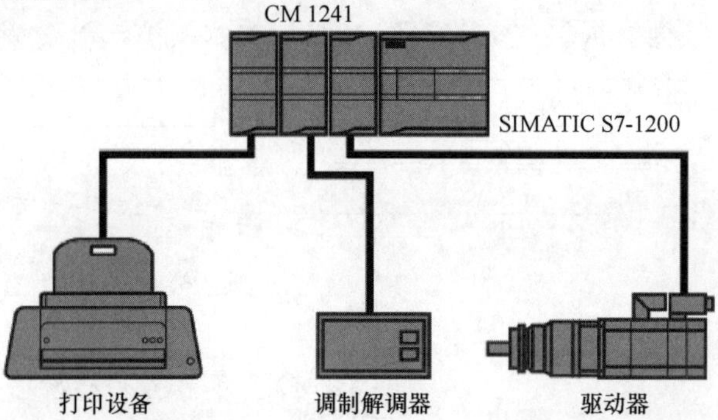

图 1-15　编程接口模式下利用 CM1241 进行点对点连接

配套视频
S7-1200PLC
硬件外部
接线端子

三、S7-1200 PLC 外部接线图

CPU1214C DC/DC/DC 型的接线端子如图 1-16 所示，其包括 PLC

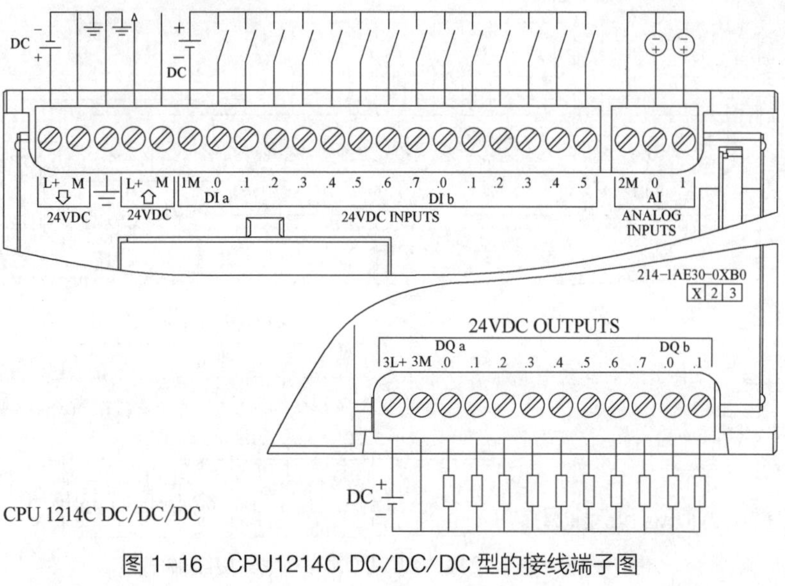

图 1-16　CPU1214C DC/DC/DC 型的接线端子图

的工作电源接线端 L+、M 和接地端，直流 24V 传感器电源输出端 L+和 M；14 个数字量输入端 I0.0~I0.7、I1.0~I1.5 及其公共端 1M；2 个模拟量输入端及其公共端 2M；10 个数字量输出端 Q0.0~Q0.7、Q1.0~Q1.1 及其公共端 3L+、3M。

该型号的 CPU 其工作电源为直流（DC）24V，输入端回路电源为直流，输出端为直流负载。

CPU1214C DC/DC/RLY 型的接线端子，如图 1-17 所示。该型号的 CPU 输出端既可以连接直流负载，也可以连接交流负载。

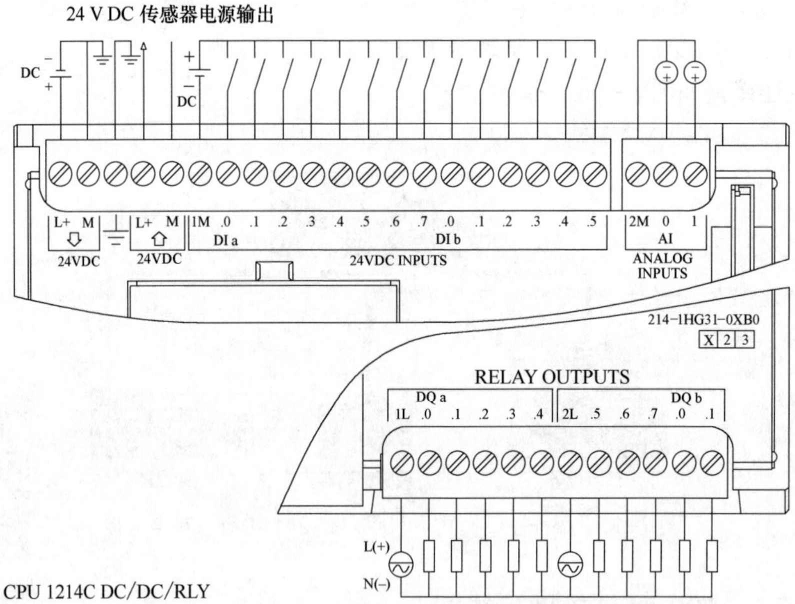

图 1-17　CPU1214C DC/DC/RLY 型的接线端子图

CPU1214C AC/DC/RLY 型的接线端子如图 1-18 所示。该型号的 CPU 工作电源为交

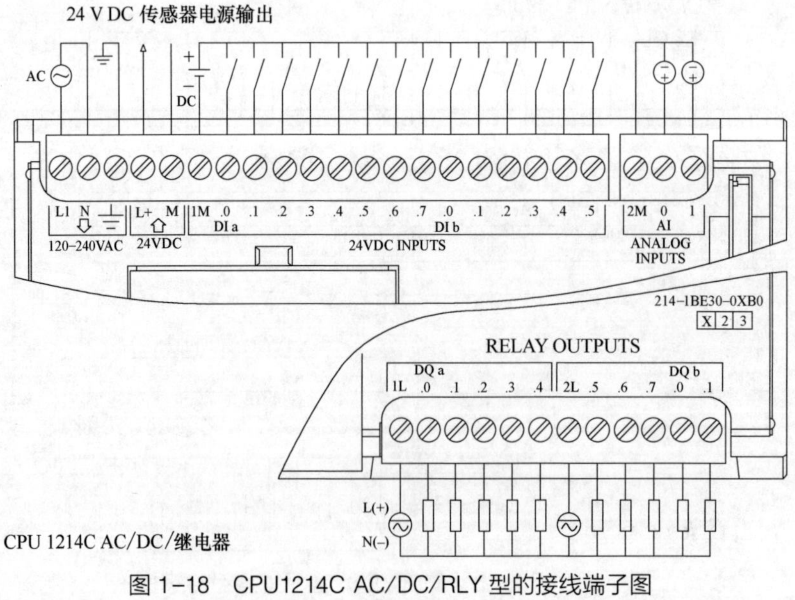

图 1-18　CPU1214C AC/DC/RLY 型的接线端子图

流（AC）电源，输出端既可以连接直流负载，也可以连接交流负载。

1. S7-1200 PLC 工作电源的连接

PLC 的工作电源分为两种，一种是 DC 直流电源供电，另一种是 AC 交流电源供电。同时将接地端接地进行保护。两种连接方式，如图 1-19 所示。

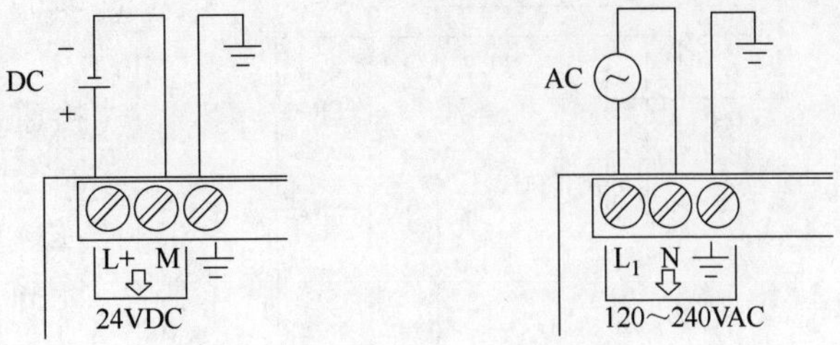

图 1-19　PLC 工作电源接法

2. S7-1200 PLC 与输入设备的连接

CPU1214C 的输入端最多可以连接 14 个外部设备。PLC 控制系统常用输入设备类型有开关、按钮、传感器等。根据 CPU 型号，输入回路连接直流电源。输入回路接法如图 1-20 所示。

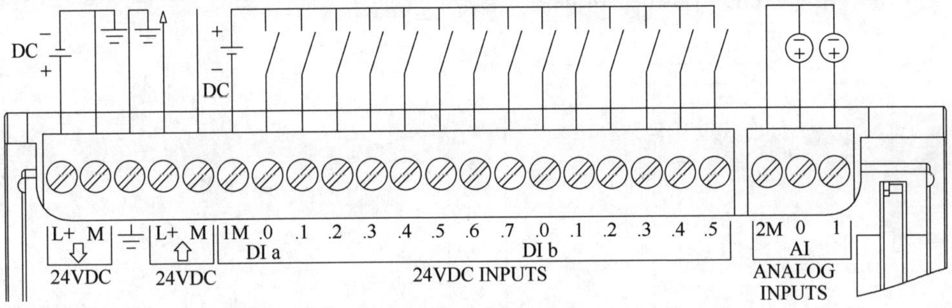

图 1-20　PLC 输入回路接法

3. S7-1200 PLC 与输出设备的连接

CPU1214C 的输出端最多可以连接控制 10 个外部设备。常用的输出设备类型包括接触器和继电器线圈、电磁阀线圈、灯泡等。根据 CPU 型号，DC 型的输出设备连接直流电源；RLY（继电器）型的输出则既可以连接直流电源又可以连接交流电源。但是需要注意不同的电源分别接在不同的输出公共端（1L 或 2L）。输出回路的接法，如图 1-21 所示。

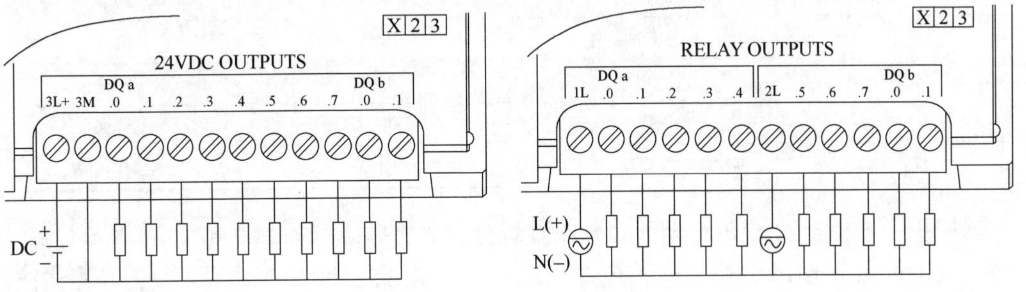

图 1-21　PLC 输出回路接法

任务实施

案例一：电动机启停运行继电器控制电路改造 PLC 控制系统硬件接线图

电动机启停控制连续运行的接触器控制电路，如图 1-22 所示，其中虚线框为控制电

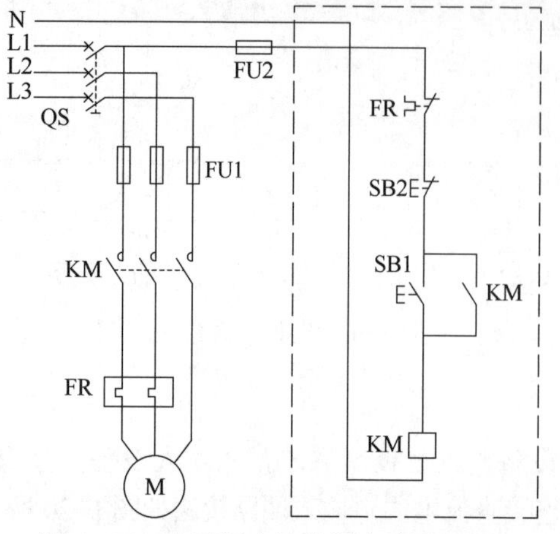

图 1-22　电动机启停控制电路原理图

路部分，其余为主电路。

第一步：控制过程分析。合上开关 QS，接通三相电源→ 按下启动按钮 SB1，KM 线圈得电→

KM 辅助常开触点闭合形成自锁
KM 主触点闭合电动机得电开始运行 } 按下停止按钮 SB2，电动机停止。

第二步：确定输入/输出设备。根据设备工作原理，划分 PLC 控制系统的输入/输出设备如图 1-23 所示。

第三步：给输入/输出设备分配地址，如表 1-3 所示。

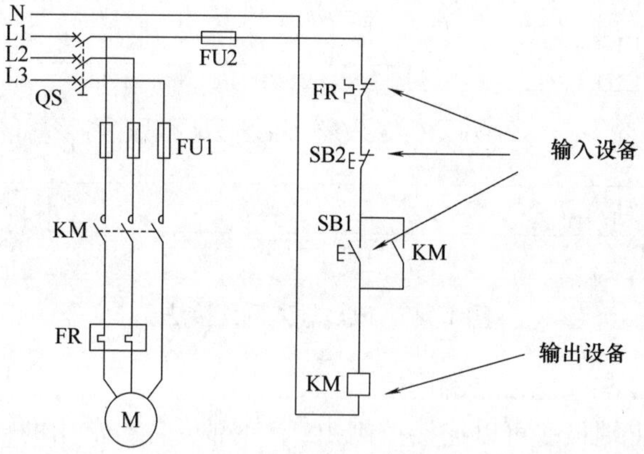

图 1-23　输入/输出设备

表 1-3　I/O 地址分配表

输入/输出	元件名称	地址	功能
输入	SB1	I0.0	启动
	SB2	I0.1	停止
	FR	I0.2	过载保护
输出	KM	Q0.0	控制电动机

第四步：选择合适的 PLC 型号，根据地址分配表将输入设备接在输入端、输出设备接输出端，并完善电路。PLC 控制系统硬件接线原理图，如图 1-24 所示。

配套视频
硬件接线图画法

案例二：电动机正反转控制电路改造 PLC 控制系统硬件接线图

电动机正反转连续运行的接触器控制电路如图 1-25 所示，其中虚线框为控制电路部分。

第一步：划分输入/输出设备，分配 I/O 地址，如表 1-4 所示。

第二步：选择 PLC 型号，绘制 PLC 控制系统硬件接线原理图，如图 1-26 所示。

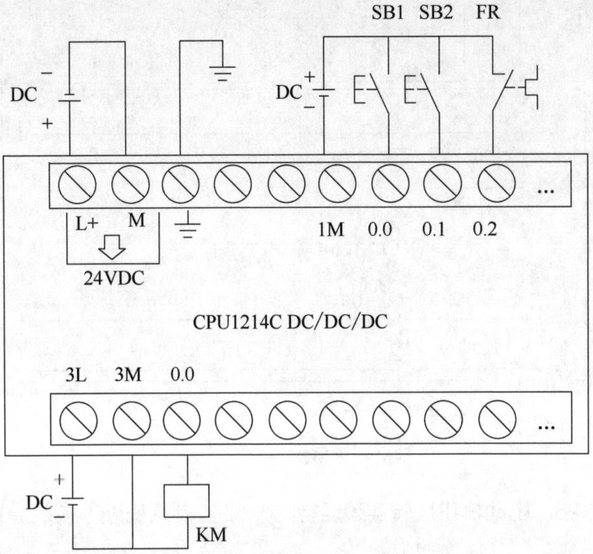

图 1-24　电动机启停 PLC 控制系统硬件接线原理图

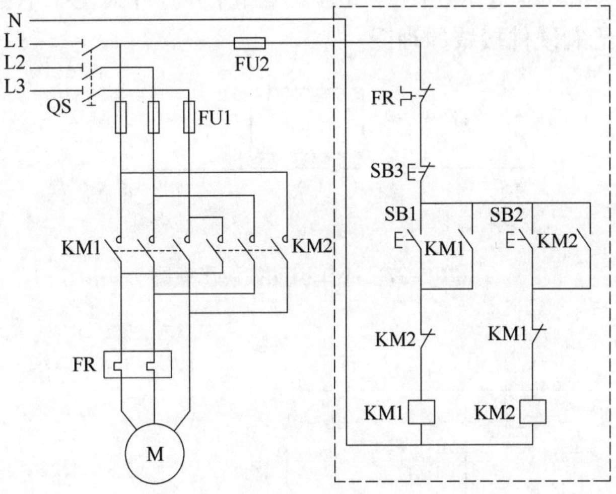

图 1-25　电动机正反转连续运行的接触器控制电路原理图

表 1-4　　　　I/O 地址分配表

输入/输出	地址	电器元件	功能
输入	I0. 1	SB1	正转启动
	I0. 2	SB2	反转启动
	I0. 0	SB3	停止
输出	Q0. 0	KM1	正转控制
	Q0. 1	KM2	反转控制

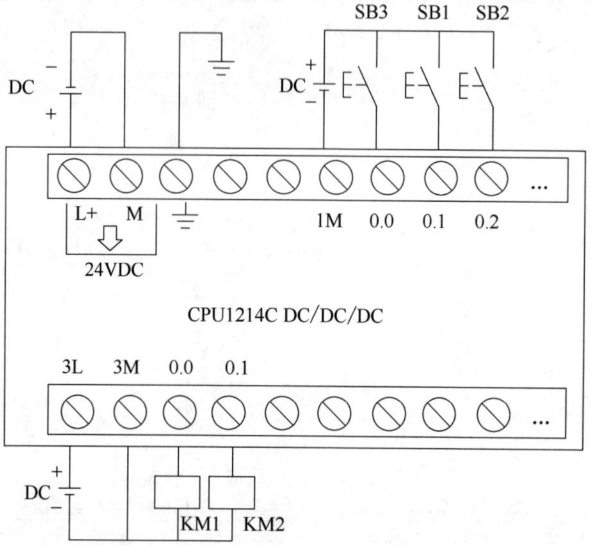

图 1-26 电动机正反转连续运行的 PLC 控制系统硬件接线原理图

任务拓展

将小车自动往返循环运行示意图，如图 1-27 所示，将其控制电路（图 1-28）改造成 PLC 控制系统，绘制硬件接线原理图。

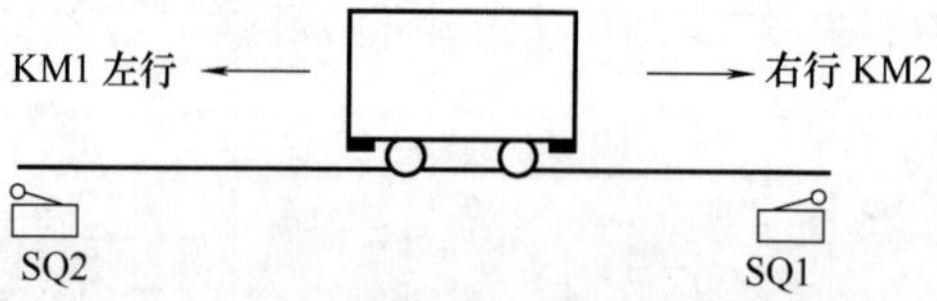

图 1-27 小车自动往返示意图

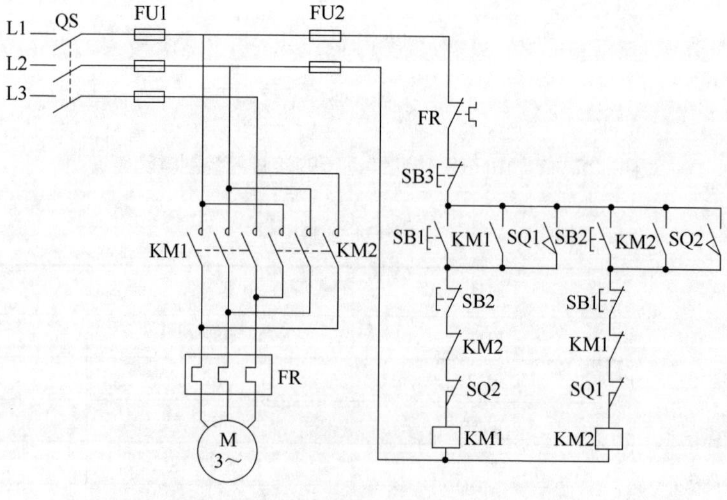

图 1-28 自动往返循环运行控制电路原理图

习 题

1. 美国数字设备公司于________年研制出世界上第一台 PLC。
2. PLC 主要由________、________、________、________等组成。
3. PLC 的常用语言有________、________、________、________、________等，而 S7-1200 的编程语言有________、________。
4. PLC 是通过周期扫描工作方式来完成控制的，每个周期包括________、________、________。
5. PLC 内部的“软继电器”能提供多少个触点供编程使用？
6. 如何防止电动机正反转直接切换或星三角变换时短路现象的发生？

小贴士：工匠事迹——夏立

夏立，1971 年出生，中国电子科技集团公司第五十四研究所钳工、高级技师。钳工是个普通的工种，但能将手工装配精度做到 0.002mm 绝不简单。作为通信天线装配责任人，他先后承担了“天眼”射电望远镜、远望号、索马里护航军舰、“9·3”阅兵参阅方阵上通信设施等的卫星天线预研与装配、校准任务，装配的齿轮间隙仅有 0.004mm，相当于一根头发丝的 1/20 粗细。在生产、组装工艺方面，夏立攻克了一个又一个难关，创造了一个又一个奇迹。他还荣获 2016 年全国技术能手、河北省金牌工人、河北省五一劳动奖章、2016 年河北省军工大工匠等荣誉称号，2019 年 1 月 18 日，夏立当选 2018 年“大国工匠年度人物”。

实训任务单一

实训任务　电动机点动与连动运行控制线路的 PLC 改造

任务描述：

某企业现采用继电接触控制系统实现电动机正反转连续控制和点动控制，控制线路，如图 1-29 所示。

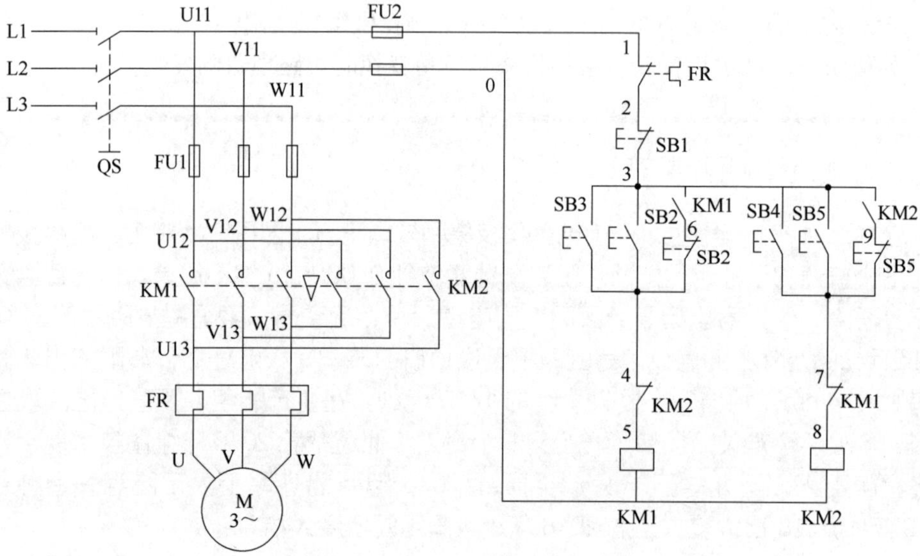

图 1-29　电动机正反转连续控制和点动控制原理图

任务要求：

(1) 根据继电器控制线路图，分析该线路图的控制功能。

(2) 完成技术改造的电气部分控制线路的原理图绘制。

(3) 根据绘制的电气线路原理图，正确安装线路及调试线路，安装工艺要符合国家和行业标准。

1. 任务分组

小组序号		小组名称	
任务名称	电动机点动与连动运行控制线路的 PLC 改造		
组员	承担角色	职责	

2. 任务分析

控制系统组成	
控制过程分析	
I/O 设备确定	
PLC 型号确定	

3. 设计决策

（1）I/O 地址分配。

输入			输出		
元件	地址	功能	元件	地址	功能

（2）PLC 电气原理图设计。

PLC 硬件接线电气原理图

电气元件明细表

序号	元件名称	规格型号	单位	数量	电气符号

4. 设计实施

耗材与工具领取。

序号	名称	规格型号	数量

5. 电气接线

出现的问题	解决的措施

实训任务单二

实训任务　出油节流双程同步回路电气控制线路的 PLC 改造

任务描述：

某企业现拟对某液压系统出油节流双程同步回路电气控制线路的改造，出油节流双程同步回路，如图 1-30 所示。

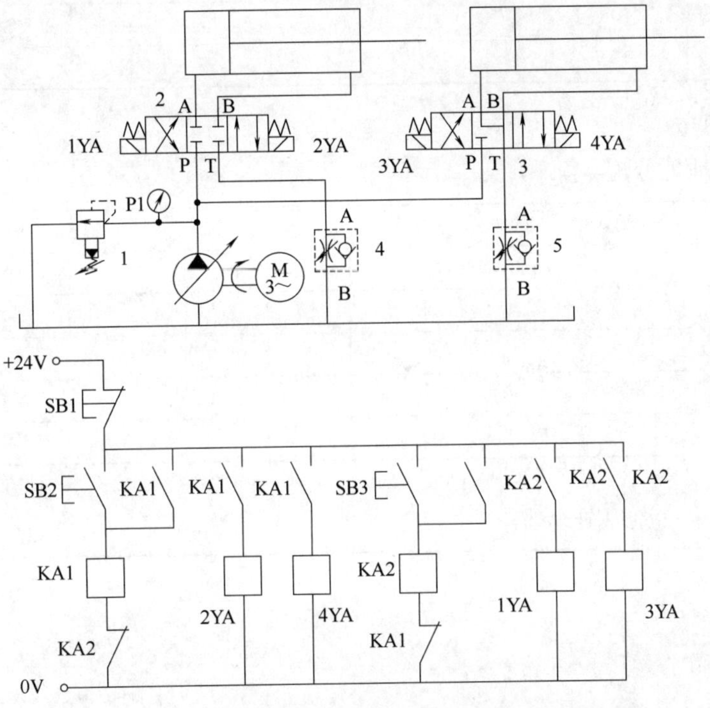

图 1-30　出油节流双程同步回路液压原理图与电气原理图

任务要求：

(1) 根据继电器控制线路图，分析该线路图的控制功能。

(2) 完成技术改造的电气部分控制线路的原理图绘制。

(3) 根据绘制的电气线路原理图，正确安装线路及调试线路，安装工艺要符合国家和行业标准。

1. 任务分组

小组序号		小组名称	
任务名称	出油节流双程同步回路电气控制线路的 PLC 改造		
组员	承担角色	职责	

2. 任务分析

控制系统组成	
控制过程分析	
I/O 设备确定	
PLC 型号确定	

3. 设计决策

（1）I/O 地址分配。

输入			输出		
元件	地址	功能	元件	地址	功能

（2）PLC 电气原理图设计。

PLC 硬件接线电气原理图

电气元件明细表

序号	元件名称	规格型号	单位	数量	电气符号

4. 设计实施

耗材与工具领取。

序号	名称	规格型号	数量

5. 电气接线

出现的问题	解决的措施

实训任务单三

实训任务　C6140 车床电气控制线路的 PLC 改造

任务描述：

某企业现需对 C6140 车床进行 PLC 技术改造，C6140 车床电气控制线路，如图 1-31 所示。

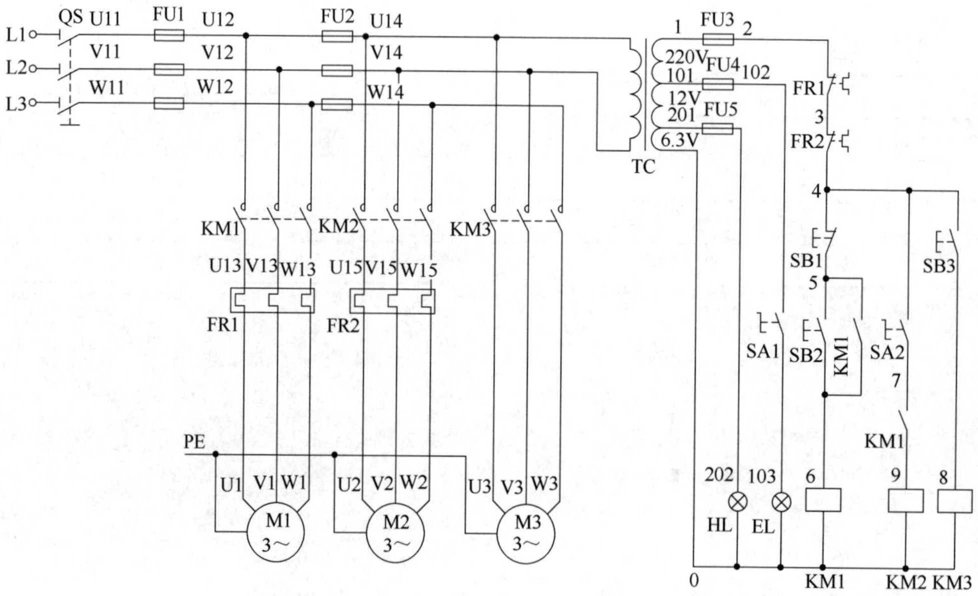

图 1-31　C6140 车床电气控制原理图

任务要求：

（1）根据继电器控制线路图，分析该线路图的控制功能。

（2）完成技术改造的电气部分控制线路的原理图绘制。

（3）根据绘制的电气线路原理图，正确安装线路及调试线路，安装工艺要符合国家和行业标准。

1. 任务分组

小组序号		小组名称	
任务名称	C6140 车床电气控制线路的 PLC 改造		
组员	承担角色	职责	

2. 任务分析

控制系统组成	
控制过程分析	
I/O 设备确定	
PLC 型号确定	

3. 设计决策

（1）I/O 地址分配。

输入			输出		
元件	地址	功能	元件	地址	功能

（2）PLC 电气原理图设计。

PLC 硬件接线电气原理图

电气元件明细表

序号	元件名称	规格型号	单位	数量	电气符号

4. 设计实施

耗材与工具领取。

序号	名称	规格型号	数量

5. 电气接线

出现的问题	解决的措施

任务二　电动机正反转的 PLC 控制

配套课件

电动机正反转的PLC控制

19 世纪 60 年代后期，人类社会进入了“电气时代”，电能的使用得到极大的发展。其中，电动机作为将电能转化为机械能产生驱动转矩的装置，成为应用电器及各种机械的动力源。

交流电动机具有结构简单，制造、使用和维护方便，运行可靠以及质量较小，成本较低等优点。交流电动机广泛应用于机床、水泵、鼓风机、压缩机、起重卷扬设备、矿山机械、轻工机械、农副产品加工机械等大多数工农生产机械以及家用电器和医疗器械等。在家用电器中应用也比较多，例如电扇、电冰箱、空调、吸尘器等。

因此，在当代工业控制领域，对于大部分使用交流电动机的自动化设备的控制即对其驱动电动机的控制。这包括对交流电动机的启动、停止、正反转、定时和延时、计数的控制等。

任务描述

电动机正反转控制电路的 PLC 控制设计

某轻工造纸行业造纸机由一台三相异步电动机来控制，其能实现正反转的连续运行，控制电路，如图 1-32 所示。

提出问题：

（1）PLC 如何采集和处理信号与数据？

（2）如何设计 PLC 控制程序？

（3）如何使用 TIA 博途软件编辑程序？

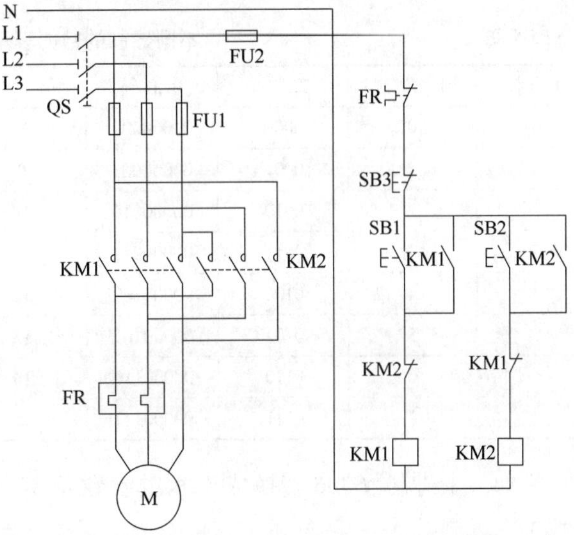

图 1-32　三相异步电动机正反转控制电路

知识链接

思考问题 1：PLC 要处理的信号和数据，在 PLC 内部是怎样存在的？

配套视频

数制与数据类型

一、 S7-1200 系列 PLC 的数据类型和系统存储区

1. 数制与数据类型

（1）数制。

① 二进制数。二进制数的每一位只能为 0 或 1。用 1 位二进制数来表示开关量的两种不同的状态。如果该位为 1，梯形图中对应的位编程

元件的线圈通电、常开触点接通、常闭触点断开，称该编程元件为 TRUE 或 1 状态。该位为 0 则反之，称该编程元件为 FALSE 或 0 状态。二进制位的数据类型为 BOOL（布尔）型。

② 多位二进制数。多位二进制数用来表示大于 1 的数字。从右往左的第 *n* 位（最低位为第 0 位）的权值为 2*n*。2#1100 对应的十进制数为 1×23+1×22+0×21+0×20＝8+4＝12。

③ 十六进制数。十六进制数用于简化二进制数的表示方法，16 个数为 0～9 和 A～F（10～15），1 位十六进制数对应于 4 位二进制数，例如 2#0001 0011 1010 1111 可以转换为 16#13AF 或 13AFH。

十六进制数“逢 16 进 1”，第 *n* 位的权值为 16*n*。16#2F 对应的十进制数为 2×161+15×160＝47。

BCD 码。BCD 码用 4 位二进制数（或者 1 位十六进制数）表示一位十进制数，例如一位十进制数 9 的 BCD 码是 1001。4 位二进制有 16 种组合，但 BCD 码只用到前十个，而后六个（1010～1111）没有在 BCD 码中使用。十进制的数字转换成 BCD 码是很容易的，例如十进制数 366 转换成十六进制 BCD 码则是 W#16#0366。

不同数制的数的表示方法和对应关系，如表 1-5 所示。

表 1-5　　不同数制的数的表示方法

十进制	十六进制	二进制	BCD 码	十进制	十六进制	二进制	BCD 码
0	0	0000	00000000	8	8	1000	00001000
1	1	0001	00000001	9	9	1001	00001001
2	2	0010	00000010	10	A	1010	00010000
3	3	0011	00000011	11	B	1011	00010001
4	4	0100	00000100	12	C	1100	00010010
5	5	0101	00000101	13	D	1101	00010011
6	6	0110	00000110	14	E	1110	00010100
7	7	0111	00000111	15	F	1111	00010101

例如：十进制数 366 转换成十六进制数是 W#16#16E（先转化成二进制 101101110，再转十六进制）。

BCD 码的最高 4 位二进制数用来表示符号，16 位 BCD 码字的范围是-999～+999。32 位 BCD 码双字的范围是-999999～+999999。不同数制的数的表示方法，如表 1-5 所示。

（2）数据类型。

数据是程序处理和控制的对象，在程序运行过程中，数据是通过变量来存储和传递的。变量有两个要素：名称和数据类型。对程序块或者数据块的变量声明时，都要包括这两个要素。

数据的类型决定了数据的长度和属性，例如数据长度和取值范围等。TIA 博途软件中的数据类型分为三大类：基本数据类型、复合数据类型和其他数据类型。

基本数据类型最为常用，细分为位数据类型、整数数据类型、字符数据类型、定时器数据类型及日期和时间数据类型。每一种数据类型都具备关键字、数据长度、取值范围和常数表等格式属性。S7-1200 PLC 基本数据类型，如表 1-6 所示。

表 1-6　　S7-1200 PLC 基本数据类型

数据类型	符号	位数	取值范围	常数举例
位	Bool	1	1,0	TRUE,FALSE 或 1,0
字节	Byte	8	16#00~16#FF	16#12,16#AB
双字	DWord	32	16#00000000~16#FFFFFFFF	16#02468ACE
字符	Char	8	16#00~16#FF	‘A’,‘t’,‘@’
有符号字节	SInt	8	-128~127	123,-123
整数	Int	16	-32768~32767	123,-123
双整数	Dint	32	-2147483648~2147483647	123,-123
无符号字节	USInt	8	0~255	123
无符号整数	UInt	16	0~65535	123
无符号双整数	UDInt	32	0~4294967295	123
浮点数(实数)	Real	32	$\pm 1.175495\times10^{-38}$~$\pm 3.402823\times10^{38}$	12.45,-3.4,-1.2E+3
双精度浮点数	LReal	64	$\pm 2.2250738585072020\times10^{-308}$~ $\pm 1.7976931348623157\times10^{308}$	12345.12345-1,2E+40
时间	Time	321	T#-24d20h31m23s648ms~ T#24d20h31m23s648ms	T#1d_2h_15m_30s_45ms

① 位（Bool）。数据类型用来描述数据的长度（即二进制的位数）和属性。位数据类型包括布尔型（Bool），字节型（Byte），字型（Word），双字型（DWord），分别由 1 位、8 位、16 位和 32 位二进制数组成。TIA 博途软件的位数据类型和取值范围，如表 1-7 所示。

表 1-7　　位数据类型

关键字	长度(位)	取值范围/格式示例	说明
Bool	1	True 或 False(1 或 0)	布尔变量
Byte	8	B#16#0~B#16#FF	字节
Word	16	十六进制:W#16#0~W#16#FFFF	字(双字节)
DWord	32	十六进制:DW#16 #0~DW#16#FFFF_FFFF	双字(四字节)
LWord	64	十六进制:LW#16#0~LW#16#FFFF_FFFF_FFFF_FFFF	长字(八字节)

注：在 TIA 博图软件中，关键字不区分大小写，如 Bool 和 BOOL 都是可以的，不必严格区分。

位数据的表示方法，如图 1-33 所示。

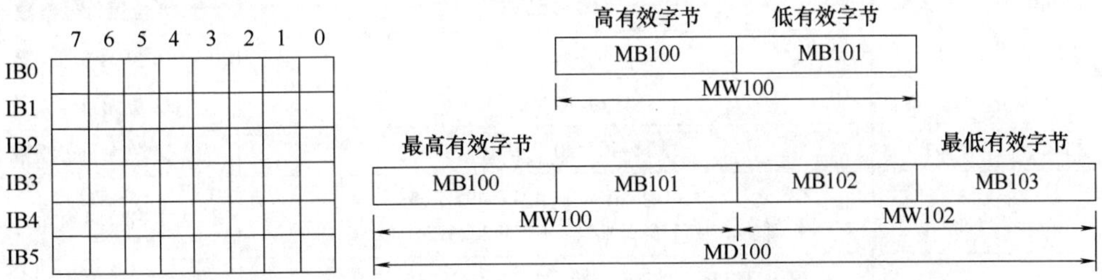

图 1-33　位、字节、字和双字表示方法

a. 位（Bool）表示二进制的 1 位，软件用 TRUE/FALSE 表示 1 和 0。I3. 2 中的“I”表示输入，字节地址为 3，位地址为 2。

b. 字节型、字型以及双字型数据的表示用存储器类型加上数据类型以及字节编号组成。其中，用组成字的编号最小的字节 MB100 的编号作为字 MW100 的编号。

c. 组成双字 MD100 的编号最小的字节 MB100 为 MD100 的最高位字节，编号最大的字节 MB103 为 MD100 的最低位字节。字也有类似的特点。

② 整数。整数包括 SInt 和 USInt 分别为 8 位的短整数和无符号短整数，Int 和 UInt 分别为 16 位的整数和无符号整数，DInt 和 UDInt 分别为 32 位的双整数和无符号的双整数。

有符号整数的最高位为符号位，最高位为 0 时为正数，为 1 时为负数。有符号整数用补码来表示，二进制正数的补码就是它的本身，将一个正整数的各位取反后加 1，得到绝对值与它相同的负数的补码。

③ 浮点数。32 位浮点数又称为实数（REAL），最高位（第 31 位）为浮点数的符号位，如图 1-34 所示。正数时为 0，负数时为 1。规定尾数的整数部分总是为 1，第 0~22 位为尾数的小数部分。8 位指数加上偏移量 127 后（0~255），放在第 23~30 位。

在编程软件中，用十进制小数来输入或者显示浮点数。例如 50 是整数，而 50. 0 是浮点数。

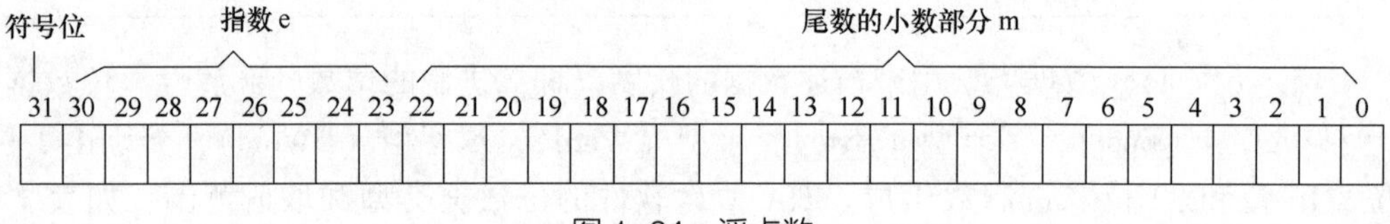

图 1-34　浮点数

LReal 为 64 位的长浮点数，最高位为符号位。尾数的整数部分总是为 1，第 0~51 位为尾数的小数部分。11 位的指数加上偏移量 1023 后（0~1023），放在第 52~62 位。

整数和浮点数的数据类型以及取值范围，如表 1-8 所示。

表 1-8　　整数和浮点数数据类型

关键字	长度(位)	取值范围/格式示例	说明
SInt	8	-128~127	8 位有符号整数
Int	16	-32768~32767	16 位有符号整数
DInt	32	-L#2147483648~L#2147483647	32 位有符号整数
LInt	64	-9223372036854775808~+9223372036854775807	64 位有符号整数
USInt	8	0~255	8 位无符号整数
UInt	16	0~65535	16 位无符号整数
UDInt	32	0~4294967295	32 位无符号整数
LLInt	64	0~18446744073709551615	64 位无符号整数
Real	32	-3. 402823E38~-1. 175495E-38+ 1. 175495E-38~+3. 402823E38	32 位 IEEE754 标准浮点数
LReal	64	-1. 7976931348623158e+308~-2. 2250738585072014e-308+ 2. 2250738585072014e308~+1. 7976931348623158e308	64 位 IEEE754 标准浮点数

④ 字符数据类型。字符数据类型包括 Char 和 WChar，数据类型 Char 的操作数长度为 8 个位，在存储器中占用 1 个 Byte。Char 数据类型以 ASCII 格式存储单个字符。

数据类型 WChar（宽字符）的操作数长度为 16 位，在存储器中占用 2 个 Byte。字符数据类型及其取值范围，如表 1-9 所示。

表 1-9　字符数据类型

关键字	长度(位)	取值范围/格式示例	说明
Char	8	ASCII 字符集	字符
WChar	16	Unicode 字符集,$0000~$D7FP	宽字符

⑤ 时间与日期。Time 是有符号双整数，其单位为 ms，能表示的最大时间为 24 天多。Date（日期）为 16 位无符号整数，无符号双整数 TOD（TIME_ OF_ DAY）为从指定日期的 0 时算起的毫秒数。

数据类型 DTL 的 12 个字节为年（占 2B）、月、日、星期的代码、小时、分、秒（各占 1B）和纳秒（占 4B），均为 BCD 码。星期日、星期一~星期六的代码分别为 1~7。

日期与时间数据类型及其取值范围，如表 1-10 所示。

表 1-10　日期和时间数据类型

关键字	长度(字节)	取值范围/格式示例	说明
Date	2	D#1990-01-01~D#2168-12-31	日期
Time. Of_Day	4	TOD#00:00:00. 000~TOD#23:59:59. 999	日时间
LTime_Of Day	8	LTOD#00:00:00. 0000000~LTOD#23:59:59. 9999999	长日时间
Date_And. Time	8	最小值:DT#1990-01-01-00:00:00:000 最大值:DT#2089-12-31-23:59:59. 999	日期时间
Date. And_LTime	8	最小值:LDT#1970-01-01-0:0:0:00000000 最大值:LDT#200-12-31-23:59:59. 99999999	日期长时间
DTL	12	最小值:DTL#1970-01-01-00:00. 0 最大值:DTL#2200-12-31-23:59:59. 9999999	长日期时间

⑥ 定时器数据类型。定时器数据类型主要包括时间（Time），S5 时间（S5Time）和长时间（LTime）数据类型。TIA 博途软件的定时器数据类型及其取值范围，如表 1-11 所示。

表 1-11　定时器数据类型

关键字	长度(位)	取值范围/格式示例	说明
S5Time	16	S5T#OMS~-S5T#2H_46M_30S_OMS	S5 时间
Time	32	T#-24d20h31m23s648ms~T#+24d20h31m23s647ms	时间
LTime	64	LT#-106751d23h47m16s854ms775ps808ns~ LT#+10675123h47m16s854ms775μs807ns	长时间

2. 全局数据块与其他数据类型

（1）生成全局数据块。单击项目树中的“添加新块”，单击打开的对话框中的“数据块（DB）”按钮，生成一个数据块，可以修改其名称，其类型为默认的“全局 DB”。

右键单击项目树中新生成的数据块，执行快捷菜单命令“属性”，选中打开的对话框左边窗口中的“属性”，勾选右边窗口中的复选框“优化的块访问”，只能用符号地址访问生成的块中的变量，不能使用绝对地址。这种访问方式可以提高存储器的利用率。

（2）字符串。字符串（String）数据类型是字符组成的一维数组，每个字节存放 1 个字符。第一个字节是字符串的最大字符长度，第二个字节是字符串当前有效字符的个数，字符从第 3 个字节开始存放，一个字符串最多 254 个字符。

数据类型 WString（宽字符串）存储多个数据类型为 Wchar 的 16 位宽字符。第一个字是最大字符个数，第二个字是当前的总字符个数。

例如，在“数据块_ 1”的第 2 行创建名为“故障信息”的字符串“String［30］”，其启动值为' OK'，如图 1-35 所示。

数据块_1

	名称	数据类型	偏移量	默认值	启动值	保持性	设置值	注释
1	▼ Static					☐	☐	
2	故障信息	String[30]	0.0	''	'OK'	☑	☐	
3	▸ 功率	Array[0..23] of Int	32.0			☑	☐	
4	▼ 电动机	Struct	80.0			☑	☐	
5	电流	Int	0.0	0	0	☑	☐	
6	电压	Int	2.0	0	0	☑	☐	
7	转速	Int	4.0	0	0	☑	☐	
8	断路器	Bool	6.0	false	false	☑	☐	

图 1-35 全局数据块及数据类型

（3）数组。数组（Array）是由固定数目的同一种数据类型元素组成的数据结构。允许使用除了 Array 之外的所有数据类型作为数组的元素，最多为 6 维。例如图 1-36 是名为“电流”的二维数组 Array［1..2，1..3］of Byte 的内部结构。

第一维的下标 1、2 是电动机的编号，第二维的下标 1~3 是三相电流的序号。数组元素“电流［1，2］”是一号电动机的第 2 相的电流。

在数据块的第 3 行生成名为“功率”的数组（图 1-35），数据类型为 Array［0..23］of Int。数组元素下标的上限值和下限值用两个小数点隔开，下限值应小于等于上限值。单击“功率”左边的按钮可以显示或隐藏数组的元素，如图 1-36 所示。

名称	数据类型	偏移量
▼ Static		
▼ 电流	Array[1..2, 1..3] of Byte	0.0
电流[1,1]	Byte	0.0
电流[1,2]	Byte	1.0
电流[1,3]	Byte	2.0
电流[2,1]	Byte	3.0
电流[2,2]	Byte	4.0
电流[2,3]	Byte	5.0

图 1-36 名为“电流”的二维数组内部结构

（4）结构。结构（Struct）是由固定数目的多种数据类型的元素组成的数据类型。可以用数组和结构做结构的元素，结构可以嵌套 8 层。

例如在数据块_ 1 的第 4 行生成一个名为“电动机”的结构，在第 5~8 行生成结构的 4 个元素，如图 1-35 所示。可以用“电动机”左边的按钮显示或隐藏结构的元素。

在用户程序中，可以用符号地址“数据块_1”．电动机．电流访问结构中的元素。

3. 系统存储区

系统存储器是 CPU 为用户提供的存储组件，用于存储用户程序的操作数据，例如过程映像输入、过程映像输出、位存储、定时器、计数器、块堆栈和诊断缓冲区等（表 1-12）。

（1）过程映像输入区（I）。过程映像输入区与输入端相连，它是专门用来接受 PLC 外部开关信号的元件。在每次扫描周期的开始，CPU 对物理输入点进行采样，并将采样值写入过程映像输入区中。可以按位、字节、字或双字来存取过程映像输入区中的数据。真实的回路中当按钮闭合，指定位 I0.0 读取到状态 1，经过 PLC 内部电路的转化，使得梯形图中，常开触点 I0.0 闭合。

位格式：I［字节地址］.［位地址］，如 I0.0。

字节，字或双字格式：I［长度］［起始字节地址］，如 IBO，IWO，IDO。

若要存取存储区的某一位，则必须指定地址，包括存储器标识符、字节地址和位号。

例如图 1-37 是一个位寻址。其中，存储器区，字节地址（I 代表输入，2 代表字节 2）和位地址之间用点号（.）隔开。

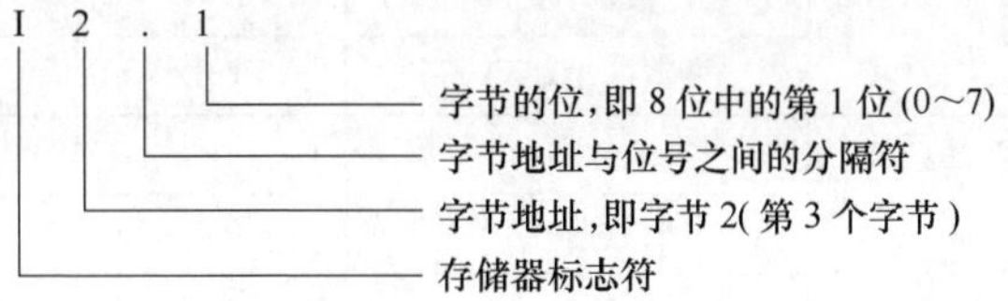

图 1-37　位寻址表示方法

（2）过程映像输出区（Q）。过程映像输出区是用来将 PLC 内部信号输出传送给外部负载（用户输出设备）。过程映像输出区线圈是由 PLC 内部程序的指令驱动，其线圈状态传送给输出单元，再由输出单元对应的硬触点来驱动外部负载。当梯形图中的线圈得电，将其指定的位地址 Q0.0 写入状态 1，经过 PLC 内部电路的转化，使得真实回路中的常开触点 Q0.0 闭合，从而使得外部设备线圈得电。

在每次扫描周期的结尾，CPU 将过程映像输出区中的数值复制到物理输出点上。可以按位、字节、字或双字来存取过程映像输出区。

位格式：Q［字节地址］.［位地址］，如 Q1.1。

字节，字或双字格式：Q［长度］［起始字节地址］，如 QB5，QW6 和 QD8。

表 1-12　存储区及功能

地址存储区	范围	S7 符号	举例	功能描述
过程映像输入区	输入(位)	I	I0.0	扫描周期时间，CPU 从模块读取输入并记录该区域中的值
	输入(字)	IB	IB0	
	输入(字)	IW	IW0	
	输入(双字)	ID	ID0	
过程映像输出区	输出(位)	Q	Q0.0	扫描周期期间，程序计算输出值并将它放入此区域，扫描结束时，CPU 发送计算输出值到输出模块
	输出(字)	QB	QB0	
	输出(字)	QW	QW0	
	输出(双字)	QD	QD0	
标识位存储区	标识存储区(位)	M	M0.0	用于存储程序的中间计算结果
	标识位存储区(字节)	MB	MB0	
	标识位存储区(字)	MW	MW0	
	标识位存储区(双字)	MD	MD0	
定时器	定时器(T)	T	T0	为定时器提供存储空间

续表

地址存储区	范围	S7 符号	举例	功能描述
计数器	计数器(C)	C	C0	为计数器提供存储空间
共享数据块	数据(位)	DBX	DBX0.0	数据块用“OPN DB”打开,可以被所有的逻辑块使用
	数据(字节)	DBB	DBB0	
	数据(字)	DBW	DBW0	
	数据(双字)	DBD	DBD0	
背景数据块	数据(位)	DIX	DIX0.0	数据块用“OPN DI”打开,数据块包含的信息,可以分配给特定的 FB 或者 SFB
	数据(字节)	DIB	DIB0	
	数据(字)	DIW	DIW0	
	数据(双字)	DID	DID0	
本地数据区	本地数据(位)	L	L0.0	数据块用“OPN DI”打开,数据块包含的信息,可以分配给特定的 FB 或者 SFB
	本地数据(字节)	LB	LB0	
	本地数据(字)	LW	LW0	
	本地数据(双字)	LD	LD0	
物理输入区	物理输入位	I:P	I0.0:P	当块被执行时,此区域包含块的临时数据
	物理输入字节	IB:P	IB0:P	
	物理输入字	IW:P	IW0:P	
	物理输入双字	ID:P	ID0:P	
物理输出区	物理输出位	Q:P	Q0.0:P	外围设备输入区允许直接访问中央和分布式的输入模块
	物理输出字节	QB:P	QB0:P	
	物理输出字	QW:P	QW0:P	
	物理输出双字	QD:P	QD0:P	

（3）位存储区（M）。位存储区是 PLC 中数量较多的一种存储区，一般的位存储区与继电器控制系统中的中间继电器相似。位存储区不能直接驱动外部负载，负载只能由过程映像输出区的外部触点驱动。位存储区的常开与常闭触点在 PLC 内部编程时，可无限次使用，M 的数量根据不同型号而不同。可以用位存储区作为控制继电器来存储中间操作状态和控制信息，并且可以按位、字节、字或双字来存取位存储区。

位格式：M［字节地址］.［位地址］，如 M2.7。

字节，字或双字格式：M［长度］［起始字节地址］，如 MB10，MW10，MD10。

（4）定时器（T）。定时器存储区位于 CPU 的系统存储器中，其地址标识符为“T”，定时器的数量与 CPU 的型号有关。定时器的表示方法是 Tx，T 表示地址标识符，x 表示第几个定时器。定时器的作用主要用于定时，与继电器控制系统中的时间继电器相似。

格式：T［定时器号］，如 T1。

（5）计数器存储区（C）。计数器存储区位于 CPU 的系统存储器中，其地址标识符为“C”，计数器的数量与 CPU 的型号有关。计数器的表示方法是 Cx，C 表示地址标识符，x 表示第几个计数器。计数器的作用主要用于计数，与继电器控制系统中的计数器相似。

格式：C［计数器号］，如 C1。

（6）数据块存储区（DB）。数据块可以存储在装载存储器、工作存储器以及系统存储器中（块堆栈），共享数据块的标识符为“DB”，函数块 FB 的背景数据块的标识符为“DI”。数据块的大小与 CPU 的型号相关。数据块默认为掉电保持，不需要额外设置。

注意：

在语句表中，通过“DB”和“DI”区分两个打开的数据块，在其他应用中函效块 FB 的背景数据块也可以用“DB”表示。

（7）本地数据区（L）。本地数据区位于 CPU 的系统存储器中，其地址标识符为“L”。包括函数、函数块的临时变量，组织块中的开始信息、参数传递信息以及梯形图的内部结果。在程序中访问本地数据区的表示法与输入相同。本地数据区的数量与 CPU 的型号有关。

本地数据区和位存储区 M 很相似，但只有一个区别：位存储区 M 是全局有效的，而本地数据区只在局部有效。全局是指同一个存储区可以被任何程序存取（包括主程序，子程序和中断服务程序），局部是指存储器区和特定的程序相关联。

位格式：L［字节地址］.［位地址］，如 L0.0。

字节，字或双字格式：L［长度］［起始字节地址］，如 LB3。

（8）物理输入区。物理输入区位于 CPU 的系统存储器中，其地址标识符为“：P”，加在过程映像区地址的后面。与过程映像区功能相反，不经过过程映像区的扫描，程序访问物理区时，直接将输入模块的信息读入，并作为逻辑运算的条件。

位格式：I［字节地址］.［位地址］，如 12.7：P。

字或双字格式：I［长度］［起始字节地址］：P，如 IW8：P。

（9）物理输出区。物理输出区位于 CPU 的系统存储器中，其地址标识符为“：P”，加在过程映像区地址的后面。与过程映像区功能相反，不经过过程映像区的扫描，程序访问物理区时，直接将逻辑运算的结果（写出信息）写出到输出模块。

位格式：Q［字节地址］.［位地址］，如 Q2.7：P。

字或双字格株式：Q［长度］［起始字节地址］：P，如 QW8：P。

以上各存储区及功能，如表 1-12 所示。

思考问题 2：如何用软件设计一个 PLC 项目？

二、TIA 博途软件的使用

TIA 博途是西门子自动化的全新工程设计软件平台，它将所有自动化软件工具集成在统一的开发环境中。借助这个软件平台，用户能够快速、直观地开发和调试自动化控制系统。与传统方法相比，无须花费大量时间集成各个软件包，显著地节省了时间，提高了设计效率。

S7-1200 用 TIA 博途中的 STEP 7 Basic（基本版）和 STEP 7 Professional（专业版）编程。STEP 7 Professional 可用于 S7-1200/1500/300/400 和 WinAC 的组态和编程。STEP 7 Basic 只能用于 S7-1200。

TIA 博途中的 SIMATIC STEP7 PLCSIM，用于仿真调试。

TIA 博途中的 WinCC 是用于西门子的 HMI、工业 PC 和标准 PC 的组态软件，精简面板可使用 WinCC 的基本版。STEP 7 集成了 WinCC 的基本版。

TIA 博途中的 STEP 7 Safety 用于故障安全自动化。SINAMICS Startdrive 用于驱动装置，它集成了硬件组态、参数设置以及调试和诊断功能。

1. TIA 博途的安装

TIA 博途的安装对计算机硬件方面的要求为：处理器主频 3. 3GHz 或更高，内存 8GB 以上，硬盘 300GB 以上，15. 6in 宽屏显示器，分辨率 1920×1080。TIA 博途 V15 安装要求计算机的操作系统为 Windows 10 非家用版。

TIA 博途中软件的安装顺序为：STEP7 Professional，S7-PLCSIM，WinCC Professional，Startdrive，STEP7 Safety Advanced。

建议在安装博途软件之前关闭或卸载所有杀毒软件和防火墙。双击“Start. exe”文件，开始安装，如图 1-38 所示。

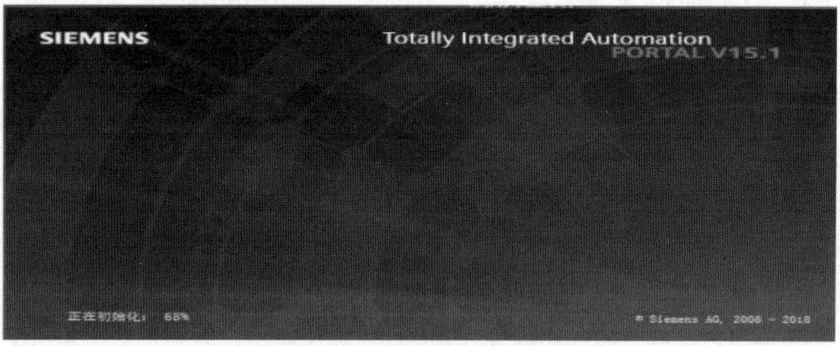

图 1-38 安装程序启动界面

安装初始化完成后，选择语言为“中文”。“产品配置”无须选择，直接“下一步”。进行授权许可后点击“下一步”，然后授权安全控制权限。最后点击“安装”开始进行安装，如图 1-39 所示界面。

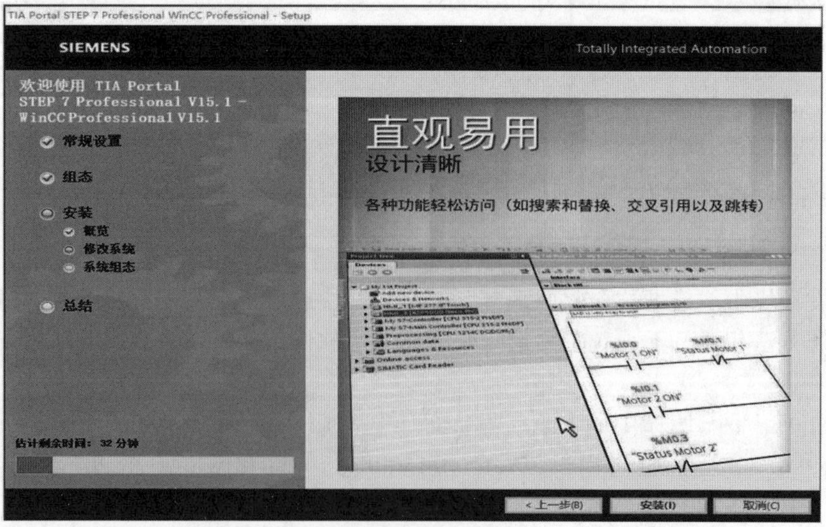

图 1-39 安装界面

安装完成，选择“否，稍后重启计算机”。在电脑开始搜索栏输入“REGEDIT”回车打开注册表编辑器，找到“HKEY_LOCAL_MACHINE\System\Current Control Set\Control\Session Manager\”的值“Pending File Rename Operations”，删除这个值，退出注册表编辑器。然后再重启电脑，安装完成。

2. TIA 博途的视图结构

TIA Potal 提供两种不同的工具视图，即基于项目的项目视图和基于任务的 Potal 视图。

安装好 TIA 博途后，双击桌面上的图标，打开启动画面，即 Potal 视图（图 1-40）。Potal 视图提供了面向任务的视图，可以概览自动化项目的所有任务，类似于向导操作，可以一步一步地进行相应的操作。选择不同的任务入口可处理启动、设备和网络、PLC 编程、可视化、在线和诊断等各种工程任务。在图 1-39 的启动画面中，①是登录选项，②提供了在所选登录选项中可使用的操作，③是所选操作的选择面板，④是切换到项目视图。

在 Potal 视图中，点击左下角的“项目视图”（图 1-40），切换到项目视图。项目视图是一个包含所有项目组建的结构视图，在项目视图中可以直接访问所有的编辑器、参数和数据，并进行高效的工程组态和编程。

图 1-40　启动画面（Potal 视图）

项目视图如图 1-41 所示，其中各部分的作用如下。

标题栏用来显示项目名称。菜单栏包含工作所需的全部命令。工具栏提供了常用命令的按钮。

① 是项目树，位于项目视图的左侧，可以用它访问所有的设备和项目数据，添加新的设备，编辑已有的设备，打开处理项目数据的编辑器。可在项目树中执行以下任务：添加新组件、编辑现有组件、扫描和修改现有组件的属性。

② 是详情视图，在详情窗口中显示总览窗口或当前选中的项目树中对象的特定内容，

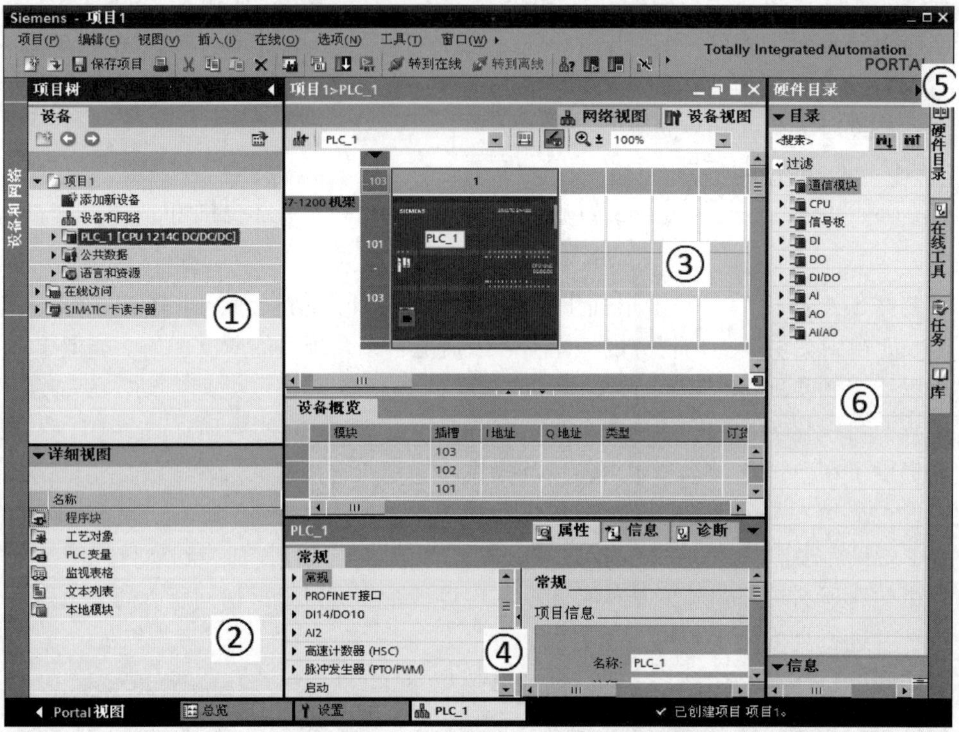

图 1-41 TIA 博途项目视图

其中包含文本列表或变量，但不显示文件夹内容。可以直接从详情窗口将对象拖放到应用区域。

③ 是工作区，显示打开的对象。例如，这些对象包括：编辑器，视图和表格。

在工作区可以打开若干个对象。但通常每次在工作区中只能看到其中一个对象。在编辑器栏中，所有其他对象均显示为选项卡。如果在执行某项任务时要同时查看两个对象，则可以水平或垂直方式平铺工作区，或浮动停靠工作区的元素，如果没有打开任何对象，则工作区是空的。

④ 是巡视窗口，对象或所执行操作的附加信息均显示在巡视窗口中。巡视窗口有三个选项卡：属性、信息和诊断。

“属性”选项卡显示所选对象的属性。可以在此处更改可编辑的属性。

“信息”选项卡显示有关所选对象的附加信息以及执行操作（例如编译）时发出的报警。

“诊断”选项卡提供有关系统诊断事件，已组态消息事件以及连接诊断的信息。

⑤ 是任务卡，根据所编辑对象或所选对象，提供了用于执行附加操作的任务卡。这些操作包括：从库中或者从硬件目录中选择对象；在项目中搜索和替换对象；将预定义的对象拖拽到工作区。

在屏幕右侧的条形栏中可以找到可用的任务卡。可以随时折叠和重新打开这些任务卡。哪些任务卡可用取决于所安装的产品。比较复杂的任务卡会划分为多个窗格，这些窗格也可以折叠和重新打开。

⑥ 是任务卡选中对象的简单描述。

3. 创建和编辑项目

(1) 新建博途项目的方法如下。

方法一：打开 TIA 博途软件，如图 1-42 所示，选中“启动”→“创建新项目”，在“项目名称”中输入新建的项目名称（本例为电动机正反转控制），单击“创建”按钮，完成新建项目。

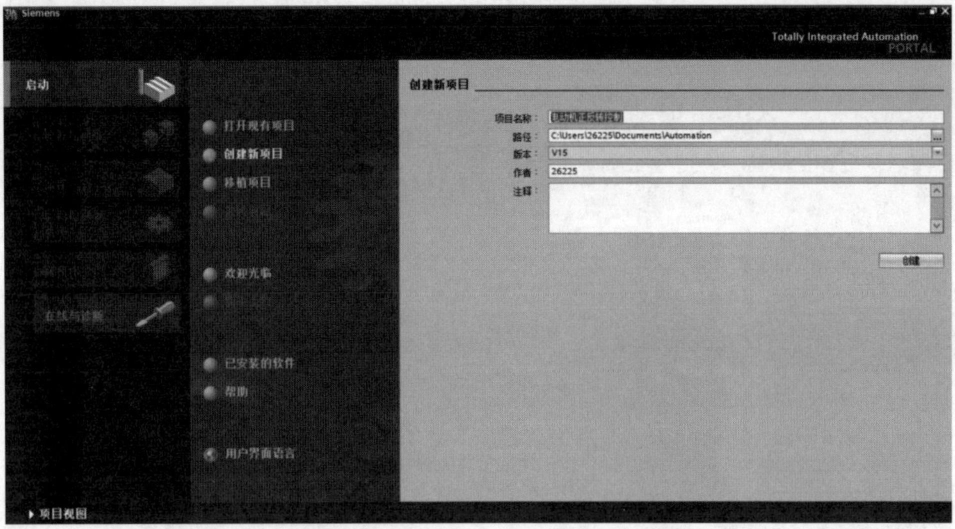

图 1-42 创建项目 1

方法二：如果 TIA 博途软件处于打开状态，在项目视图中，选中菜单栏中“项目”，单击“新建”命令，弹出如图 1-43 所示的界面，在“项目名称”中输入新建的项目名称（本例为电动机正反转控制），单击“创建”按钮，完成新建项目。

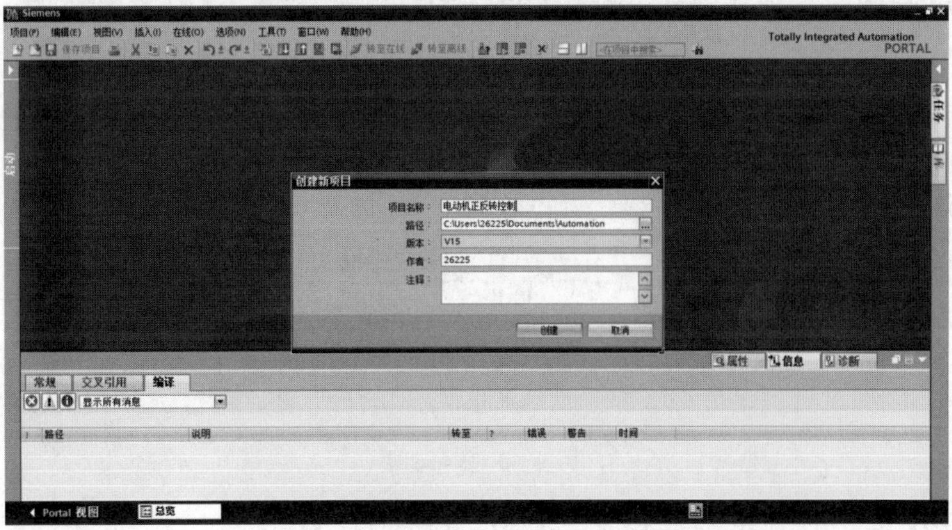

图 1-43 创建项目 2

方法三：如果 TIA 博途软件处于打开状态，而且在项目视图中，单击工具栏中“新建”按钮，弹出如图 1-43 所示的界面，在“项目名称”中输入新建的项目名称（本例为电动机正反转控制），单击“创建”按钮，完成新建项目。

项目视图是 TIA 博途软件的硬件组态和编程的主窗口，在项目树的设备栏中双击“添加新设备”选项卡栏，然后弹出“添加新设备”对话框，如图 1-44 所示。可以修改设备名称，也可保持系统默认名称。选择需要的设备，本例为：6ES7214-1AG40-0XB0，勾选“打开设备视图”，单击“确定”按钮，完成新设备添加，并打开设备视图，如图 1-45 所示。

图 1-44　添加新设备

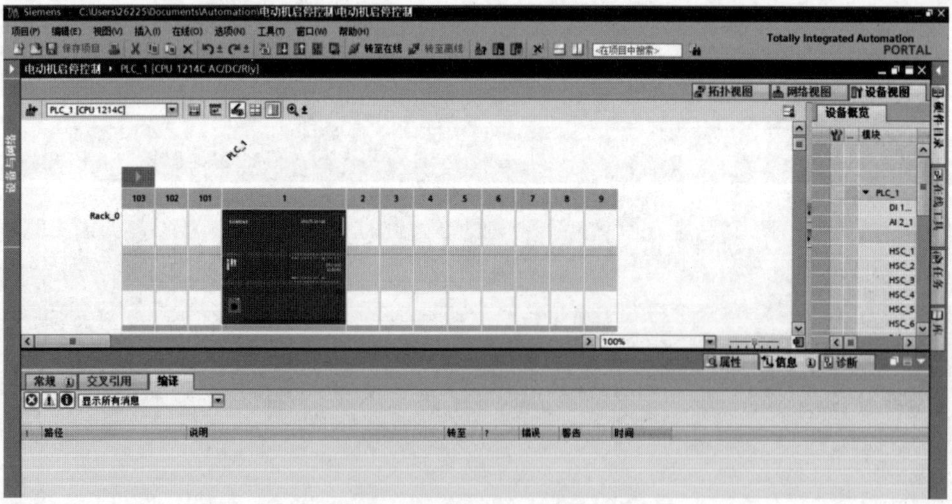

图 1-45　设备视图

（2）编辑项目包括打开、保持、另存为、关闭和删除操作。

①打开已有的项目方法如下。

方法一：打开 TIA 博途软件，选中“启动”→“打开现有项目”，再选中要打开的项目，本例为“电动机正反转控制”，单击“打开”按钮，选中的项目即可打开。

方法二：如果 TIA 博途软件处于打开状态，而且在项目视图中，选中菜单栏中“项目”，单击“打开”命令，弹出界面，再选中要打开的项目，本例为“电动机正反转控制”，单击“打开”按钮，现有的项目即可打开。

方法三：打开博途项目程序的存放目录，双击“电动机正反转控制”，现有的项目即可打开。

②保存项目的方法如下。

方法一：在项目视图中，选中菜单栏中“项目”，单击“保存”命令，现有的项目即可保存。

方法二：在项目视图中，选中工具栏中“保存”按钮，现有的项目即可保存。

另存项目的方法：在项目视图中，选中菜单栏中“项目”，单击“另存为（A）...”命令，弹出“将当前项目另存为...”对话框，在“文件名”中输入新的文件名（本例为电动机正反转控制 2），单击“保存”按钮，另存项目完成。

③关闭项目的方法如下。

方法一：在项目视图中，选中菜单栏中“项目”，单击“退出”命令，现有的项目即可退出。

方法二：在项目视图中，单击“退出”按钮区，即可退出项目。

④删除项目的方法如下。

方法一：在项目视图中，选中菜单栏中“项目”，单击“删除项目”命令，弹出“删除项目”对话框，选中要删除的项目（本例为电动机正反转控制 2），单击“删除”按钮，现有的项目即可删除。

方法二：打开博途项目程序的存放目录，选中并删除文件夹（本例为电动机正反转控制 2）。

4. 变量表的使用

（1）生成和修改变量。双击项目树中的“默认变量表”，打开变量编辑器。选项卡“变量”用来定义 PLC 的变量，选项卡“系统常数”中是系统自动生成的与 PLC 的硬件和中断事件有关的常数值。

在“变量”选项卡空白行的“名称”列输入变量的名称，单击“数据类型”列右侧隐藏的按钮，设置变量的数据类型。在“地址”列输入变量的绝对地址，“%”是自动添加的。如图 1-46 所示。

（2）变量表中变量的排序。单击变量表表头中的“地址”，该单元出现向上的三角形，各变量按地址的第一个字母从 A 到 Z 升序排列。再单击一次该单元，三角形的方向向下，各变量按地址降序排列。可以根据变量的名称和数据类型等来排列

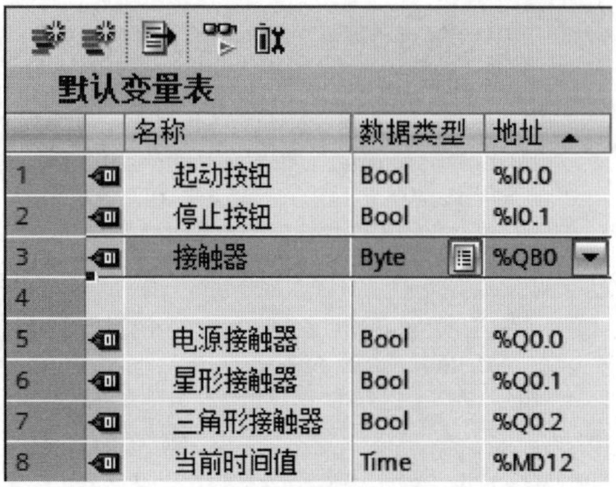
默认变量表

	名称	数据类型	地址
1	起动按钮	Bool	%I0.0
2	停止按钮	Bool	%I0.1
3	接触器	Byte	%QB0
4			
5	电源接触器	Bool	%Q0.0
6	星形接触器	Bool	%Q0.1
7	三角形接触器	Bool	%Q0.2
8	当前时间值	Time	%MD12

图 1-46　默认变量表

变量。

（3）快速生成变量。用鼠标右键单击变量“电源接触器”，在该变量上面出现一个空白行。单击“接触器”最左边的单元，选中变量“接触器”所在的整行。将光标放到该行的标签列单元左下角的小正方形上，光标变为深蓝色的小十字，如图 1-45 所示。按住鼠标左键不放，向下移动鼠标，在空白行生成新的变量“接触器_1”。

（4）设置变量的保持性功能。单击工具栏上的“保持型”按钮，可以用打开的对话框设置 M 区从 MB0 开始的具有保持性功能的字节数。

（5）设置变量表中地址的显示方式。可以用与程序编辑器相同的方法设置地址的显示方式。右键单击 TIA 博途中的表格灰色的表头，执行快捷菜单中的“调整所有列宽度”命令，可以使表格各列的排列尽量紧凑。

（6）全局变量与局部变量。PLC 变量表中的变量为全局变量，可以用于所有的代码块。在程序中，全局变量被自动添加双引号。局部变量只能在它被定义的块中使用。在程序中，局部变量被自动添加#号。

思考问题 3：如何将控制过程转换成 PLC 程序？

三、 S7-1200 PLC 编程语言与用户程序结构

1. 编程语言

（1）梯形图 LAD。梯形图（LAD）是使用得最多的 PLC 图形编程语言。梯形图与继电器电路图很相似，具有直观易懂的优点，很容易被工厂熟悉继电器控制的电气人员掌握，特别适用于数字量逻辑控制。有时把梯形图称为电路或程序。

梯形图由触点、线圈和用方框表示的指令框组成。触点代表逻辑输入条件，例如外部的开关、按钮和内部条件等。线圈通常代表逻辑运算的结果，常用来控制外部的负载和内部的标志位等。指令框用来表示定时器、计数器或者数学运算等指令。

触点和线圈等组成的电路称为程序段，英语名称为 Network（网络），STEP7 自动地为程序段编号。可以在程序段编号的右边加上程序段的标题，在程序段编号下面为程序段加上注释（图 1-47）。

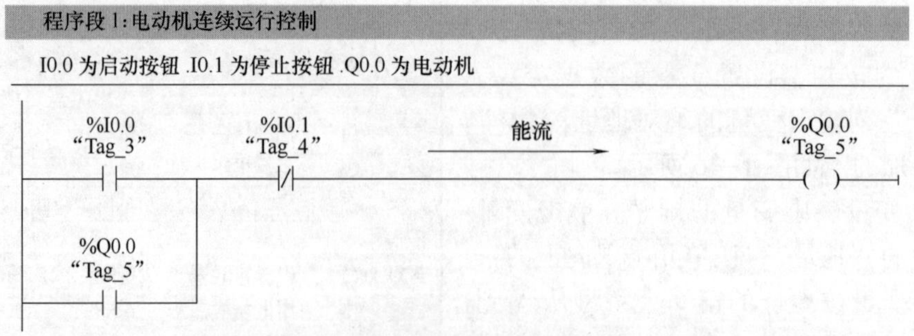

图 1-47 程序段与梯形图程序

在分析梯形图的逻辑关系时，为了借用继电器电路图的分析方法，可以想象在梯形图

的左右两侧垂直“电源线”之间有一个左正右负的直流电源电压。例如在图 1-47 中，I0.0 与 I0.1 的触点同时接通，或 Q0.0 与 I0.1 的触点同时接通时，有一个假想的“能流”（Power Flow）流过 Q0.0 的线圈。能流只能从左往右流动。程序段内的逻辑运算按从左往右的方向执行，与能流的方向一致。如果没有跳转指令，程序段之间按从上到下的顺序执行，执行完所有的程序段后，下一次扫描循环返回最上面的程序段 1，重新开始执行。

（2）函数块图。函数块图（FBD）使用类似于数字电路的图形逻辑符号来表示控制逻辑，有数字电路基的人很容易掌握。国内很少有人使用函数块图语言。

在函数块图中，用类似于与门（带有符号“&”）、或门（带有符号“>=1”）的方框来表示逻辑运算关系，方框的左边为逻辑运算的输入变量，右边为输出变量，输入、输出端的小圆圈表示“非”运算，方框被“导线”连接在一起，信号自左向右流动。指令框用来表示些复杂的功能，例如数学运算等。

（3）结构化控制语言。结构化控制语言（Structured Control Language，SCL）是一种基于 PASCAL 的高级编程语言。这种语言基于 IEC1131-3 标准。SCL 除了包含 PLC 的典型元素（例如输入、输出、定时器或存储器位）外，还包含高级编程语言中的表达式、赋值运算和运算符。SCL 提供了简便的指令进行程序控制，例如创建程序分支、循环或跳转。SCL 尤其适用于下列应用领域：数据管理、过程优化、配方管理和数学计算、统计任务。

（4）编程语言的切换。用鼠标右键单击项目树中 PLC 的“程序块”文件夹中的某个代码块，选中快捷菜单中的“切换编程语言”，LAD 和 FDB 语言可以相互切换。只能在“添加新块”对话框中选择 SCL 语言。

2. 用户程序结构

S7-1200 与 S7-300/400 的用户程序结构基本上相同，采用模块化的编程概念。

模块化编程将复杂的自动化任务划分为对应于生产过程的技术功能的较小的子任务，每个子任务对应于一个称为“块”的子程序，可以通过块与块之间的相互调用来组织程序。这样的程序易于修改、查错和调试。块结构显著地增加了 PLC 程序的组织透明性、可理解性和易维护性。各种块的简要说明见表 1-13，其中的 OB、FB、FC 都包含程序，统称为代码（Code）块。代码块的个数没有限制，但是受到存储器容量的限制。

表 1-13　用户程序中的块

块名称	简要功能描述
组织块(OB)	操作系统与用户程序的接口，决定用户程序的结构
函数块(FB)	用户编写的包含经常使用的功能的子程序，有专用的背景数据块
函数(FC)	用户编写的包含经常使用的功能的子程序，没有专用的背景数据块
背景数据块(DB)	用于保存 FB 的输入/输出参数和静态变量，其数据在编译时自动生成
全局数据块(DB)	存储用户数据的数据区域，供所有的代码块共享

被调用的代码块又可以调用别的代码块，这种调用称为嵌套调用。从程序循环 OB 或启动 OB 开始，嵌套深度为 16；从中断 OB 开始，嵌套深度为 6。在块调用中，调用者可以是各种代码块，被调用的块是 OB 之外的代码块。调用函数块时需要为它指定一个背景

数据块。

（1）组织块。组织块（Organization Block，OB）是操作系统与用户程序的接口，由操作系统调用，用于控制扫描循环和中断程序的执行、PLC 的启动和错误处理等。组织块的程序是用户编写的。

每个组织块必须有一个唯一的 OB 编号，123 之前的某些编号是保留的，其他 OB 的编号应大于等于 123。CPU 中特定的事件触发组织块的执行，OB 不能相互调用，也不能被 FC 和 FB 调用。只有启动事件（例如诊断中断事件或周期性中断事件）可以启动 OB 的执行。

S7-1200 中可以使用的组织块类型，如图 1-48 所示。

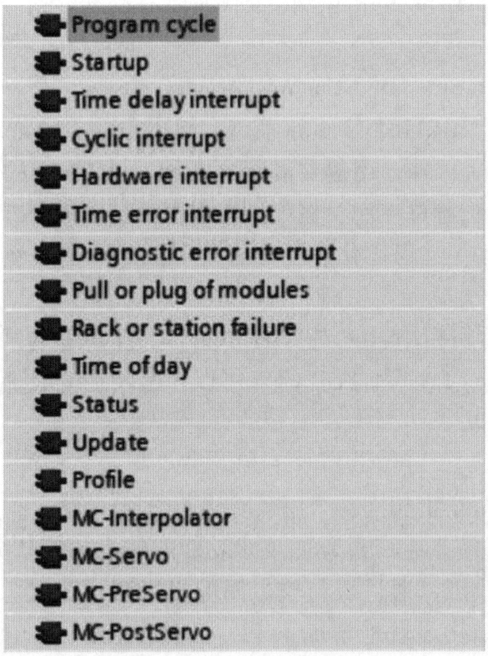

图 1-48　组织块类型

（2）函数。函数（Function，FC）是用户编写的子程序，STEP7 V5.5 称为功能。它包含完成特定任务的代码和参数。FC 和 FB（函数块）有与调用它的块共享的输入参数和输出参数。执行完 FC 和 FB 后，返回调用它的代码块。

函数是快速执行的代码块，可用于完成标准的和可重复使用的操作，例如算术运算。或完成技术功能，例如使用位逻辑运算的控制。可以在程序的不同位置多次调用同一个 FC 或 FB，这样可以简化重复执行的任务的编程。函数没有固定的存储区，函数执行结束后，其临时变量中的数据就丢失了。

（3）函数块。函数块（Function Block，FB）是用户编写的子程序，STEP7V5.5 称为功能块。调用函数块时，需要指定背景数据块，后者是函数块专用的存储区。CPU 执行 FB 中的程序代码，将块的输入、输出参数和局部静态变量保存在背景数据块中，以便在后面的扫描周期访问它们。FB 的典型应用是执行不能在一个扫描周期完成的操作。在调用 FB 时，自动打开对应的背景数据块，后者的变量可以供其他代码块使用。

调用同一个函数块时使用不同的背景数据块，可以控制不同的对象。

（4）数据块。数据块（Data Block，DB）是用于存放执行代码块时所需的数据的数据区，与代码块不同，数据块没有指令，STEP7 按变量生成的顺序自动地为数据块中的变量分配地址。

有两种类型的数据块：

① 全局数据块存储供所有的代码块使用的数据，所有的 OB、FB 和 FC 都可以访问它们。

② 背景数据块存储的数据供特定的 FB 使用。背景数据块中保存的是对应的 FB 的输入、输出参数和局部静态变量。FB 的临时数据（Temp）不是用背景数据块保存的。

四、S7-1200 PLC 位逻辑指令及编程

配套视频
位逻辑指令

位逻辑指令是 PLC 程序设计最基本，最常用的指令，其图形符号和功能，如表 1-14 所示。

表 1-14　　常用位逻辑指令

图形符号	功　能	图形符号	功　能
─┤ ├─	常开触点（地址）	─(S)─	置位线圈
─┤/├─	常闭触点（地址）	─(R)─	复位线圈
─( )─	输出线圈	─(SET_BF)─	置位域
─(/)─	反向输出线圈	─(RESET_BF)─	复位域
─┤NOT├─	取反	─┤P├─	P 触点，上升沿检测
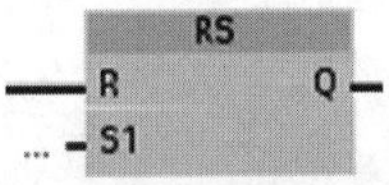	RS 置位优先型 RS 触发器	─┤N├─	N 触点，下降沿检测
		─(P)─	P 线圈，上升沿
		─(N)─	N 线圈，下降沿
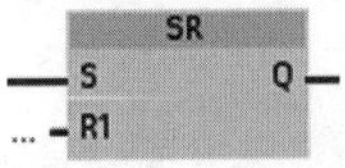	SR 复位优先型 SR 触发器	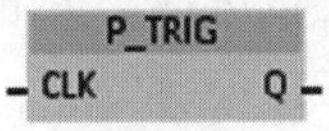	P_Trig，上升沿
		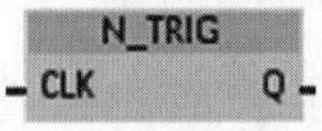	N_Trig，下降沿

1. 常开触点与常闭触点

配套视频
基本指令输入方法

触点代表 CPU 对存储器的读操作，常开触点和存储器的位状态一致，常闭触点和存储器的位状态相反。常开触点在指定的存储器位为 1 状态时闭合，为 0 状态时断开。常闭触点反之。触点指令的指令操作数：I、Q、M、L。

例如在图 1-49 中，存储器 M5.0 的状态为 1，则对应的常开触点 M5.0 接通，表示能流可以通过；而对应的常闭触点 M5.0 断开，表示能

图 1-49　触点指令与线圈指令

流不能通过。存储器 M5.0 的状态为 0，则对应的常开触点 M5.0 断开，表示能流不能通过；而对应的常闭触点 M5.0 接通，表示能流可以通过。

指令使用说明：

①“触点”指令用于与输入公共母线（输入母线）相连的接点，也可以并联或者串联使用于分支回路的开头。两个触点串联将进行“与”运算，两个触点并联将进行“或”运算，如图 1-50 所示。

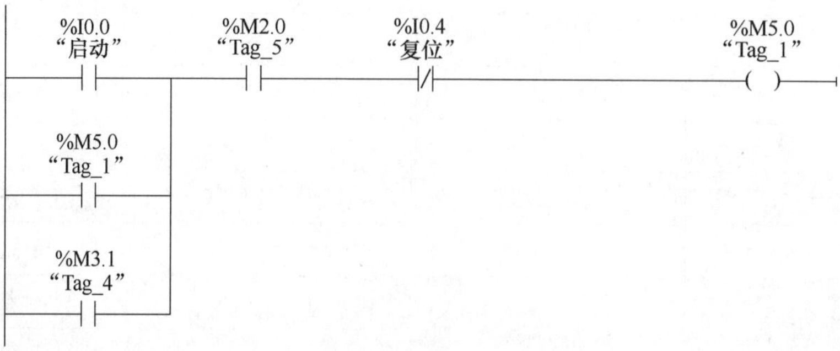

图 1-50　触点的串联与并联

② 用户程序中同一触点可使用无数次。

③ 触点指令不能放在指令行的末尾。

2. 取反 RLO 触点

RLO 是逻辑运算结果的简称，中间有“NOT”的触点为取反 RLO 触点，如果没有能流流入取反 RLO 触点，则有能流流出。如果有能流流入取反 RLO 触点，则没有能流流出。如图 1-51 所示。

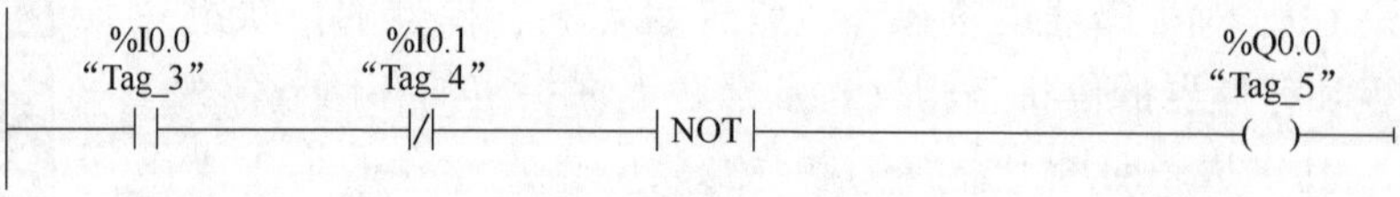

图 1-51　取反 RLO 触点指令

3. 线圈

线圈代表 CPU 对存储器的写操作，若线圈左侧的逻辑运算结果（RLO）为“1”，表示能流能够达到线圈，CPU 将该线圈所对应的位存储器置“1”，若线圈左侧的逻辑运算结果为“0”，表示能流不能够达到线圈，CPU 将该线圈所对应的位存储器写入“0”。“输出线圈”指令用于 Q、M、L，但不能用于输入映像寄存器 I。

例如 M4.0 接通时，线圈得电，则线圈指定的位地址 Q0.0=1，如图 1-52 所示。

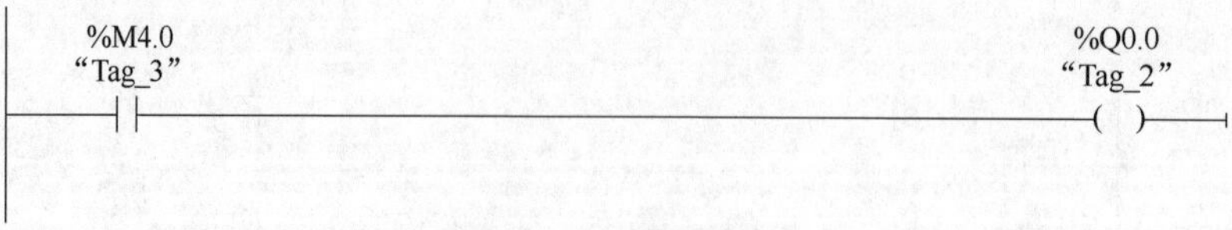

图 1-52　线圈指令

可以用 Q0.4：P 的线圈将位数据值写入过程映像输出 Q0.4，同时立即直接写给对应的物理输出点，如图 1-53 所示。

图 1-53　立即输出指令

取反输出线圈中间有“/”符号，如果有能流流过 M4.1 的取反线圈，则 M4.1 为 0 状态，其常开触点断开，反之 M4.1 为 1 状态，其常开触点闭合，如图 1-54 所示。

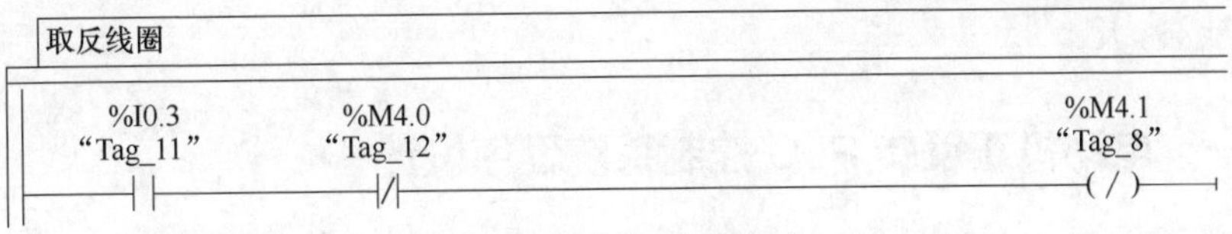

图 1-54　取反线圈指令

线圈指令使用说明：

① 在博途软件中，线圈指令可以直接连接在左母线上，并且可以串联连接或者并联连接。

② 用户程序中，同一线圈只能使用一次。

③ 输出端不带负载时，控制线圈应尽量使用 M 或其他，而不用 Q。

配套视频

置位复位指令

4. 置位、复位输出指令

S（置位输出）、R（复位输出）指令将指定的位操作数置位和复位。如果同一操作数的 S 线圈和 R 线圈同时断电，则操作数的信号状态不变。

置位输出指令与复位输出指令最主要的特点是有记忆和保持功能。例如在图 1-55 的程序中，如果 I0.4 的常开触点闭合，Q0.5 变为 1 状态并保持该状态。即使 I0.4 的常开触点断开，Q0.5 也仍然保持 1 状态。在程序状态中，用 Q0.5 的 S 和 R 线圈连续的绿色圆弧和绿色的字母表示 Q0.5 为 1 状态，用间断的蓝色圆弧和蓝色的字母表示 0 状态。

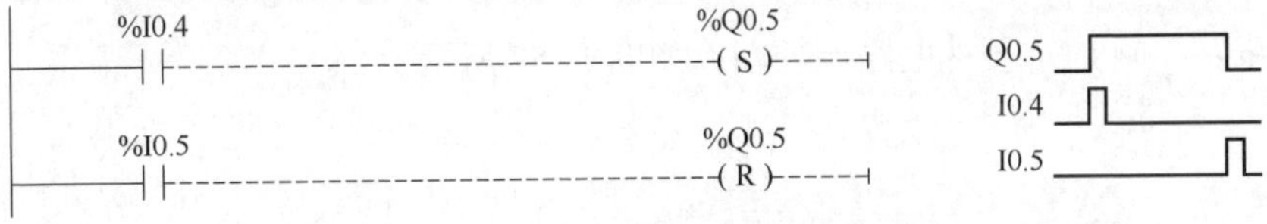

图 1-55　置位、复位指令及其输出波形图

5. 置位位域指令与复位位域指令

“置位位域”指令 SET_BF 将指定的地址开始的连续的若干个位地址置位，“复位位域”指令 RESET_BF 将指定的地址开始的连续的若干个位地址复位。例如图 1-56 程序中，I0.6 闭合后，置位位域指令将 M5.0、M5.1、M5.2、M5.3 这四个位都置 1。

使用说明：

（1）对位元件来说一旦被置位，就保持在通电状态，除非对它复位；而一旦被复位就保持在断电状态，除非再对它置位。

（2）S/R 指令可以互换次序使用，但由于 PLC 采用扫描工作方式，所以写在后面的指令具有优先权。如在图 1-55 中，若 I0.4 和 I0.5 同时为 1，则 Q0.5 肯定处于复位状态而为 0。

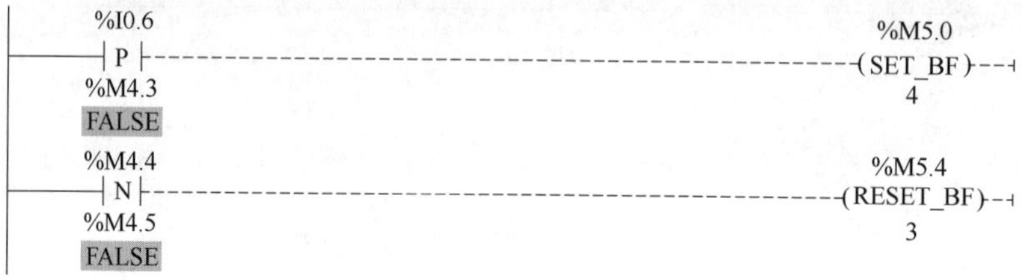

图 1-56　置位位域、复位位域指令

任务实施

案例一：电动机正反转 PLC 控制系统程序设计

第一步：确定输入/输出设备分配地址，建立变量表，如表 1-15 和表 1-16 所示。

表 1-15　　I/O 地址表

输入/输出	地址	电器元件	功能
输入	I0.0	SB3	停止
	I0.1	SB1	正转启动
	I0.2	SB2	反转启动
输出	Q0.0	KM1	正转控制
	Q0.1	KM2	反转控制

表 1-16　　变量表

名称	数据类型	地址
停止	Bool	%I0.0
正转启动	Bool	%I0.1
反转启动	Bool	%I0.2
正转	Bool	%Q0.0
反转	Bool	%Q0.1

第二步：绘制 PLC 硬件电路原理图，如图 1-57 所示。

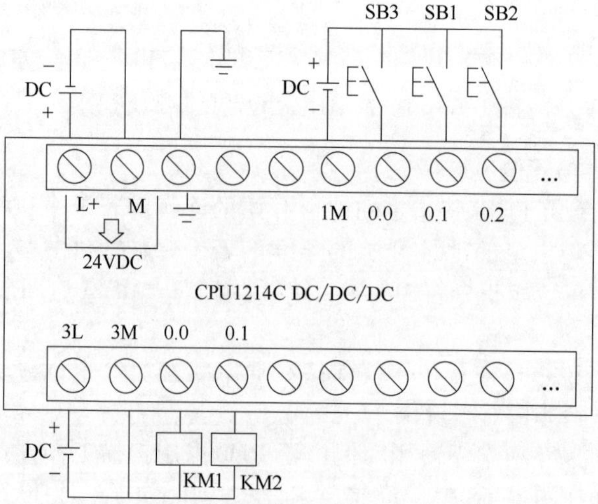

图 1-57　电动机正反转运行 PLC 控制系统硬件接线原理图

第三步：设计 PLC 控制程序。

方法一：如图 1-58 所示。

配套视频

电动机正反转连续运行控制系统设计

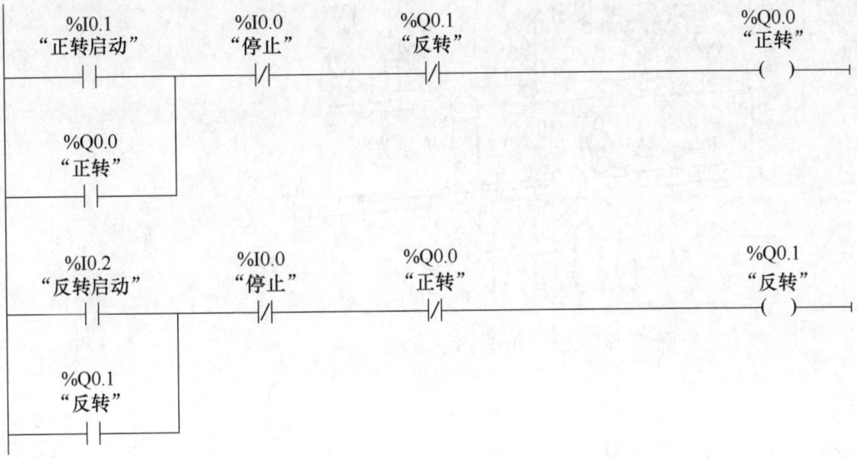

图 1-58　电动机正反转运行 PLC 控制程序 1

方法二：如图 1-59 所示。

图 1-59　电动机正反转运行 PLC 控制程序 2

案例二：三人抢答器的 PLC 控制设计

某轻工企业举办年会时有抢答活动，抢答器设计为 3 个抢答席和 1 个主持人席，每个抢答席上各有 1 个抢答按钮和一盏抢答指示灯。系统示意图如图 1-60 所示。

控制要求：

参赛者在允许抢答时，第一个按下抢答按钮的抢答席上的指示灯将会亮，且释放抢答按钮后，指示灯仍然亮；此后另外两个抢答席上即使再按各自的抢答按钮，其指示灯也不会亮。这样主持人就可以轻易地知道谁是第一个按下抢答器的。该题抢答结束后，主持人按下主持席上的复位按钮，则指示灯熄灭，又可以进行下一题的抢答比赛。

图 1-60　三人抢答器示意图

设计过程：

第一步：确定输入/输出设备分配地址，如表 1-17 所示。

表 1-17　　三人抢答器控制系统 I/O 地址表

输入/输出	地址	元件	功　能
输入	I0.0	SB1	主持席上的开始按钮
	I0.1	SB2	抢答席 1 上的抢答按钮
	I0.2	SB3	抢答席 2 上的抢答按钮
	I0.3	SB4	抢答席 3 上的抢答按钮
	I0.4	SB5	主持席上的复位按钮
输出	Q0.0	HL1	抢答席 1 上的指示灯
	Q0.1	HL2	抢答席 2 上的指示灯
	Q0.2	HL3	抢答席 3 上的指示灯

第二步：设计 PLC 控制系统硬件接线原理图，如图 1-61 所示。

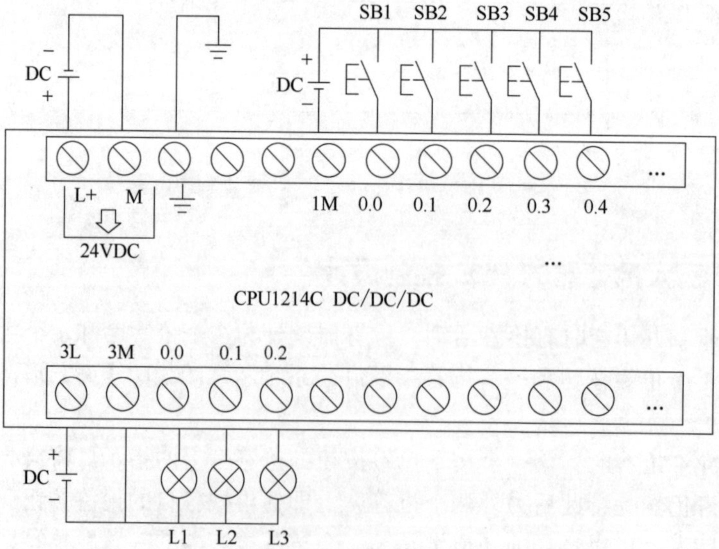

图 1-61　三人抢答器 PLC 控制系统硬件接线原理图

第三步：设计 PLC 控制程序如图 1-62 所示。

配套视频

三人抢答器程序设计

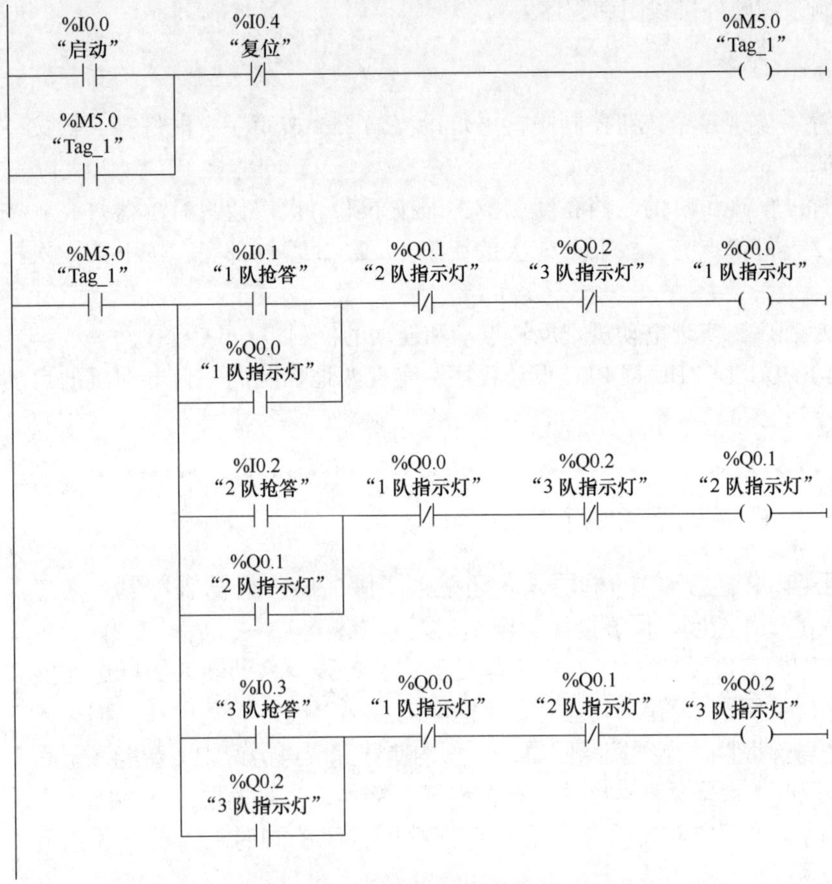

图 1-62　三人抢答器 PLC 控制程序

任务拓展

电动机自动往返循环控制电路的 PLC 程序设计

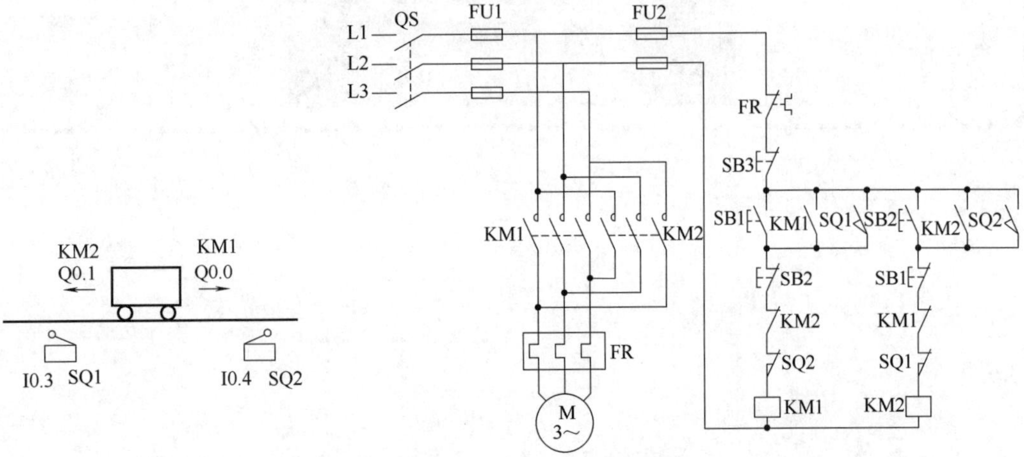

图 1-63　电动机自动往返电气控制电路图

电动机驱动小车自动往返循环运行的控制电路图，如图 1-63 所示。分析系统控制过程，并设计 PLC 控制系统硬件接线图和程序。

习 题

1. 设计 PLC 程序，实现一个按钮控制一盏电灯的亮与灭，按第一次电灯亮，再按一次电灯灭，以此类推。

2. 设计 PLC 程序，实现吊灯的三档亮度调节，即按下第 1 次按钮只有 1 盏灯亮，按下第 2 次按钮第 1、2 盏灯都点亮，按下第 3 次按钮第 1、2、3 盏灯都亮，按下第 4 次按钮 3 盏灯全部灭。

3. 设计一个 PLC 程序，实现电动机正反转点动和连动的控制。

4. 使用 CPU1214C DC/DC/DC 型 PLC 设计程序，实现两地控制同一台电动机的启动和停止。

小贴士：PLC 在人工智能上的应用

PLC 除应用于自动化生产中的机器人，还在人工服务中的机器人控制，通过 PLC 实践对机器人的动作控制、反馈控制、自主决策等功能。

北京冬奥会“智能防疫员”。北京 2022 年冬奥会和冬残奥会涉奥人员抵达冬奥村后，率先迎接他们的便是“智能防疫员”。“智能防疫员”自带感知设备，相关人员只需刷相关有效身份证件，无须摘掉口罩，一秒内便可完成身份识别、智能测温等 8 个查验环节。显示屏上会呈现证件照片、核酸检测、接种疫苗等信息，并给出“未见异常”等状态提示。“智能防疫员”在提高信息核验效率的同时，也提升了通行速度。

北京冬奥会和冬残奥会的成功举办，让全世界看到了中国顶尖的科技成果和工程技术。

实训任务单一

实训任务　电动机双重联锁正反转运行的 PLC 控制设计

任务描述：

电动机双重联锁正反转运行控制电路，如图 1-64 所示。

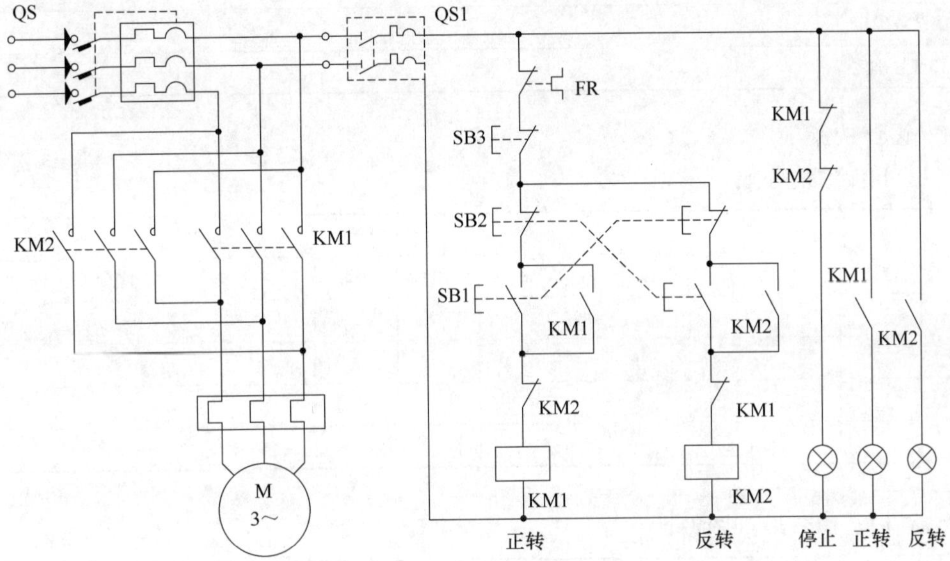

图 1-64　电动机双重联锁正反转运行控制电路原理图

任务要求：

按下正向启动按钮 SB1，电动机正转，同时绿灯点亮；然后按下反向启动按钮 SB2，正转停止开始反转，同时蓝灯亮。

按下停止按钮 SB3 或者出现过载，电动机停止运行，同时红灯亮。

1. 任务分组

小组序号		小组名称	
任务名称	电动机双重联锁正反转运行的 PLC 控制设计		
组员	承担角色	职责	

2. 任务分析

控制系统组成	
控制过程分析	
I/O 设备确定	
PLC 型号确定	

3. 设计决策

（1）I/O 地址分配。

输入			输出		
元件	地址	功能	元件	地址	功能

（2）PLC 电气原理图设计。

PLC 硬件接线电气原理图

电气元件明细表

序号	元件名称	规格型号	单位	数量	电气符号

（3）PLC 程序设计思路。

4. 设计实施

耗材与工具领取。

序号	名称	规格型号	数量

5. 电气接线

出现的问题	解决的措施

6. 程序编辑与调试

出现的问题	解决的措施

实训任务单二

实训任务　电动机自动往返循环控制电路的 PLC 程序设计

任务描述：

某企业现需对一个由电机驱动的自动往返小车控制系统进行 PLC 设计，其控制线路，如图 1-65 所示。

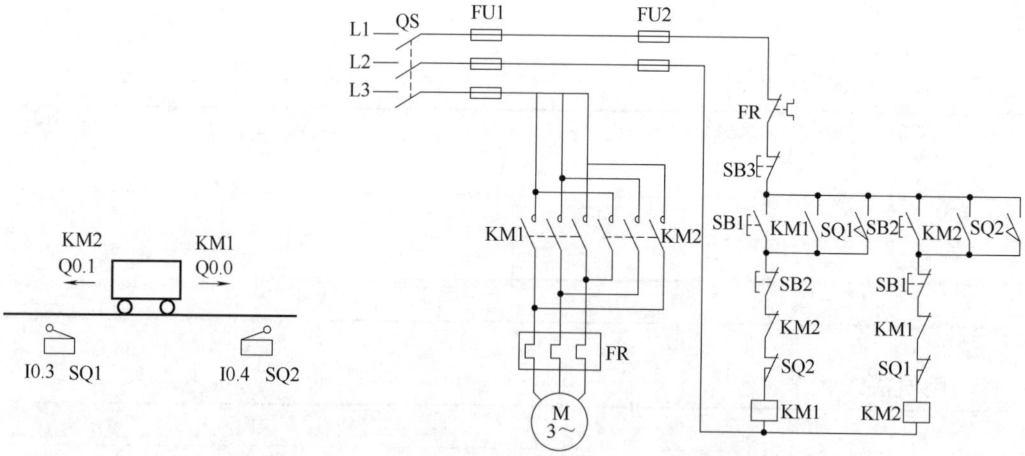

图 1-65　自动往返小车控制系统示意图与原理图

任务要求：

按下正向启动按钮 SB1，小车在电机的驱动下正向运行，到 SQ2 位置停止并自动返回，反向运行到 SQ1 位置停止再自动返回，又开始正向运行。直到按下停止按钮 SB2 则停止运行。

按下反向启动按钮 SB2，小车在电机的驱动下反向运行，到 SQ1 位置停止并自动返回，正向运行到 SQ2 位置停止再自动返回，又开始反向运行。直到按下停止按钮 SB2 则停止运行。

1. 任务分组

小组序号		小组名称	
任务名称	电动机自动往返循环控制电路的 PLC 程序设计		
组员	承担角色	职责	

2. 任务分析

控制系统组成	
控制过程分析	
I/O 设备确定	
PLC 型号确定	

3. 设计决策

（1）I/O 地址分配。

输入			输出		
元件	地址	功能	元件	地址	功能

（2）PLC 电气原理图设计。

PLC 硬件接线电气原理图

电气元件明细表

序号	元件名称	规格型号	单位	数量	电气符号

（3）PLC 程序设计思路

4. 设计实施

耗材与工具领取。

序号	名称	规格型号	数量

5. 电气接线

出现的问题	解决的措施

6. 程序编辑与调试

出现的问题	解决的措施

任务三　电动机星-三角降压启动的 PLC 控制

配套课件

电动机星三角降压启动的PLC控制

任务描述

电动机星-三角降压启动的 PLC 控制

某药品生产设备的工作电动机需设计一个星-三角降压启动形式，用来完成混合药液的搅拌任务。其控制电路原理图，如图 1-66 所示。

控制要求：

（1）按下启动按钮，电动机星形运行启动。

（2）15 秒后自动转换为三角形运行。

（3）按下停止按钮，电动机停止工作。

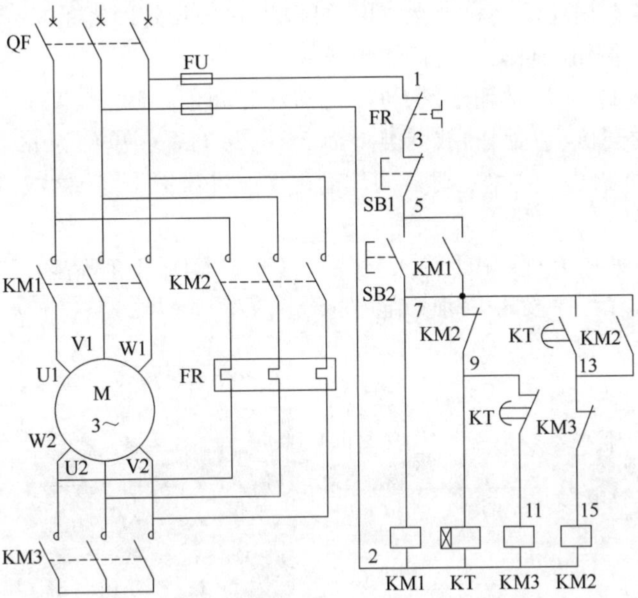

图 1-66　异步电动机星-三角启动控制电路原理图

提出问题：

（1）延时 15 秒如何实现？

（2）定时器指令的分类和工作原理是什么？

（3）系统模拟运行不正常，如何检查和改正错误？

知识链接

思考问题 1：定时器的延时功能是怎么实现的呢？

一、定时器指令

S7-1200 使用符合 IEC 标准的定时器指令，IEC 定时器属于函数块，调用时需指定对应的背景数据块，定时器指令的数据保存在背景数据块中。S7-1200 定时器指令一共有四种，如表 1-18 所示。

表 1-18　　定时器类型

TP	脉冲定时器
TON	接通延时定时器
TOF	关断延时定时器指令
TONR	时间累加器

1. 脉冲定时器

配套视频

定时器指令1

脉冲定时器用于将输出 Q 置位为 PT 预设的一段时间。将指令列表中的 TP 指令拖放到程序编辑窗口中，在出现的“调用选项”对话框中，将默认的背景数据块的名称改为 T1，可以用它来做定时器的标示符。单击“确定”按钮，自动生成背景数据块。

定时器的输入 IN 为启动输入端，PT 为预设时间值，ET 为定时开始后经过的当前时间值，它们的数据类型为 32 位的 Time，单位为 ms，最大定时时间为 24 天多。Q 为定时器的位输出。脉冲定时器各参数及其数据类型，如图 1-67 所示。

各参数均可以使用 I（仅用于输入参数）、Q、M、D、L 存储区，PT 可以使用常量。定时器指令可以放在程序段的中间或结束处。

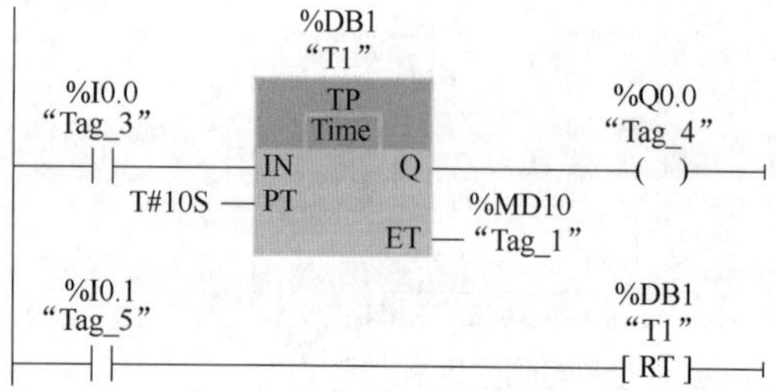

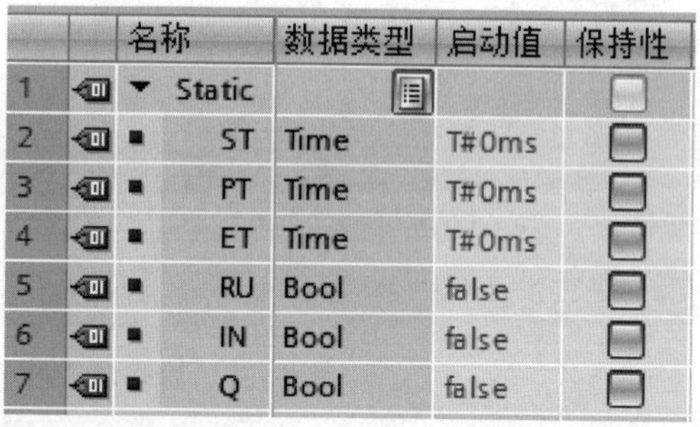

	名称	数据类型	启动值	保持性
1	▼ Static			
2	ST	Time	T#0ms	
3	PT	Time	T#0ms	
4	ET	Time	T#0ms	
5	RU	Bool	false	
6	IN	Bool	false	
7	Q	Bool	false	

图 1-67　脉冲定时器指令及其背景数据块

脉冲定时器使用时，在 IN 输入信号的上升沿启动该指令，Q 输出变为 1 状态，开始输出脉冲，ET 从 0ms 开始不断增大，达到 PT 预设的时间时，Q 输出变为 0 状态。如果 IN 输入信号为 1 状态，则当前时间值保持不变（图 1-68 波形 A）。如果 IN 输入信号为 0 状态，则当前时间变为 0s（图 1-68 波形 B）。IN 输入的脉冲宽度可以小于预设值，在脉冲输出期间，即使 IN 输入出现下降沿和上升沿，也不会影响脉冲的输出。

I0.1 为 1 时，定时器复位线圈 RT 通电，定时器 T1 被复位。如果正在定时，且 IN 输入信号为 0 状态，将使当前时间值 ET 清零，Q 输出也变为 0 状态（图 1-68 波形 C）。如果此时正在定时，且 IN 输入信号为 1 状态，将使当前时间清零，但是 Q 输出保持为 1 状态（图 1-68 波形 D）。复位信号 I0.1 变为 0 状态时，如果 IN 输入信号为 1 状态，将重新开始定时（图 1-68 波形 E）。

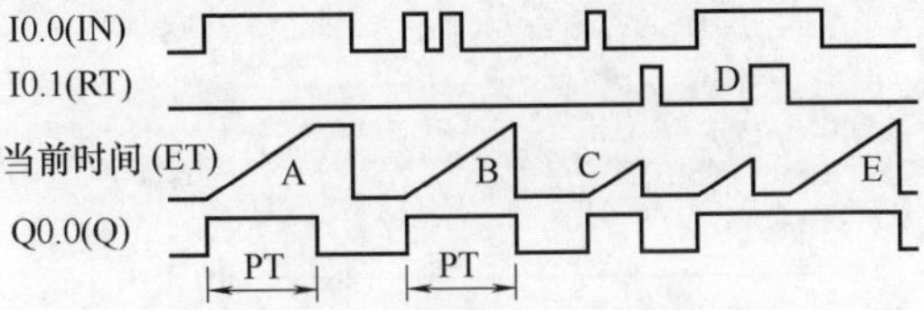

图 1-68　脉冲定时器各输入/输出参数波形图

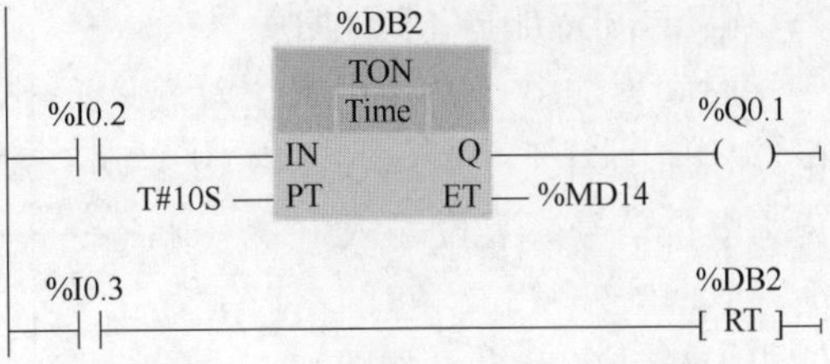

图 1-69　通电延时定时器指令及参数

2. 通电延时定时器（TON）指令

配套视频

定时器指令2

接通延时定时器 TON 用于将 Q 输出的置位操作延时 PT 指定的一段时间。其各个参数含义与脉冲定时器相同，如图 1-69 所示。

接通延时定时器指令使用时，在 IN 输入的上升沿开始定时。ET 大于等于 PT 指定的设定值时，输出 Q 变为 1 状态，ET 保持不变（图 1-70 波形 A）。

IN 输入电路断开时，或定时器复位线圈 RT 通电（图 1-70 波形 C），定时器被复位，当前时间被清零，输出 Q 变为 0 状态。如果 IN 输入信号在未达到 PT 设定的时间时变为 0 状态（图 1-70 波形 B），输出 Q 保持 0 状态不变。

复位输入 I0.3 变为 0 状态时，如果 IN 输入信号为 1 状态，将开始重新定时（图 1-70 波形 D）。

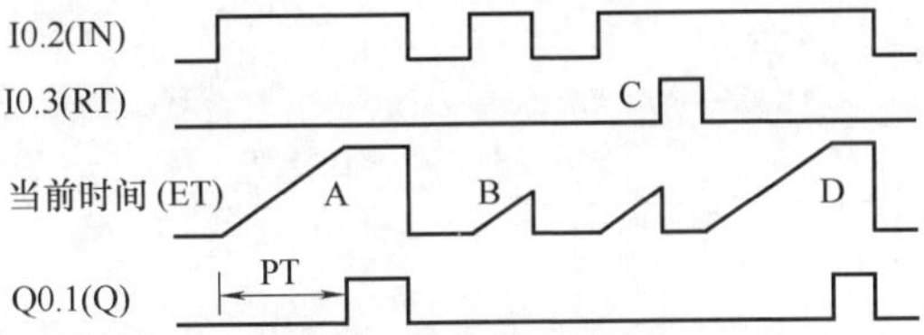

图 1-70　接通延时定时器各输入/输出参数波形图

3. 关断延时定时器指令（TOF）

关断延时定时器（TOF）用于将 Q 输出的复位操作延时 PT 指定的一段时间。其各个参数含义与脉冲定时器相同，如图 1-71 所示。

关断延时定时器指令使用时，IN 输入电路接通时，输出 Q 为 1 状态，当前时间被清零。在 IN 的下降沿开始定时，ET 从 0 逐渐增大。ET 等于预设值时，输出 Q 变为 0 状态，当前时间保持不变，直到 IN 输入电路接通（图 1-72 波形 A）。关断延时定时器可以用于设备停机后的延时。

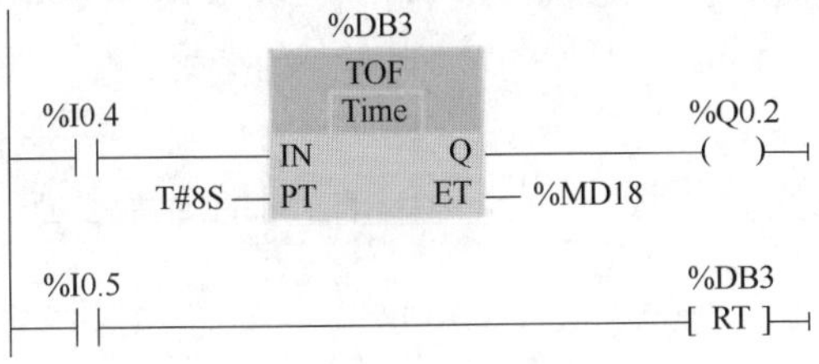

图 1-71　关断延时定时器指令及参数

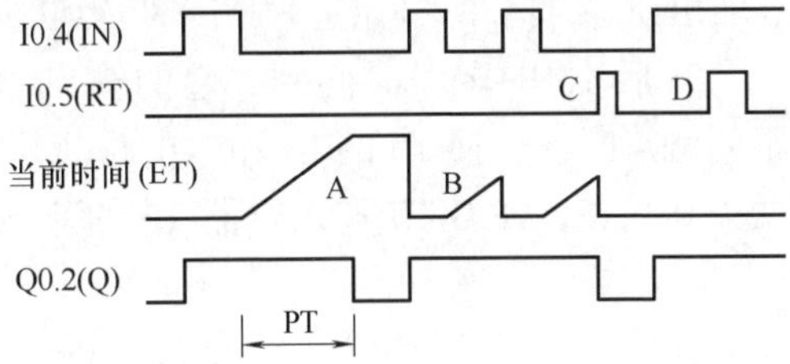

图 1-72　关断延时定时器各输入/输出参数波形图

如果 ET 未达到 PT 预设的值，IN 输入信号就变为 1 状态，ET 被清 0，输出 Q 保持 1 状态不变（图 1-72 波形 B）。复位线圈 RT 通电时，如果 IN 输入信号为 0 状态，则定时器被复位，当前时间被清零，输出 Q 变为 0 状态（图 1-72 波形 C）。如果复位时 IN 输入信号为 1 状态，则复位信号不起作用（图 1-72 波形 D）。

4. 时间累加器（TONR）

时间累加器 TONR 用来累计输入电路接通的若干个时间段。其中参数 R 为复位信号。复位输入 R 为 1 状态时，TONR 被复位，它的 ET 变为 0，输出 Q 变为 0 状态，如图 1-73 所示。

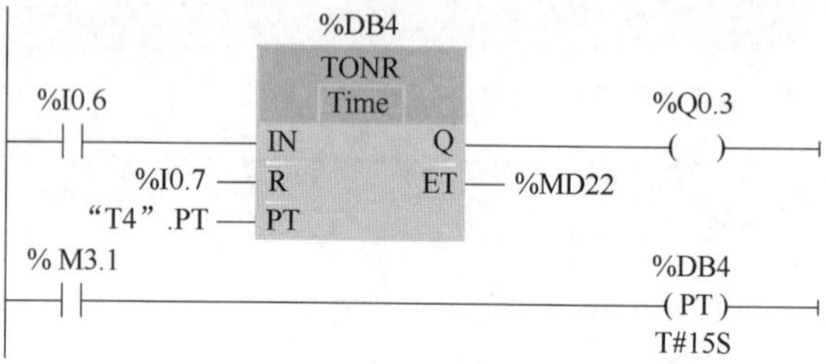

图 1-73　时间累加器指令及参数

时间累加器 TONR 指令使用时，IN 输入电路接通时开始定时（图 1-74 波形 A 和 B）。输入电路断开时，累计的当前时间值保持不变。图 1-74 中的累计时间 t_1+t_2 等于预设值 PT 时，Q 输出变为 1 状态（图 1-74 波形 D）。

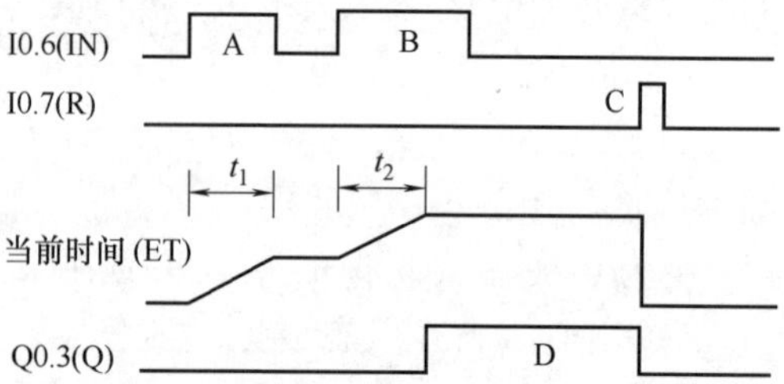

图 1-74　时间累加器各输入/输出参数波形图

“加载持续时间”线圈 PT 通电时，将 PT 线圈指定的时间预设值写入 TONR 定时器的背景数据块的静态变量 PT（“T4”. PT），将它作为 TONR 的输入参数 PT 的实参。用 I0.7 复位 TONR 时（图 1-74 波形 C），“T4”. PT 也被清 0。

5. 复位定时器指令 RT

通过清除存储在指定定时器背景数据块中的时间数据来重置定时器，如图 1-75 所示。

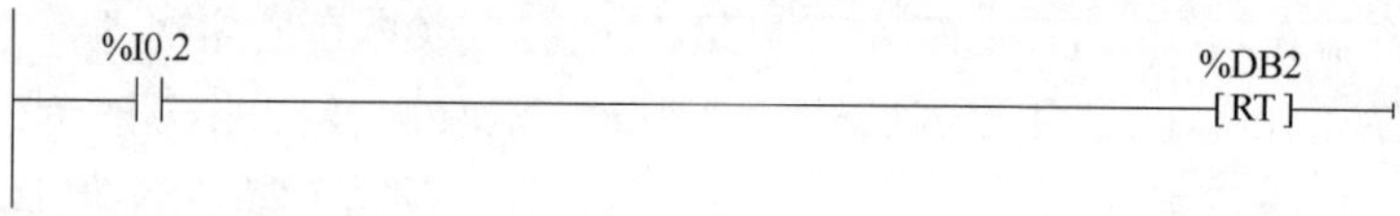

图 1-75　复位定时器指令

应用案例 1：振荡电路的设计。

方法一：用接通延时定时器指令。

配套视频　闪烁电路设计与仿真

配套视频　定时器指令的应用

图 1-76 中的串联电路接通后，定时器 T5 的 IN 输入信号为 1 状态，开始定时。2s 后定时时间到，它的 Q 输出使定时器 T6 开始定时，同时 Q0. 7 的线圈通电。

3s 后 T6 的定时时间到，它的输出“T6”. Q 的常闭触点断开，使 T5 的 IN 输入电路断开，其 Q 输出变为 0 状态，使 Q0. 7 和定时器 T6 的 Q 输出也变为 0 状态。下一个扫描周期因为“T6”

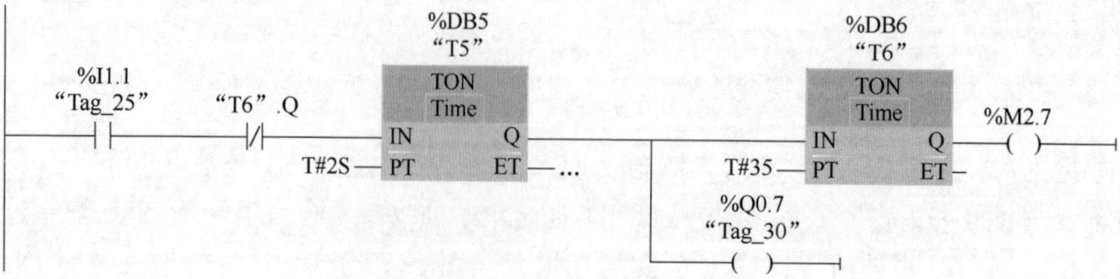

图 1-76　振荡电路设计程序一

. Q 的常闭触点接通，T5 又从预设值开始定时。Q0. 7 的线圈将这样周期性地通电和断电，直到串联电路断开。Q0. 7 线圈通电和断电的时间分别等于 T6 和 T5 的预设值。

振荡电路的高、低电平时间分别由两个定时器的 PT 值确定。其输入/输出波形，如图 1-77 所示。

图 1-77 的程序还可以设计为如图 1-78 所示。

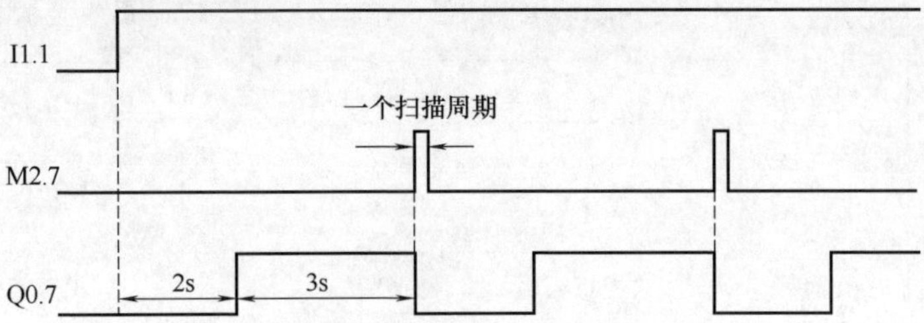

图 1-77　振荡电路输入/输出波形图

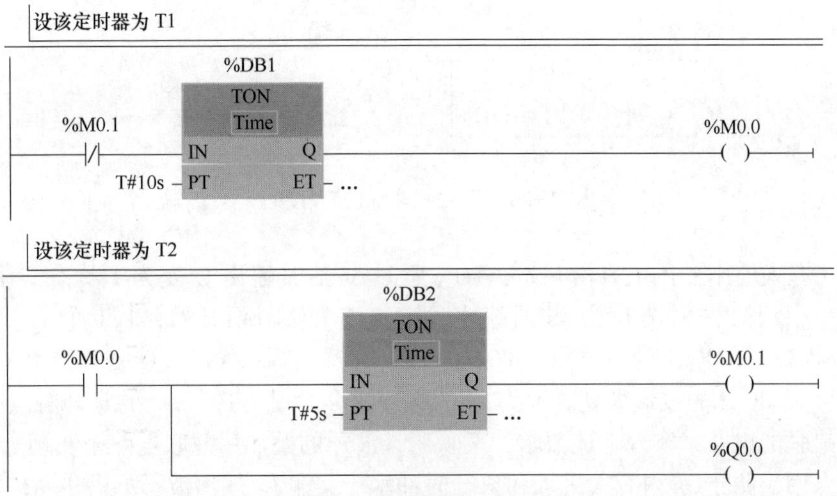

图 1-78　振荡电路设计程序二

方法二：用脉冲定时器指令。

输出 Q0. 0 在前 5s 时断开，然后接通 10s。程序示例如图 1-79 所示。

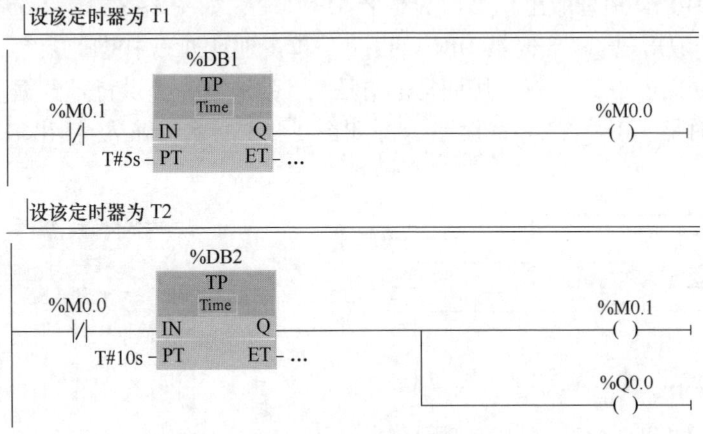

图 1-79　振荡电路设计程序三

应用案例 2：卫生间冲水控制程序设计。

I0.7 是光电开关检测到的有使用者的信号，用 Q1.0 控制冲水电磁阀。

方法一：用 3 种定时器设计，程序示例，如图 1-80 所示。

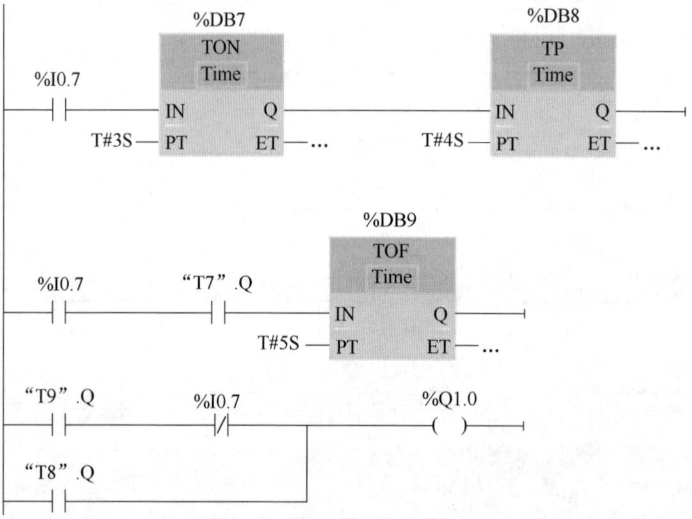

图 1-80　卫生间冲水控制程序一

I0.7（有人使用）的上升沿开始，TON 延时 3s 后其输出 Q 变为 1 状态，使 TP 的 Q 输出“T8”.Q 输出一个宽度为 4s 的脉冲。从 I0.7 的上升沿开始，TOF 的 Q 输出“T9”.Q 变为 1 状态。在 I0.7 的下降沿，TOF 开始定时，5s 后“T9”.Q 变为 0 状态。“T9”.Q 的波形减去 I0.7 的波形得到宽度为 5s 的脉冲波形，用“T9”.Q 的常开触点与 I0.7 的常闭触点串联的电路来实现上述要求。两块脉冲波形的叠加用并联电路来实现。“T7”.Q 的常开触点用于防止 3s 内有人进入和离开时冲水。其输入/输出波形如图 1-81 所示。

方法二：定时器用数据块“定时器 DB”中数据类型为 IEC_TIMER 的变量提供背景数据。

单击 TON 方框上面的问号，再单击出现的小方框右边的按钮，单击出现的地址列表中的“定时器 DB”，地址域出现“‘定时器 DB’.”，如图 1-82 所示。单击地址列表中的“T1”，地址域出现“‘定时器 DB’.T1.”。单击地址列表中的“无”，指令列表消失，地址域出现“定时器 DB”.T1。用同样的方法为 TP 和 TOF 提供背景数据。用类似的方法生成地址“定时器 DB”.T3.Q。程序示例如图 1-83 所示，输入/输出波形，如图 1-84 所示。

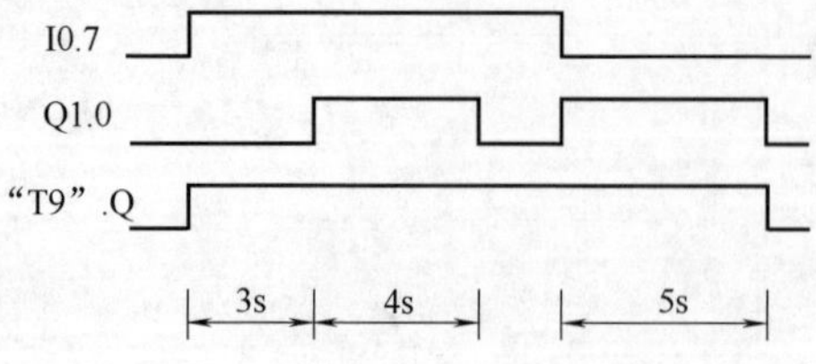

图 1-81　卫生间冲水输入/输出波形图

定时器DB

	名称	数据类型
1	▼ Static	
2	▸ T1	IEC_TIMER
3	▸ T2	IEC_TIMER
4	▸ T3	IEC_TIMER

图 1-82　定时器背景数据块

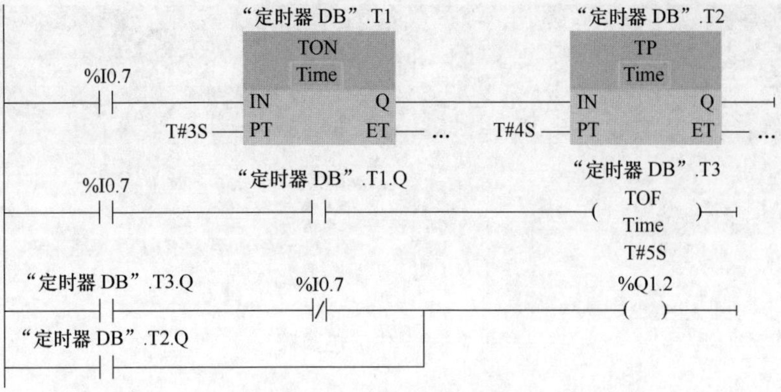

图 1-83　卫生间冲水控制程序二

思考问题 2：如何仿真模拟运行并调试程序？

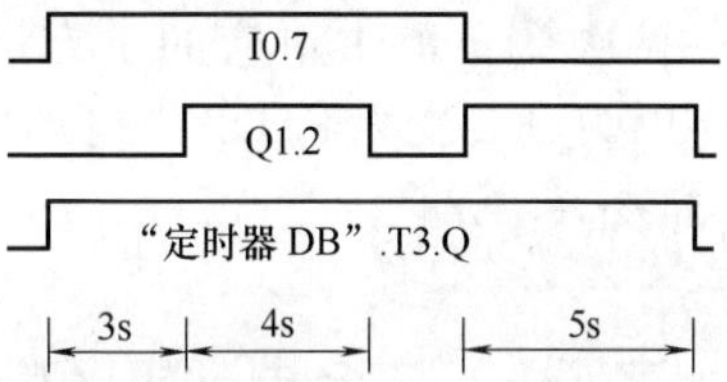

图 1-84　输入/输出波形图

二、用户程序的仿真调试

1. S7-1200/S7-1500 的仿真软件

仿真的条件：固件版本为 V4.0 及以上，S7-PLCSIM 为 V13 SP1 及以上。不支持计数、PID 和运动控制工艺模块，不支持 PID 和运动控制工艺对象。

2. 启动仿真和下载程序

选中项目树中的 PLC_1，单击工具栏上的“开始仿真”按钮，出现 S7-PLCSIM 的精简视图。如果出现“扩展的下载到设备”对话框，设置“PG/PC 接口的类型”“PG/PC 接口”，单击“开始搜索”按钮，“目标子网中的兼容设备”列表中显示出搜索到的仿真 CPU 的以太网接口的 IP 地址。

单击“下载”按钮，出现“下载预览”对话框，编译组态成功后，勾选“全部覆盖”复选框，单击“下载”按钮，将程序下载到 PLC。

下载结束后，出现“下载结果”对话框。勾选其中的“全部启动”复选框，单击“完成”按钮，仿真 PLC 被切换到 RUN 模式。

3. 生成仿真表

单击精简视图右下角的按钮，切换到项目视图。双击项目树的“SIM 表”文件夹中的“SIM 表 1”，打开该仿真表。在“地址”列输入 IB0 和 QB0，可以用一行来显示 Q0.0~Q0.7 的状态。单击表格的空白行“名称”列隐藏的按钮，再单击变量列表中的“T1”，地址域出现“‘T1’.”。再单击地址列表中的 ET，地址域出现“T1”.ET。用同样的方法在“名称”列生成“T1”.Q，如图 1-85 所示。

4. 用仿真表调试程序

启动梯形图的程序状态监控，两次单击 I0.0 对应的小方框，方框中出现勾又消失，I0.0 变为 1 后又变为 0，模拟按下和放开启动按钮，梯形图中 I0.0 的常开触点闭合后又断开。由于程序的作用，Q0.0 和 Q0.1 变为 TRUE，对应的小方框中出现勾。当前时间值

图 1-85　生成仿真表

“T1”.ET 的监视值不断增大。它等于预设时间值 T#8S 时其监视值保持不变，变量“T1”.Q 变为 TURE，Q0.1 变为 FALSE，Q0.2 变为 TRUE，电动机由星形接法切换到三角形接法。

两次单击 I0.1 对应的小方框，模拟按下和放开停止按钮。由于用户程序的作用，Q0.0 和 Q0.2 变为 FALSE，电动机停机。

任务实施

案例一：二台电动机顺序启动 PLC 程序设计

两台电动机顺序启动的装置示意图如图 1-86 所示，其中 M1 驱动 1 号运输带，M2 驱动 2 号运输带。

控制要求：

两条运输带顺序相连，分别由两台电动机控制。按下启动按钮 I0.3，1 号运输带开始运行，8s 后 2 号运输带自动启动。按了停止按钮 I0.2，先停 2 号运输带，8s 后停 1 号运输带。其输入/输出波形图如图 1-87 所示。

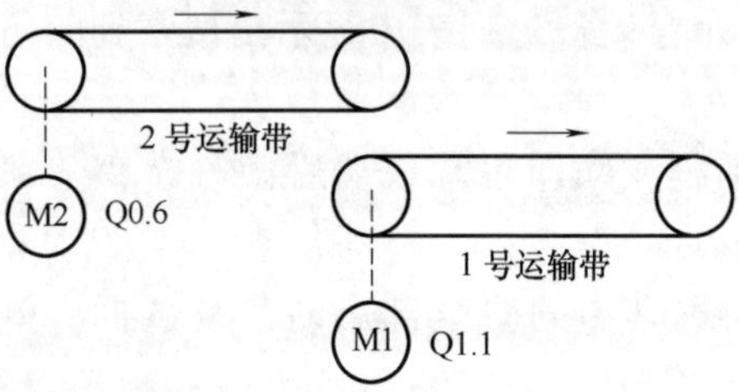

图 1-86　两台电动机顺序启动装置示意图

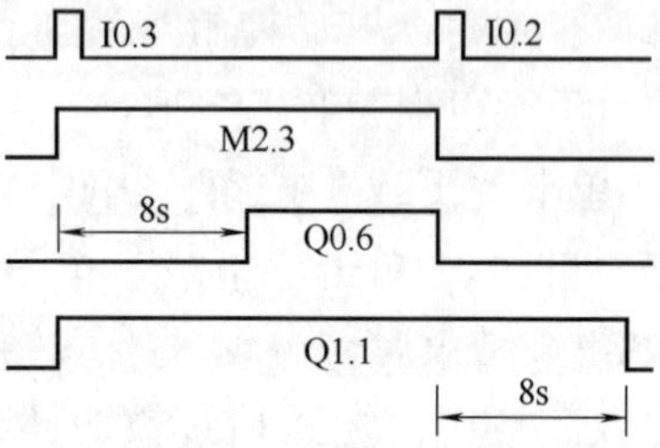

图 1-87　输入/输出波形图

在运输带控制程序中设置了一个用启动、停止按钮控制的 M2.3，用它来控制 TON 的 IN 输入端和 TOF 线圈。

第一步：确定输入/输出设备并分配 I/O 地址，如表 1-19 所示。

表 1-19　I/O 地址表

输入/输出	元件	地址	功能
输入	SB1	I0.3	启动
	SB2	I0.2	停止
输出	KM1	Q1.1	运输带 1 控制
	KM2	Q0.6	运输带 2 控制

第二步：设计 PLC 硬件接线原理图，如图 1-88 所示。

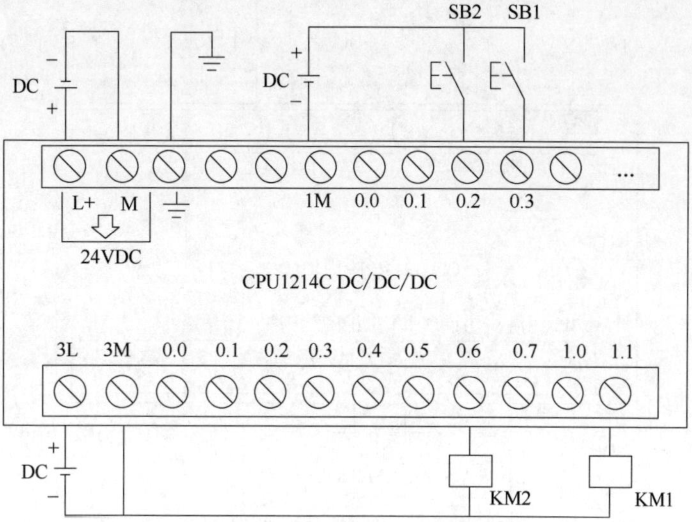

图 1-88　二台电动机顺序启动 PLC 硬件接线原理图

第三步：程序设计，示例程序，如图 1-89 所示。

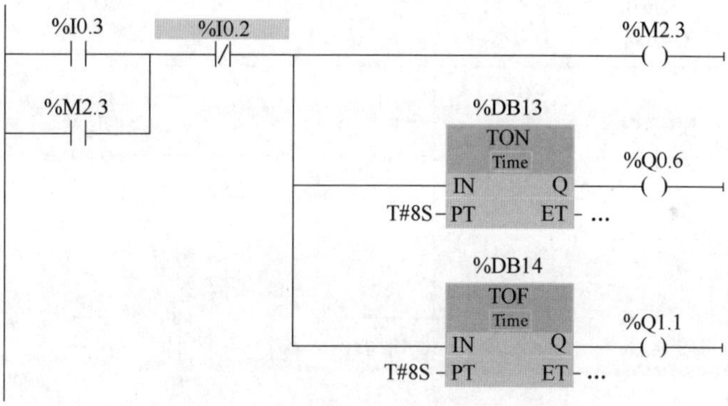

图 1-89　二台电动机顺序启动 PLC 程序

案例二：电动机星-三角降压启动的 PLC 控制

第一步：确定输入/输出设备并分配 I/O 地址，如表 1-20 所示。

表 1-20　　I/O 地址表

输入/输出	元件名称	地址	功能
输入	SB1	I0.0	启动
	SB2	I0.1	停止
输出	KM1	Q0.0	接通三相电源
	KM2	Q0.1	三角形接法
	KM3	Q0.2	星形接法

第二步：设计 PLC 硬件接线原理图，如图 1-90 所示。

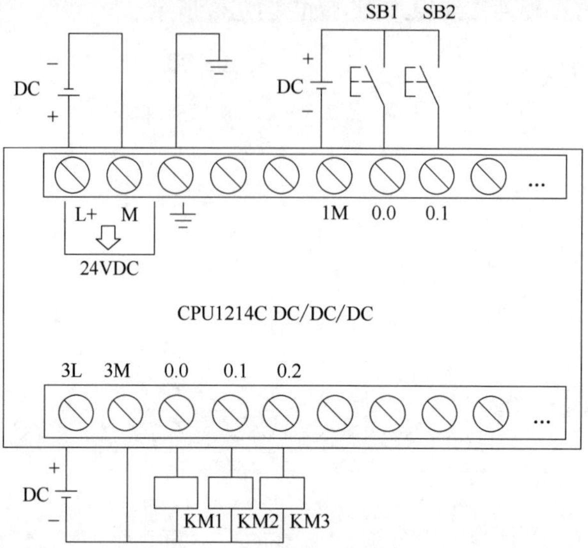

图 1-90 电动机星-三角降压启动 PLC 硬件接线原理图

第三步：程序设计，示例程序，如图 1-91 所示。

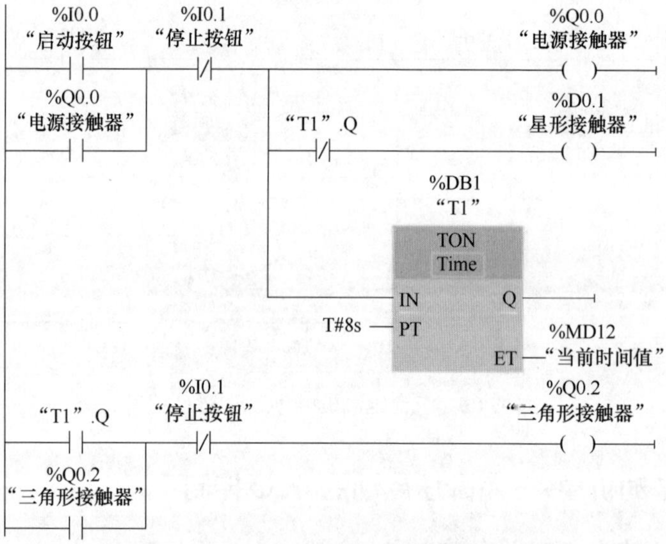

图 1-91 电动机星-三角降压启动 PLC 程序

第四步：程序的运行和监视。按下启动按钮 I0. 0，Q0. 0 和 Q0. 1 同时变为 1 状态，使 KM1 和 KM2 同时动作，电动机按星形接线方式运行，定时器 TON 的 IN 输入端为 1 状态，开始定时。10s 后定时器的定时时间到，其输出位“10”. Q 的常闭触点断开，使 Q0. 1 和 KM2 的线圈断电。“10”. Q 的常开触点闭合，使 Q0. 2 和 KM3 的线圈通电，电动机改为三角形接线方式运行。按下停车按钮或过载时，I0. 1 的常闭触点断开，使 KM1 和 KM3 的线圈断电，电动机停止运行。

启动监视功能，进入程序运行状态之前，梯形图中的线和元件因为状态未知，全部为黑色。启动程序运行后，梯形图左侧垂直的“电源”线和与它连接的水平线均为连续的绿线，表示有能流从“电源”线流出。有能流流过的处于闭合状态的触点、指令方框、线圈和“导线”均用连续的绿色线表示，如图 1-92 所示电动机星形运行时状态监控图。

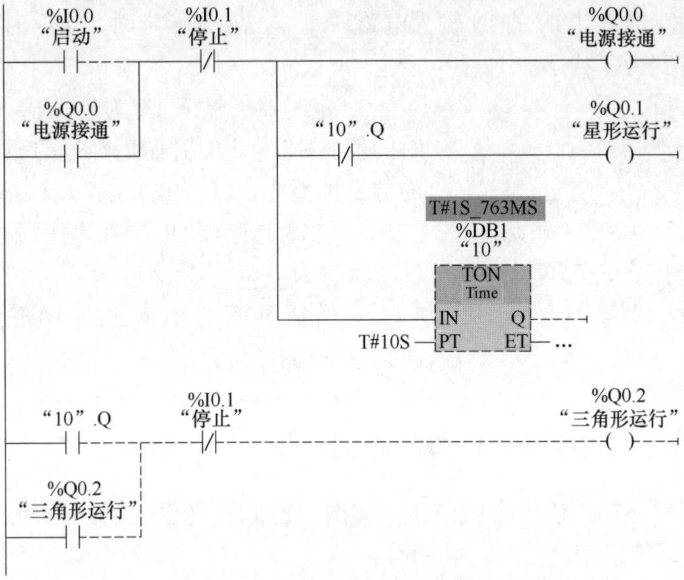

图 1-92　电动机星形运行时状态监控图

在程序状态修改变量的值。用鼠标右键单击程序状态中的某个 Bool 变量，执行命令“修改”→“修改为 1”或“修改”→“修改为 0”；对于其他数据类型的变量，执行命令“修改”→“修改值”。执行命令“修改”→“显示格式”，可以修改变量的显示格式。

不能修改过程映像输入（I）的值。如果被修改的变量同时受到程序的控制，则程序控制的作用优先。

任务拓展

四台电动机顺序启动逆序停止的 PLC 控制设计

某物流企业承担了一个四台电动机控制传送带运行系统的设计任务，系统由传动电机 M1、M2、M3、M4 控制运行，完成物料的运送功能。四条传送带装置模拟示意图如图 1-93 所示。

控制要求：

闭合“启动”开关，首先启动最末一条传送带（电机 M4），每经过 2s 延时，依次启动各条传送带（电机 M3、M2、M1）；关闭“启动”开关，先停止最前一条传送带（电机 M1），每经过 2s 延时，依次停止 M2、M3 及 M4 电机。请根据控制要求用定时器指令设计其控制系统并调试。

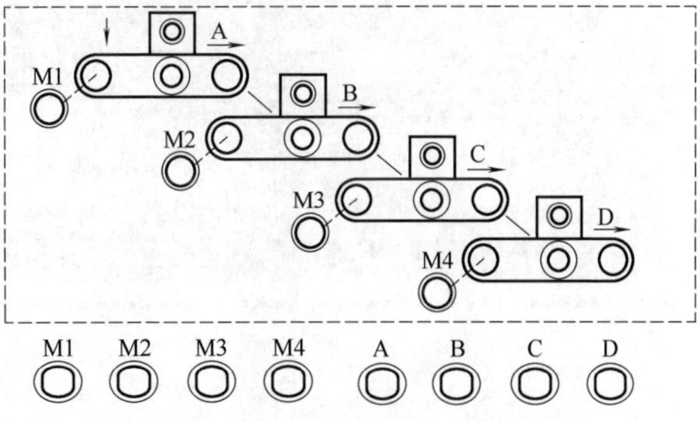

图 1-93　四台电动机运行装置示意图

习 题

1. 定时器中参数 PT 的数据类型是________，输出位 Q 的数据类型是________。

2. 接通延时定时器 TON 的 IN 输入电路________时开始定时，定时时间________预设时间时，输出 Q 变为 1 状态。

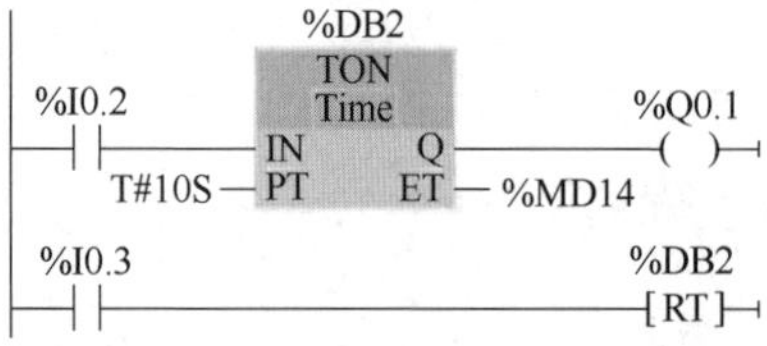

图 1-94　习题 5 图

3. 定时器的输入 IN 为启动输入端，PT 为预设时间值，ET 为定时开始后经过的当前时间值，它们的数据类型为 32 位的 Time，默认单位为________。

4. 脉冲定时器 TP 在 IN 输入端接通时，其输出 Q 的状态为________。

5. 分析下面的 TON 指令梯形图（图 1-94），Q0.1 接通的条件是________。

小贴士：PLC 在烹饪中的应用

PLC 控制食品加工过程中的温度、湿度、时间、速度、特别是通过编程、PLC 可控制机械臂、传送带、分拣、切割等。

北京冬奥会的“智慧餐厅”。北京冬奥会奥运村，作为北京冬奥会赛时媒体总部和媒体记者的“主赛场”，预计将接待来自 100 多个国家和地区的 3000 多名文字及摄影记者与 200 多个转播机构的 12000 名转播人员。

时处特殊时期，使用机器人固定装置能够避免人与人之间的接触。该餐厅最大特点是采用了汉堡机、煲仔饭机、炒菜机等十余款智能烹饪及传送设备，不仅具备自动化、可视化、高效化的特点，优化了人力成本。

当地时间 2 月 2 日，美国全国广播公司（NBC）报道称：“在 2022 年北京冬奥会（餐厅），机器人从天花板上送餐。”同时称赞北京冬奥会餐厅“就像一部科幻电影”。

实训任务单一

实训任务　电机控制的 PLC 程序设计

任务描述：

用实验台上的电机控制模块实现电动机的启停、正反转以及星-三角启动运行。控制线路图以及接线端子，如图 1-95 所示。

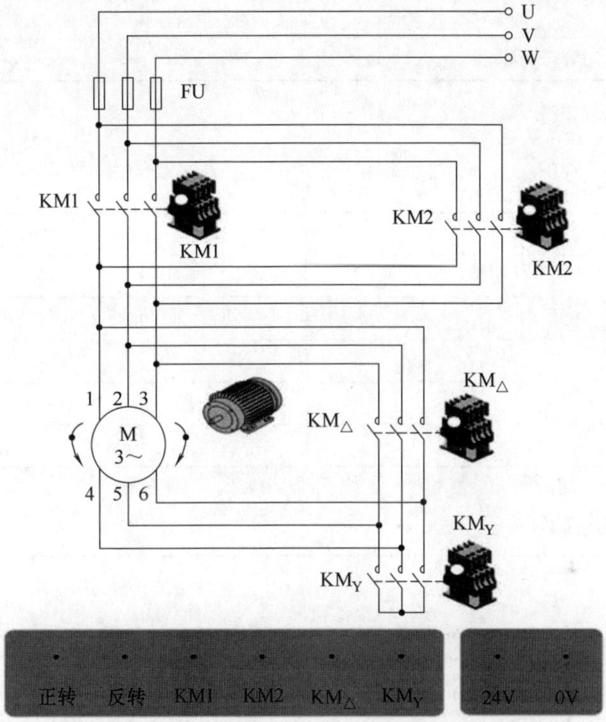

图 1-95　电机控制模块控制线路以及接线端子

任务要求：

当 SB1（按钮模块上任意一个按钮即可）按下的时候电机正转，当 SB2（按钮模块上任意一个按钮即可）按下的时候电机反转，要求有软件互锁，当 SB3（按钮模块上任意一个按钮即可）按下的时候星三角变换，当 SB4（按钮模块上任意一个按钮即可）按下时电机停止。

1. 任务分组

小组序号		小组名称	
任务名称	电机控制的 PLC 程序设计		
组员	承担角色	职责	

2. 任务分析

控制系统组成	
控制过程分析	
I/O 设备确定	
PLC 型号确定	

3. 设计决策

（1）I/O 地址分配。

输入			输出		
元件	地址	功能	元件	地址	功能

（2）PLC 电气原理图设计。

PLC 硬件接线电气原理图

电气元件明细表

序号	元件名称	规格型号	单位	数量	电气符号

（3）PLC 程序设计思路。

4. 设计实施

耗材与工具领取。

序号	名称	规格型号	数量

5. 电气接线

出现的问题	解决的措施

6. 程序编辑与调试

出现的问题	解决的措施

实训任务单二

实训任务　四节传送带运行的 PLC 控制设计

任务描述：

某物流企业承担了一个四条传送带装置的设计任务，四条传送带装置模拟示意图，如图 1-96 所示，系统由传动电机 M1、M2、M3、M4，完成物料的运送功能。

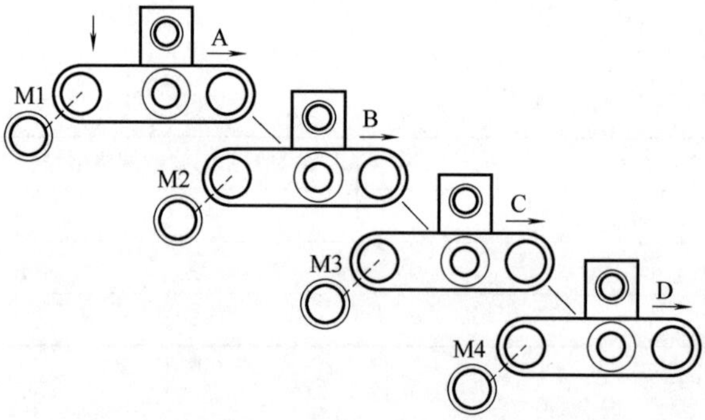

图 1-96　四节传送带装置模拟示意图

任务要求：

按下启动按钮 SB1，首先启动最末一条传送带（电机 M4），每经过 3s 延时，依次启动各条传送带（电机 M3、M2、M1）；按下停止按钮 SB2，先停止最前一条传送带（电机 M1），每经过 2s 延时，依次停止 M2、M3 及 M4 电机。

1. 任务分组

小组序号		小组名称	
任务名称	四条传送带运行的 PLC 控制设计		
组员	承担角色	职责	

2. 任务分析

控制系统组成	
控制过程分析	
I/O 设备确定	
PLC 型号确定	

3. 设计决策

（1）I/O 地址分配。

输入			输出		
元件	地址	功能	元件	地址	功能

（2）PLC 电气原理图设计。

PLC 硬件接线电气原理图

电气元件明细表

序号	元件名称	规格型号	单位	数量	电气符号

（3）PLC 程序设计思路。

4. 设计实施

耗材与工具领取。

序号	名称	规格型号	数量

5. 电气接线

出现的问题	解决的措施

6. 程序编辑与调试

出现的问题	解决的措施

任务四　电动机循环正反转的 PLC 控制

随着科学技术的迅猛发展，PLC 自动化控制在食品、医药、化工等领域得到广泛的应用。在这些生产过程中，常常需要对大量的液体原材料进行混合搅拌。而由人工操作的液体混合搅拌或继电器半自动化控制系统中存在许多不足，因此应用 PLC 对其进行控制，可以节约人力成本、替换大量容易老化的继电器装置、实现柔性的精确控制生产。

配套课件

搅拌电动机的PLC控制

任务描述

三相异步电动机循环正反转 PLC 控制系统设计

某化工企业需设计一个自动搅拌装置用来完成混合液体的搅拌任务。

控制要求：

(1) 按下启动按钮，电动机启动正转；

(2) 正转 5s 后反转；

(3) 反转 5s 后再正转；

(4) 一次正反转为一个循环，30 个循环后电动机自动停止；

(5) 任何时候按下停止按钮，电动机停止工作。

提出问题：

(1) 延时 5s 如何实现？

(2) 30 个循环的次数怎么计量的？

(3) 系统模拟运行不正常，如何检查和改正错误？

知识链接

思考问题：计数功能是怎么实现的呢？

一、计数器的数据类型

S7-1200 有 3 种计数器：加计数器（CTU）、减计数器（CTD）和加减计数器（CTUD）。它们属于软件计数器，其最大计数速率受到它所在的 OB 的执行速率的限制。计数器属于函数块，调用时需要生成背景数据块。单击指令助记符下面的问号，用下拉式列表选择某种整数数据类型。

CU 和 CD 分别是加计数输入和减计数输入，在 CU 或 CD 信号的上升沿，当前计数器值 CV 被加 1 或减 1。PV 为预设计数值，CV 为当前计数器值，R 为复位输入，Q 为布尔输出。

计数器的背景数据块结构，如图 1-97 所示。

配套视频

计数器指令

二、计数器指令

1. 加计数器

加计数器使用时，当接在复位信号输入端 R 的 I1.1 为 0 状态，在

IEC_Counter_0

	名称	数据类型	初始值	注释
1	▾ Static			
2	COUNT_UP	Bool	false	加计数输入
3	COUNT_DOWN	Bool	false	减计数输入
4	RESET	Bool	false	复位
5	LOAD	Bool	false	装载输入
6	Q_UP	Bool	false	递增计数器的状...
7	Q_DOWN	Bool	false	递减计数器的状...
8	PAD	Byte	B#16#00	
9	PRESET_VALUE	UInt	0	预设计数值
10	COUNT_VALUE	UInt	0	当前计数值

图 1-97　计数器的背景数据块结构

加计数输入 CU 的上升沿，加计数值 CV 加 1，直到达到指定的数据类型的上限值，CV 的值不再增加。

CV 大于等于 PV 时，输出 Q 为 1 状态，反之为 0 状态。第一次执行指令时，CV 被清零。各类计数器的复位输入 R 为 1 状态时，计数器被复位，输出 Q 变为 0 状态，CV 被清零。加计数器指令的使用及各参数的波形，如图 1-98 所示。

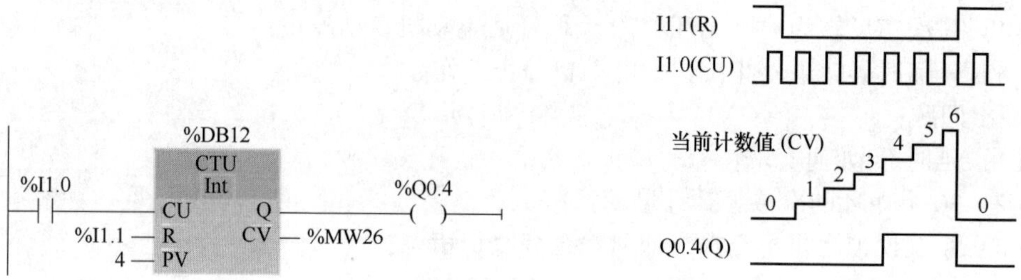

图 1-98　计数器指令及各参数波形图

2. 减计数器

减计数器使用时，当装载输入 LD 为 1 状态时，输出 Q 被复位为 0，并把 PV 的值装入 CV。在减计数输入 CD 的上升沿，CV 减 1，直到 CV 达到指定的数据类型的下限值。此后 CV 的值不再减小。

CV 小于等于 0 时，输出 Q 为 1 状态，反之 Q 为 0 状态。第一次执行指令时，CV 被清零。减计数器指令的使用及各参数的波形，如图 1-99 所示。

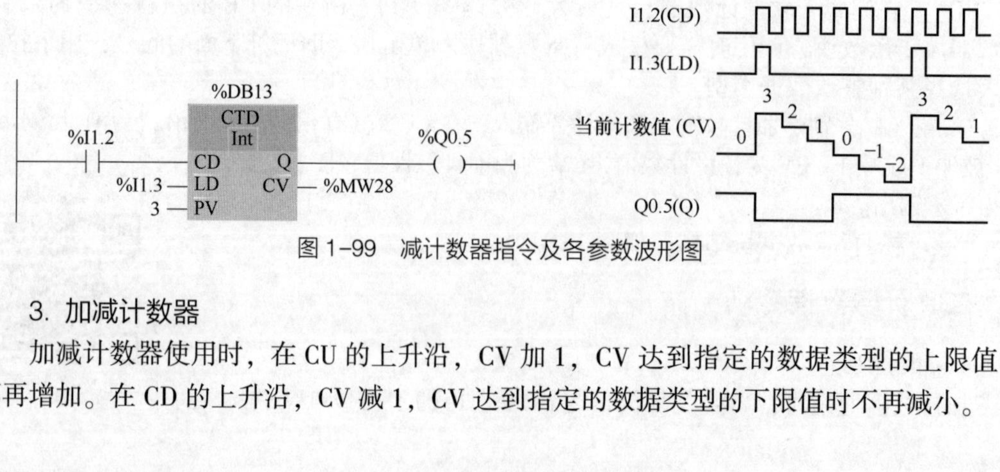

图 1-99　减计数器指令及各参数波形图

3. 加减计数器

加减计数器使用时，在 CU 的上升沿，CV 加 1，CV 达到指定的数据类型的上限值时不再增加。在 CD 的上升沿，CV 减 1，CV 达到指定的数据类型的下限值时不再减小。

CV 大于等于 PV 时，QU 为 1，反之为 0。CV 小于等于 0 时，QD 为 1，反之为 0。

装载输入 LD 为 1 状态时，PV 被装入 CV，QU 变为 1 状态，QD 被复位为 0 状态。

R 为 1 状态时，计数器被复位，CV 被清零，输出 QU 变为 0 状态，QD 变为 1 状态，CU、CD 和 LD 不再起作用。加减计数器指令的使用及各参数的波形，如图 1-100 所示。

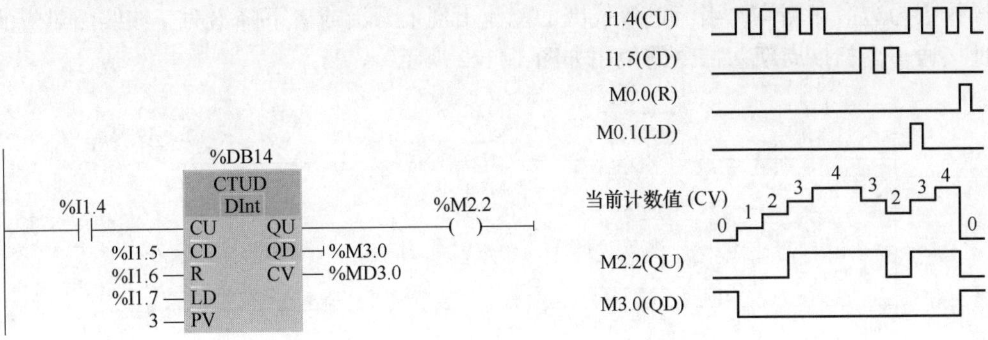

图 1-100　加减计数器指令及各参数波形图

三、边沿检测指令

配套视频

边沿检测指令

信号的边沿指的是信号状态发生变化的时刻，因此分为上升沿和下降沿。上升沿用带 P 的符号表示，下降沿用带 N 的符号表示。

1. 边沿检测触点指令

边沿检测触点指令包括 P 触点和 N 触点指令。指令助记符上面的操作数为需要检测的输入信号；下面的操作数为边沿存储位，用来存储上一个扫描循环输入信号的状态，通过比较输入信号的当前状态和上一次循环的状态来检测信号的边沿。当检测输入信号的值从“0”变成“1”（即输入信号的上升沿），或者从“1”变成“0”时，该触点接通一个扫描周期。指令的使用，如图 1-101 所示。

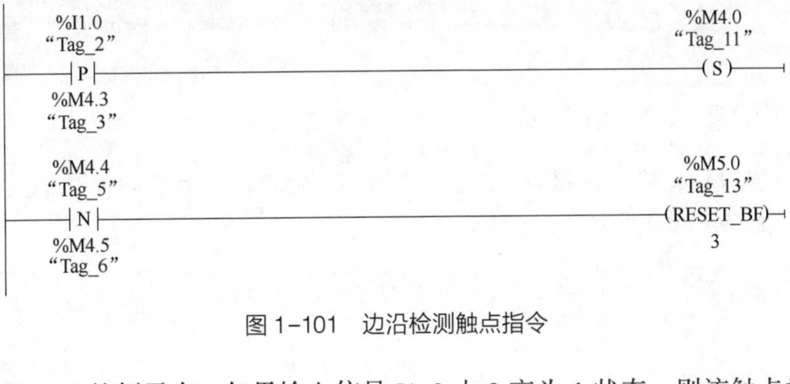

图 1-101　边沿检测触点指令

例如图 1-101 的例子中，如果输入信号 I1. 0 由 0 变为 1 状态，则该触点接通一个扫描周期，使输出线圈 M4. 0 置位；输入信号 M4. 4 由 1 变为 0 状态，则该触点接通一个扫描周期，使输出线圈 M5. 0、M5. 1 和 M5. 2 这 3 位复位。

注意：

（1）边沿存储位的地址只能在程序中使用一次，它的状态不能在其他地方被改写。只能使用 M、全局 DB 和静态局部变量来作边沿存储位，不能使用临时局部数据或 I/O 变量来作边沿存储位。

（2）边沿检测触点指令可以放在程序段中除了程序行末尾以外的任何位置。

2. 边沿检测线圈指令

边沿检测线圈指令包括 P 线圈和 N 线圈。线圈上面的操作数为指定的位地址；下面的操作数为边沿存储位。当流进该线圈的能流出现上升沿或者下降沿时，该线圈对应的位地址接通一个扫描周期。指令的使用如图 1-102 所示。

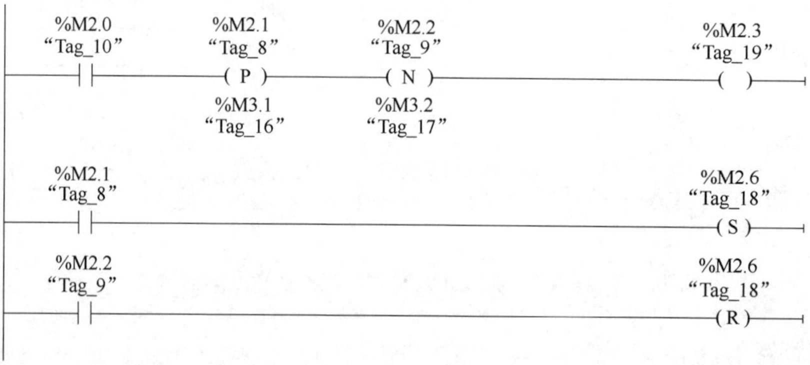

图 1-102　边沿检测线圈指令

例如图 1-102 的例子中，在 M2.0 接通后，有能流流入 M2.1 线圈，则其常开触点闭合一个扫描周期，使 M2.6 置位，如图 1-103 所示。

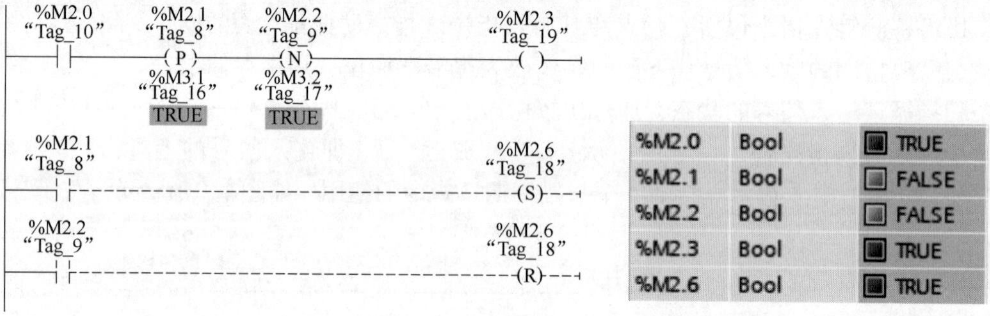

图 1-103　上升沿检测线圈指令执行结果

在 M2.0 断开后，流入线圈 M2.2 的能流消失，则其常开触点闭合一个扫描周期，使 M2.6 复位，如图 1-104 所示。

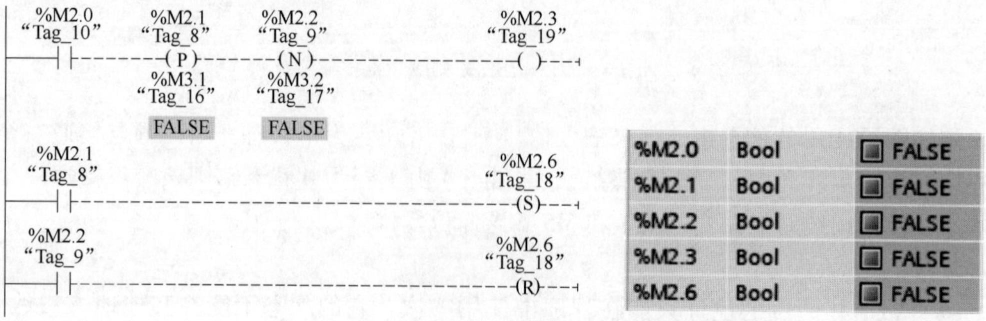

图 1-104　下降沿检测线圈指令执行结果

注意：

边沿检测线圈指令可以放在程序行中的任何位置。

3. 逻辑运算结果 RLO 边沿检测指令

逻辑运算结果 RLO 边沿检测指令包括“扫描 RLO 的信号上升沿（P_TRIG）”指令和“扫描 RLO 的信号下降沿（N_TRIG）”指令。

当在流进指令的 CLK 输入端检测到能流的上升沿（能流刚流进）或下降沿（能流刚消失），Q 端输出脉冲宽度为一个扫描周期的能流。指令方框下面的边沿存储位，如图 1-105 所示。

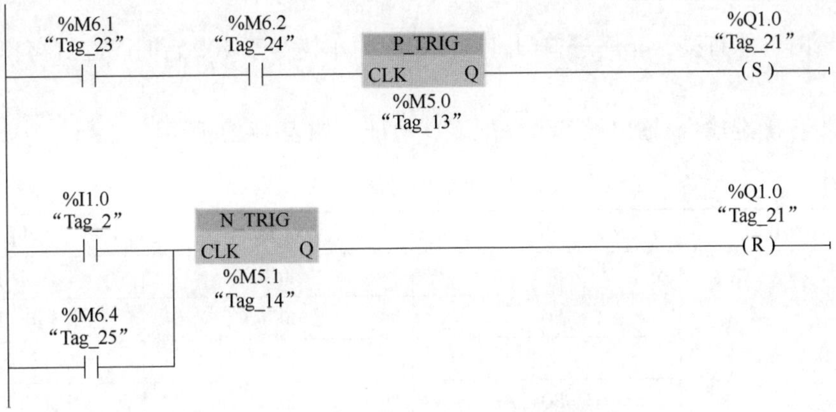

图 1-105　逻辑运算结果 RLO 边沿检测指令

在图 1-105 的例子中，当 M6.1 和 M6.2 串联的逻辑运算结果出现上升沿时，P_TRIG 的输出端 Q 接通一个扫描周期，使 Q1.0 置位，如图 1-106 所示。

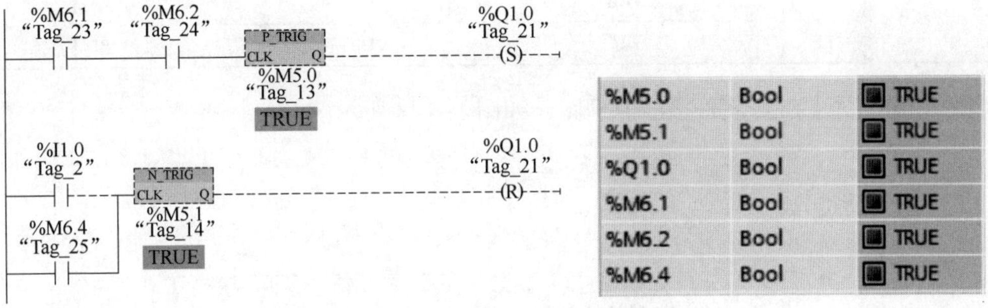

图 1-106　P_TRIG 指令执行结果

当 I1.0 或 M6.4 从“1”变成“0”时，N_TRIG 的输出端 Q 接通一个扫描周期，使 Q1.0 复位，如图 1-107 所示。

任务实施

案例一：自动车库门的 PLC 控制程序设计

有一车库，可存车 200 台，车库有一进口和一出口，进、出口各有一感应传感器，进口为电动升降门，门上方有红绿灯各一个，设计该车库控制程序。控制要求：车库内车辆

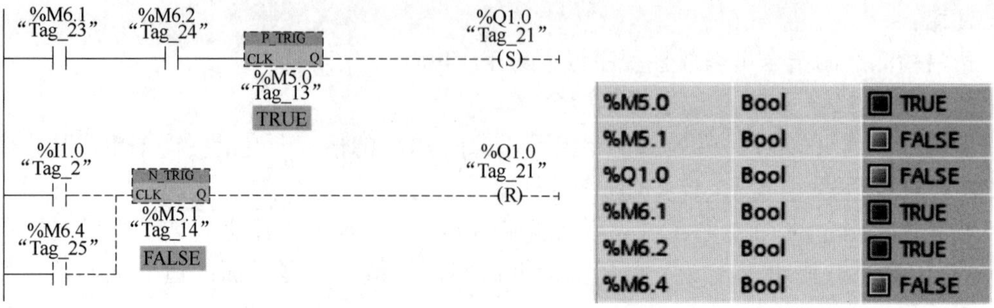

图 1-107 N_TRIG 指令执行结果

少于 200 台时，绿灯亮，车库进口门打开；车库内车辆等于 200 台时，红灯亮，车库进口门关闭。

第一步：确定输入/输出设备，分配 I/O 地址。如表 1-21 所示。

表 1-21　　　　I/O 地址表

输入/输出	元件	地址	功能
输入	SQ1	I0. 0	车辆进门检测
	SQ2	I0. 1	车辆出门检测
	SQ3	I0. 2	车库门上限位
	SQ4	I0. 3	车库门下限位
	SB1	I0. 4	计数器复位
输出	KM1	Q0. 0	车库门上升控制(正转)
	KM2	Q0. 1	车库门下降控制(反转)
	HL1	Q0. 2	绿灯
	HL2	Q0. 3	红灯

第二步：设计 PLC 硬件接线原理图，如图 1-108 所示。

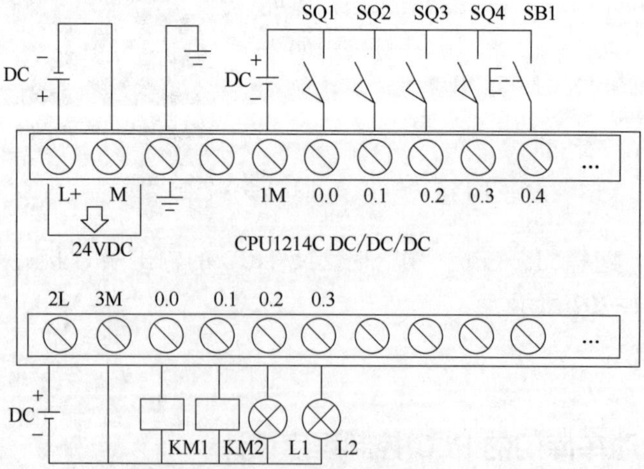

图 1-108 自动车库门 PLC 硬件接线原理图

第三步：程序设计，示例程序，如图 1-109 所示。

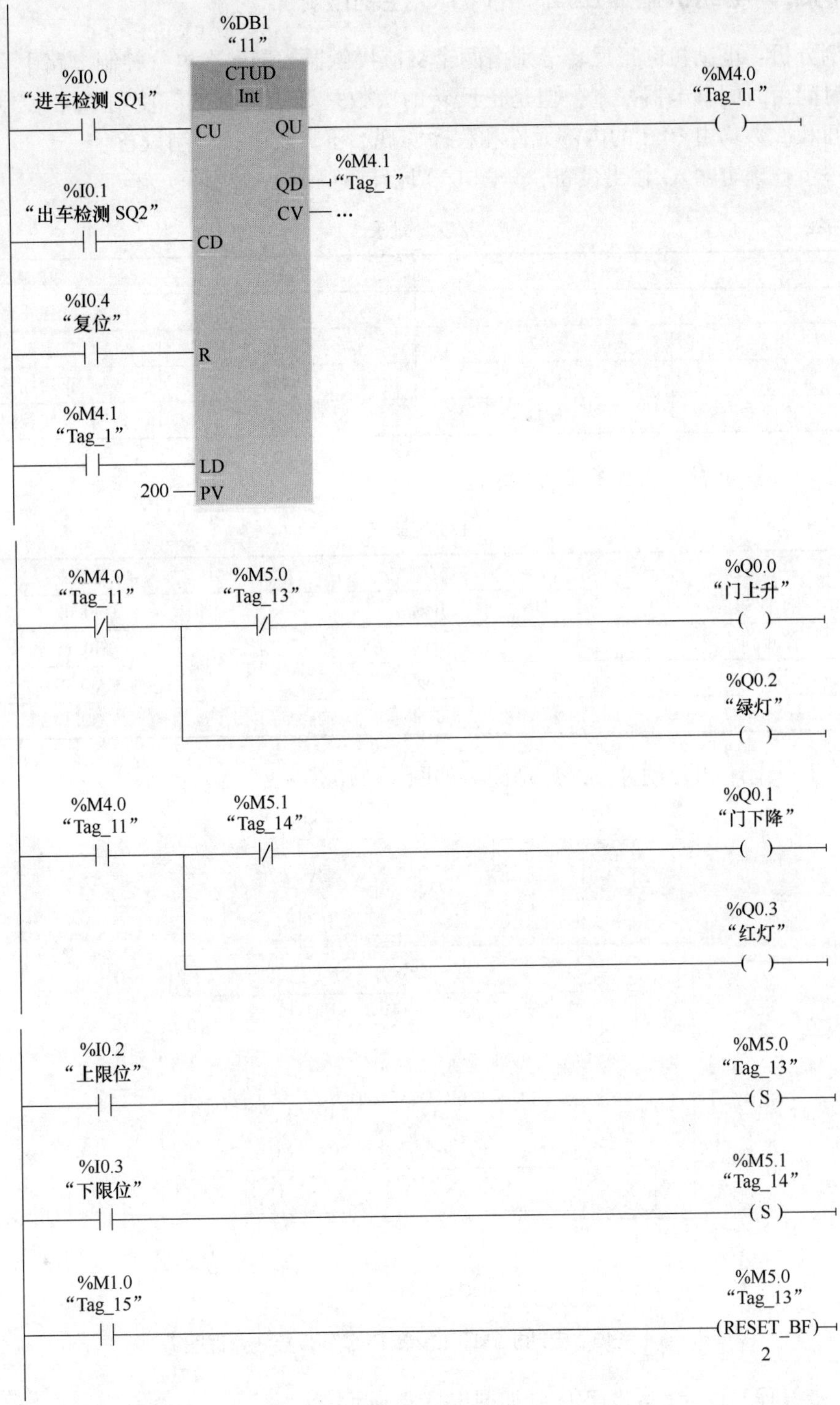

图 1-109　自动车库门 PLC 程序

案例二：电动机循环正反转的 PLC 控制设计

案例分析：电动机的正反转分别由两个交流接触器控制，在电气控制电路中，正转和反转的时间由时间继电器控制，但是正反转的次数是无法控制的。使用 PLC 控制，正反转的时间和次数均由 PLC 的内部元件和程序实现，不需要外接控制设备。

第一步：确定输入/输出设备，分配 I/O 地址。如表 1-22 所示。

表 1-22　I/O 地址表

	符号	地址	功能
输入	SB1	I0.0	停止
	SB2	I0.1	启动
输出	KM1	Q0.0	正转控制
	KM2	Q0.1	反转控制

建立 PLC 变量表，如表 1-23 所示。

表 1-23　PLC 变量表

名称	数据类型	地址
启动 SB1	Bool	%I0.0
停止 SB2	Bool	%I0.1
正转 KM1	Bool	%Q0.0
反转 KM2	Bool	%Q0.1

第二步：设计 PLC 硬件接线原理图，如图 1-110 所示。

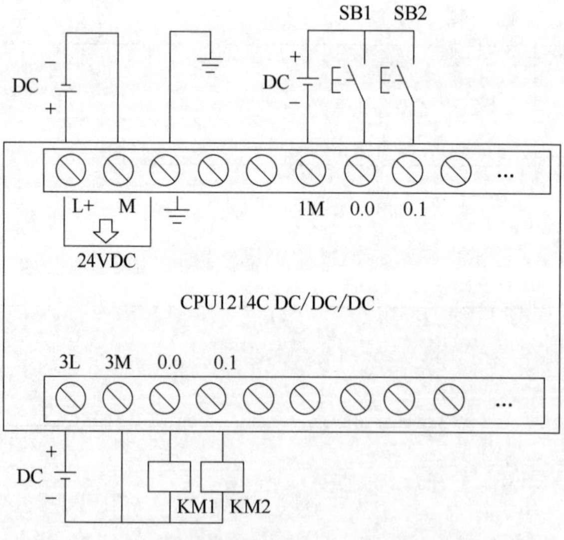

图 1-110　电动机循环正反转 PLC 硬件接线原理图

第三步：程序设计，示例程序，如图 1-111 所示。

在案例二原控制要求的基础上，拓展如下的要求：

（1）按下启动按钮，电动机启动正转。

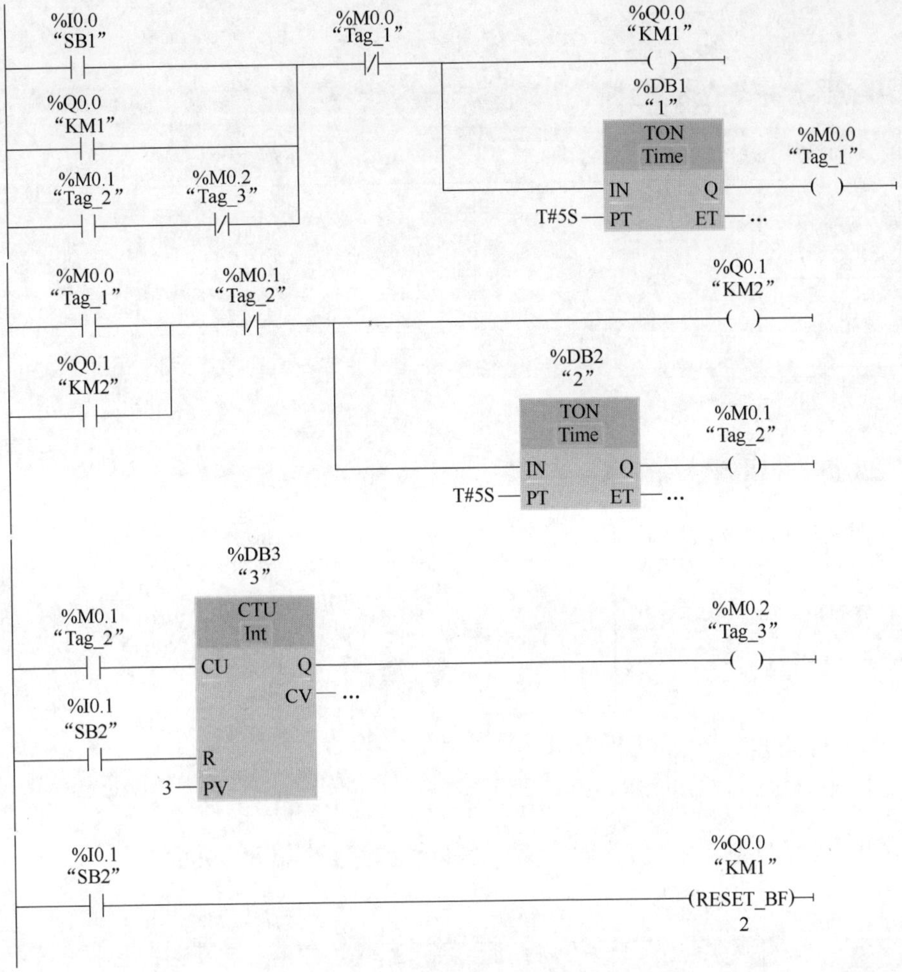

图 1-111　电动机循环正反转 PLC 程序

（2）先正转 5s 后停止 3s。

（3）然后反转 5s 后再停止 3s。

（4）一次正反转为一个循环，30 个循环后电动机自动停止，并且指示灯闪烁。

（5）任何时候按下停止按钮，电动机停止工作。

则程序示例，如图 1-112 所示。

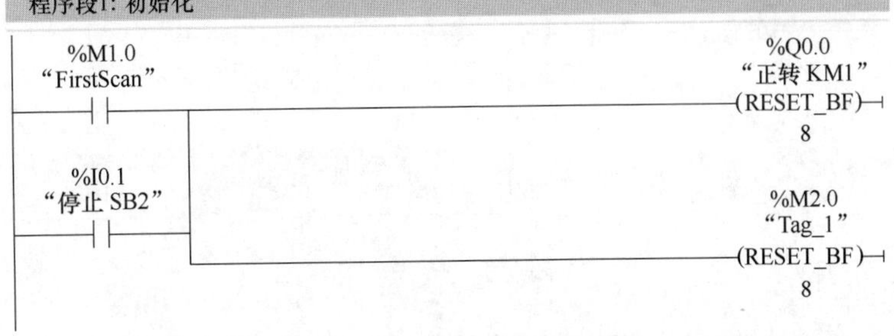

图 1-112　拓展的电动机循环正反转 PLC 程序

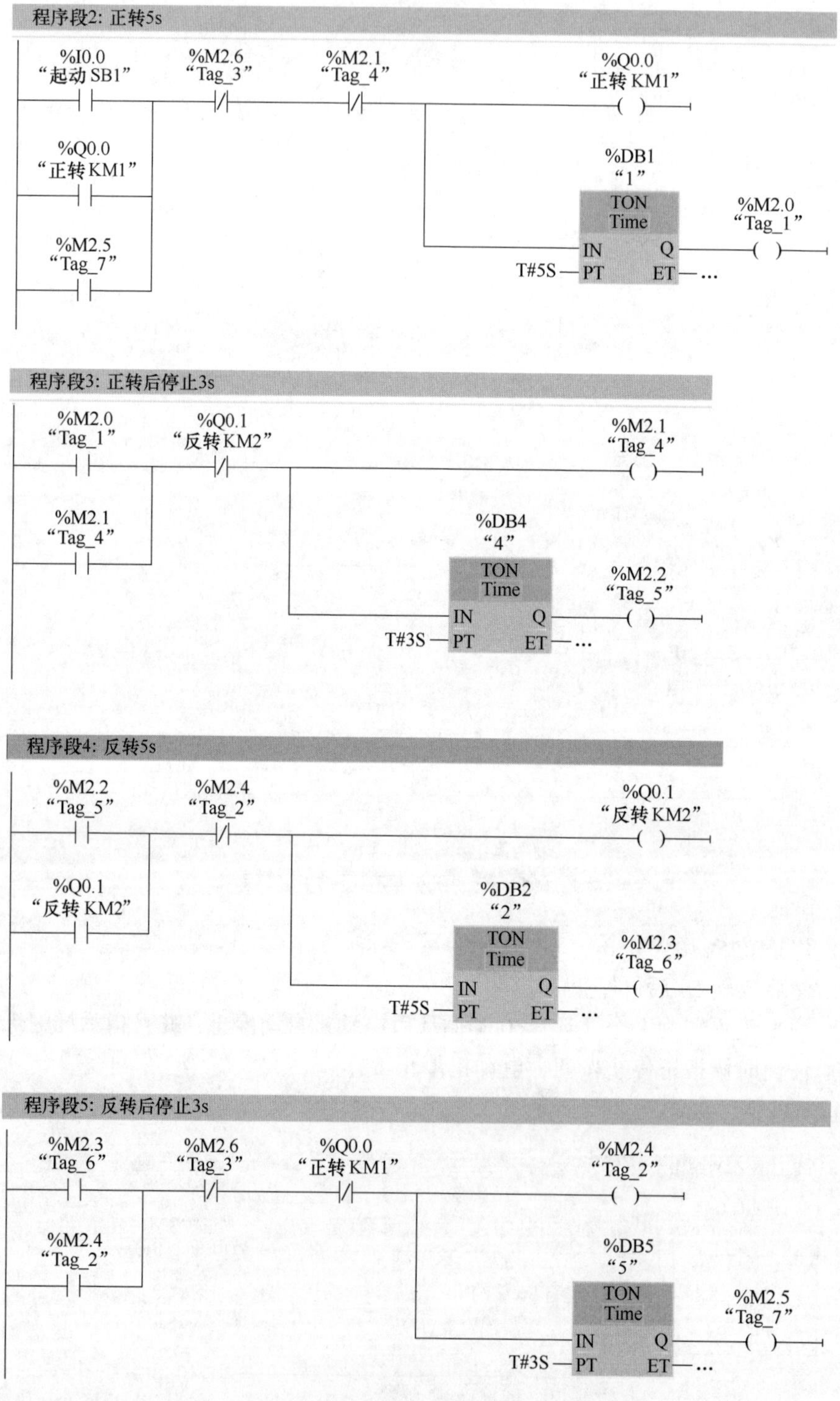

图 1-112　拓展的电动机循环正反转 PLC 程序（续）

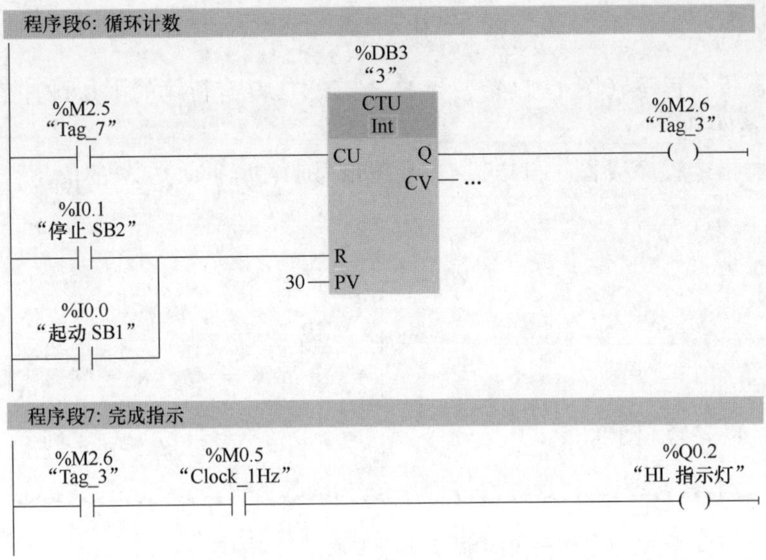

图 1-112　拓展的电动机循环正反转 PLC 程序（续）

任务拓展

自动装箱生产线的 PLC 控制设计

某食品企业有一条自动装箱生产线，用来完成将生产出来的产品计数并装箱操作。系统由传送带 1 运送产品，传送带 2 运送箱子，在传送带 1 上安装有产品检查传感器 SQ1，在传送带 2 上安装有箱子检查传感器 SQ2。装置示意图，如图 1-113 所示。

控制要求：

（1）按下启动按钮 SB1，传送带 2 开始运行，当 SQ2 检测到箱子时，传送带 2 停止，3s 钟后传送带 1 开始运行。

（2）传送带 1 上的产品经过 SQ1 的检测并落入箱子中，当箱子中的物品达到 10 个时，传送带 1 停止，2s 后传送带 2 又开始运行。

（3）如果 SQ2 没有检测到箱子，则 10s 后，开始报警，红灯以 1s 为周期进行闪烁。

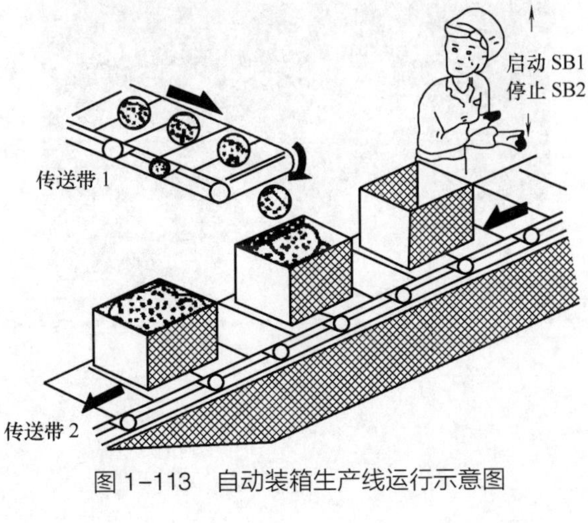

图 1-113　自动装箱生产线运行示意图

习 题

1. 分析计数器指令程序（图 1-114），当 I1.1=0，I1.0 有持续的 1Hz 脉冲信号输入时，Q0.4 得电的条件是________。

2. 分析计数器指令程序（图 1-115），当装载信号 I1.3=1 时，CV 的值是________，Q0.5 的状态是________。

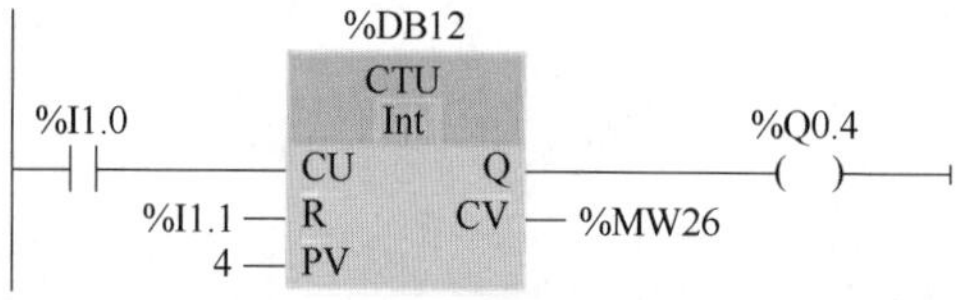

图 1-114　习题 1 图

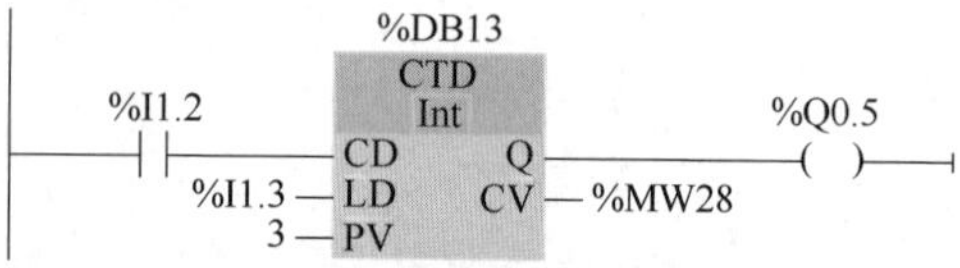

图 1-115　习题 2 图

小贴士：中华民族祖先的创造发明

中国是拥有悠久历史和灿烂文化的国家，许多创造发明在世界上产生了重要影响，如造纸术、指南针、火药、造船、丝绸等。关于黄帝指南车的发明有许多传说和记载：据《宋史·舆服志》记载，公元前 26 世纪中国黄帝时代就发明指南车。公元前 11 世纪周成王时已应用指南车。公元前 3 世纪西汉时代对指南车作了改进。东汉的张衡（78~139）、三国时代魏国的马钧、南齐的祖冲之都曾制造过指南车。据王振铎考证，指南车是三国时期魏明帝青龙三年（235）由马钧创造的。

指南车是一种马拉的双轮独辕车，车厢上立一伸臂的木人。车厢内装有能自动离合的齿轮系。当车子转弯偏离正南方向时，车辕前端就顺此方向移动，而后端则向相反方向移动，并将传动齿轮放落，使车轮的转动带动木人下的大齿轮向相反方向转动，恰好抵消车子转弯产生的影响。车向正南方向行驶时，车轮和木人下的大齿轮是分离的，木人指向不变。因此，无论车转向何方，都能使木人的手臂始终指向南方。

实训任务单一

实训任务　液体混合装置 PLC 控制设计

任务描述：

某制药企业有一个二种药液的自动混合装置，其模拟装置如图 1-116 所示，SQ1、SQ2、SQ3 为液面传感器，其被液体淹没时闭合，否则断开，用于检测混合液体的比例（高度）；液体 A、B 和排放阀门由电磁阀 YV1、YV2、YV3 控制，其得电时阀门打开，断电时关闭，用于控制物料的进和出；M 为搅动电机。

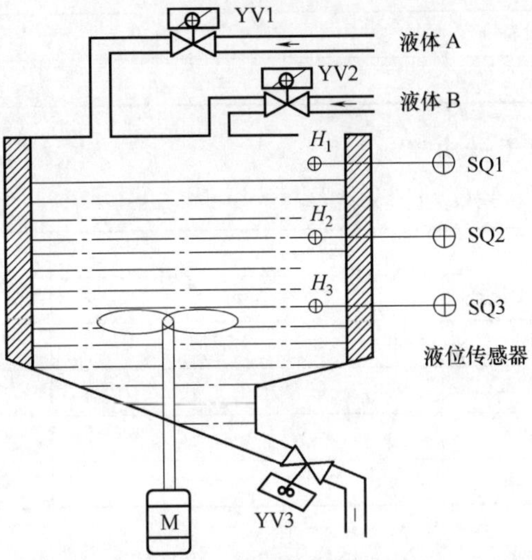

图 1-116　液体自动混合装置示意图

任务要求：

（1）按下启动按钮，打开阀门 YV1，开始注入液体 A，至液面高度为 H_3 时，液位开关 SQ3 闭合。

（2）继续注入液体 A，至液面高度为 H_2 时，液位开关 SQ2 闭合，关闭阀门 YV1，停止注入液体 A。

（3）停止注入液体 A 时，打开阀门 YV2，开始注入液体 B，当液面高度为 H_1 时，液位开关 SQ1 闭合，关闭阀门 YV2，停止注入液体 B。

（4）停止液体 B 注入时，搅拌机 M 开始动作，10s 后停止。

（5）搅拌停止后，打开阀门 YV3，开始放出混合液体，液位开始下降，当液体高度降为 H_3 后，再经 5s 关闭阀门 YV3，液体停止放出，完成一次配料任务。

（6）只要没有按下停止按钮，则自动进入下一次配料任务。

1. 任务分组

小组序号		小组名称	
任务名称	液体混合装置 PLC 控制设计		
组员	承担角色	职责	

2. 任务分析

控制系统组成	
控制过程分析	
I/O 设备确定	
PLC 型号确定	

3. 设计决策

（1）I/O 地址分配。

输入			输出		
元件	地址	功能	元件	地址	功能

（2）PLC 电气原理图设计。

PLC 硬件接线电气原理图

电气元件明细表

序号	元件名称	规格型号	单位	数量	电气符号

（3）PLC 程序设计思路。

4. 设计实施

耗材与工具领取。

序号	名称	规格型号	数量

5. 电气接线

出现的问题	解决的措施

6. 程序编辑与调试

出现的问题	解决的措施

实训任务单二

实训任务　邮件分拣装置的 PLC 控制设计

任务描述：

某邮件自动分拣装置，能根据检测到的邮件编码，自动进行分类投递。模拟装置结构如图 1-117 所示。

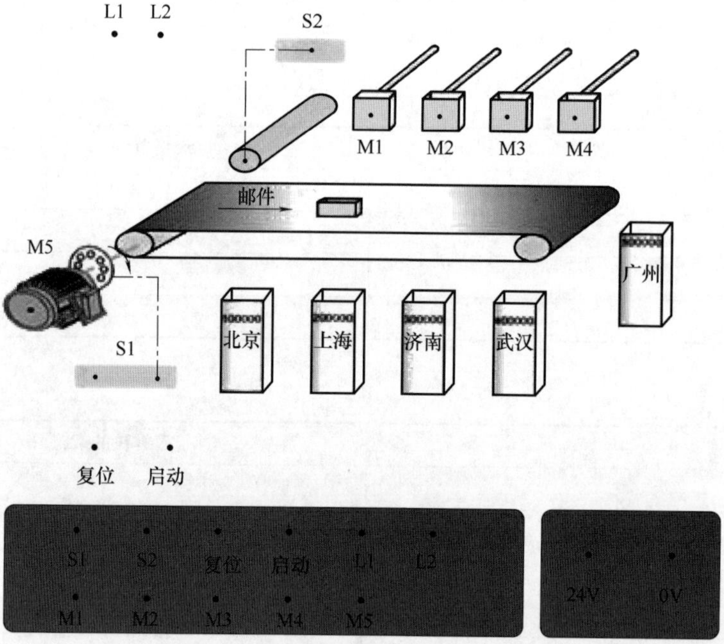

图 1-117　邮件自动分拣装置示意图

任务要求：

启动后绿灯 L2 亮表示可以进邮件，S1 为 ON 表示模拟检测邮件的光信号检测到了邮件，拨码器 S2 模拟邮件的邮码，从拨码器读到的邮码的正常值为 1、2、3、4、5，若是此 5 个数中的任一个，则红灯 L1 亮，电机 M5 运行，将邮件分拣至邮箱内，完后 L1 灭，L2 亮，表示可以继续分拣邮件。若读到的邮码不是该 5 个数，则红灯 L1 闪烁，表示出错，电机 M5 停止，重新启动后，能重新运行。

1. 任务分组

小组序号		小组名称	
任务名称	邮件分拣装置的 PLC 控制设计		
组员	承担角色	职责	

2. 任务分析

控制系统组成	
控制过程分析	
I/O 设备确定	
PLC 型号确定	

3. 设计决策

（1）I/O 地址分配。

输入			输出		
元件	地址	功能	元件	地址	功能

（2）PLC 电气原理图设计。

PLC 硬件接线电气原理图

电气元件明细表

序号	元件名称	规格型号	单位	数量	电气符号

（3）PLC 程序设计思路。

4. 设计实施

耗材与工具领取。

序号	名称	规格型号	数量

5. 电气接线

出现的问题	解决的措施

6. 程序编辑与调试

出现的问题	解决的措施

任务五　四台电动机的 PLC 控制

任务描述

配套课件

四台电动机顺序启停的PLC控制

某物流企业承担了一个由 4 台电动机控制四条传送带装置的设计任务，四条传送带装置模拟示意图如图 1-118 所示；系统由传动电机 M1、M2、M3、M4，完成物料的运送功能。

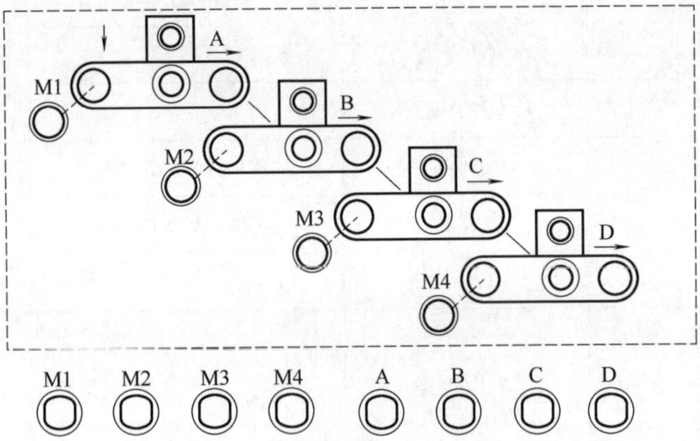

图 1-118　4 台电动机控制四条传送带装置示意图

控制要求：

闭合“启动”开关，首先启动最末一条传送带（电机 M4），每经过 2s 延时，依次启动各条传送带（电机 M3、M2、M1）；关闭“启动”开关，先停止最前一条传送带（电机 M1），每经过 2s 延时，依次停止 M2、M3 及 M4 电机。请根据控制要求用可编程控制器设计其控制系统并调试。

提出问题：

(1) 整个四台电动机控制的四条传送带装置系统运行过程的时序？

(2) 时间段怎么表示？

(3) 系统循环怎么实现？

配套视频

比较指令

知识链接

思考问题：时序和时间段怎么表示？

比较指令

S7-1200 比较指令用来比较数据类型相同的两个操作数的大小。满足比较关系式给出的条件时，等效触点接通。操作数可以是 I、Q、M、L、D 存储区中的变量或常数。比较指令需要设置数据类型，可以设置比较条件。

S7-1200 比较指令包括的类型和支持的数据类型如表 1-24 所示。

1. 数值比较指令

数值比较指令实际上是一种位指令，在程序中只作为条件来使用，可以用来比较两个数值的大小，还可以与定时器指令联合使用来限定时间段。

数值比较指令的运算符有：=、>=、<、<=、>和< >6 种。

数值比较指令支持的数据类型包括整数、实数，时间和常数。

表 1-24　　比较指令类型

指令	关系类型	满足以下条件时比较结果为真	支持的数据类型
== ???	=(等于)	IN1 等于 IN2	SInt,Int,DInt,USInt,UInt,UDInt,Real,LReal,String,Char,Time,DTL,Constant
<> ???	<>(不等于)	IN1 不等于 IN2	
>= ???	>=(大于等于)	IN1 大于等于 IN2	
<= ???	<=(小于等于)	IN1 小于等于 IN2	
> ???	>(大于)	IN1 大于 IN2	
< ???	<(小于)	IN1 小于 IN2	
IN_RANGE ??? MIN VAL MAX	IN_RANGE(值在范围内)	MIN<=VAL<=MAX	SInt、Int、DInt、USInt、UInt、UDInt、Real、Constant
OUT_RANGE ??? MIN VAL MAX	OUT_RANGE(值在范围外)	VAL<MIN 或 VAL>MAX	

2. “值在范围内”指令 IN_RANGE 与“值超出范围”指令 OUT_RANGE

“值在范围内”指令 IN_RANGE 与“值超出范围”指令 OUT_RANGE 可以视为一个等效的触点，MIN、MAX 和 VAL 的数据类型必须相同。有能流流入且满足条件时等效触点闭合，有能流流出。

比较指令的编程使用，如图 1-119 所示。

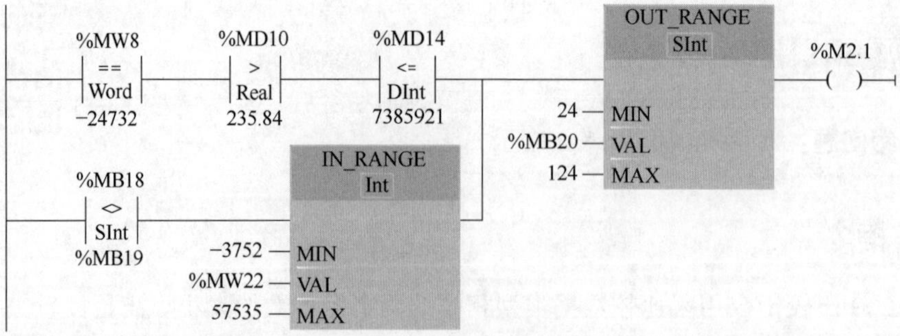

图 1-119　比较指令

应用案例 1： 用比较和计数指令编写开关灯程序。

要求灯控按钮 I0.0 按下一次，灯 Q4.0 亮，按下两次，灯 Q4.0，Q4.1 全亮，按下三次，灯全灭，如此循环。

分析：在程序中所用计数器为加法计数器，当加到 3 时，必须复位计数器，这是关键。灯控制程序示例如图 1-120 所示。

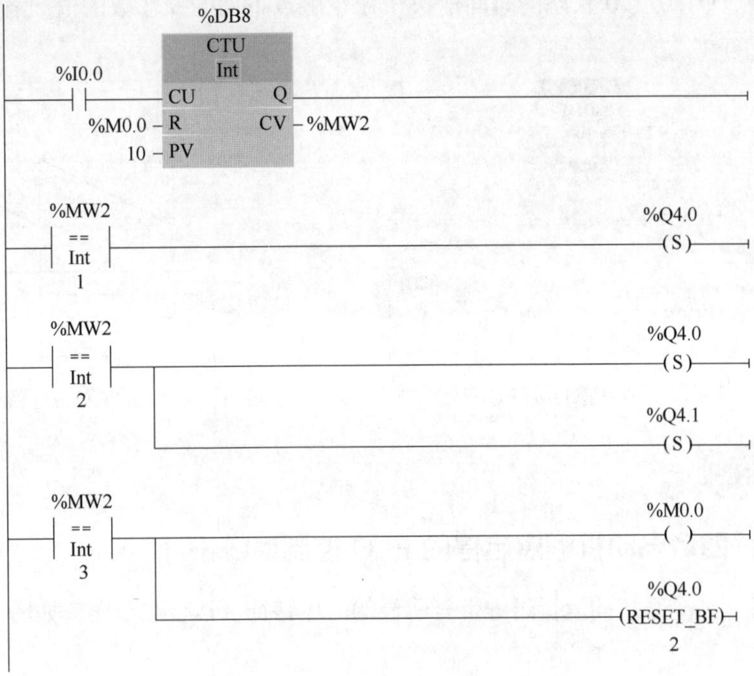

图 1-120　灯控制程序

应用案例 2：在 HMI 设备上可以设定电动机的转速。

设定值 MW20 的范围为 100~1440r/min，若输入的设定值在此范围内，则延时 5s 钟启动电动机 Q0.0，否则 Q0.1 长亮提示。控制程序示例如图 1-121 所示。

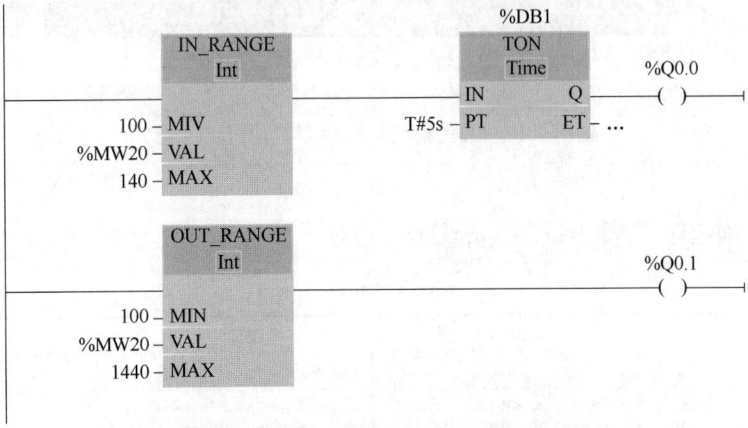

图 1-121　电动机在设定转速范围内启动程序

应用案例 3：用接通延时定时器和比较指令组成占空比可调的脉冲发生器。

输出脉冲周期为 3s，其中接通时间为 2s，控制程序示例如图 1-122 所示。

“T1”.Q 是 TON 的位输出，PLC 进入 RUN 模式时，TON 的 IN 输入端为 1 状态，TON 的当前值从 0 开始不断增大。当前值等于预设值时，“T1”.Q 变为 1 状态，其常闭触点断开，定时器被复位，“T1”.Q 变为 0 状态。下一扫描周期其常闭触点接通，定时器又开始定时。TON 的当前时间“T1”.ET 按锯齿波形变化。比较指令用来产生脉冲宽度可调的方波，Q1.0 为 0 状态的时间取决于比较触点下面的操作数的值。各参数波形图，如图 1-123 所示。

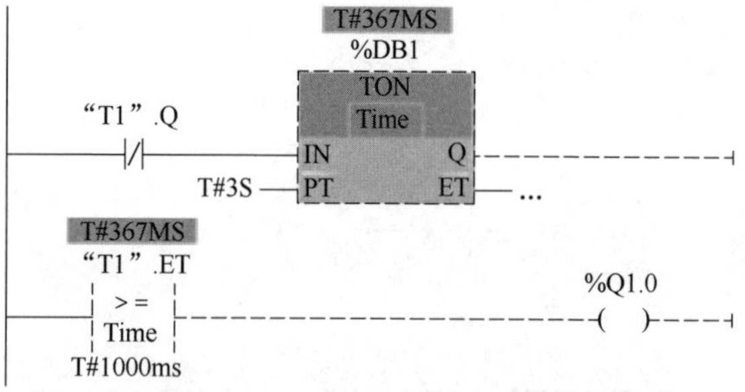

图 1-122　占空比可调的脉冲发生器程序

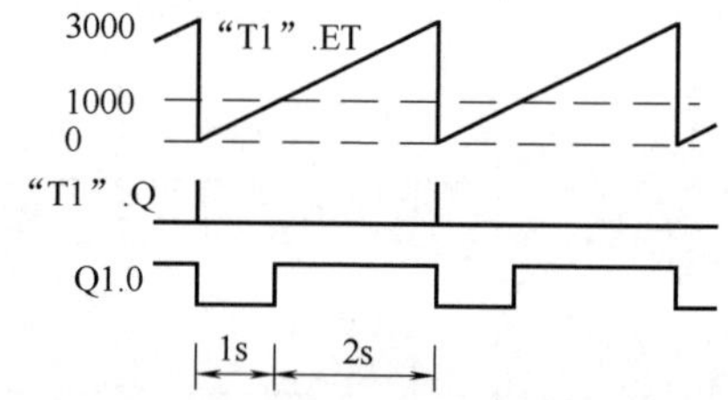

图 1-123　脉冲发生器各参数波形图

任务实施

案例一：四台电动机顺序启停的 PLC 控制系统设计

任务分析：整个系统的运行过程带有明显的时序特征。运行波形图，如图 1-124 所示。

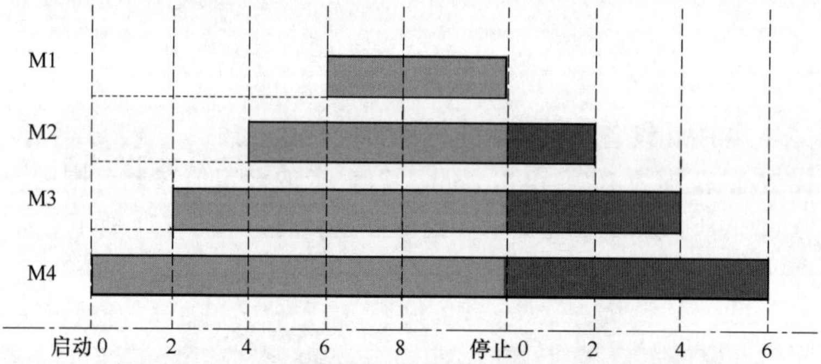

图 1-124　四台电动机顺序启停运行波形图

设计过程：

第一步：确定输入/输出设备，分配 I/O 地址。如表 1-25 所示。

表 1-25　I/O 地址表

输入/输出	元件	地址	功能
输入	SB1	I0.0	启动
	SB2	I0.1	停止
输出	KM1	Q0.0	M1 控制
	KM2	Q0.1	M2 控制
	KM3	Q0.2	M3 控制
	KM4	Q0.3	M4 控制

第二步：设计 PLC 硬件接线原理图，如图 1-125 所示。

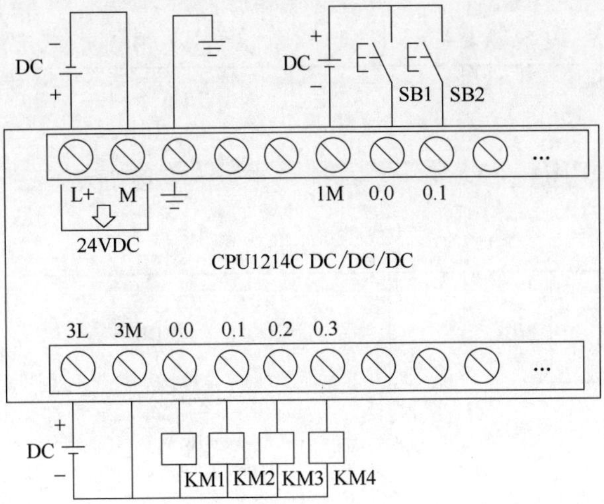

图 1-125 四台电动机顺序启停 PLC 硬件接线原理图

第三步：程序设计，示例程序，如图 1-126 所示。

配套视频

四台电动机程序设计与仿真

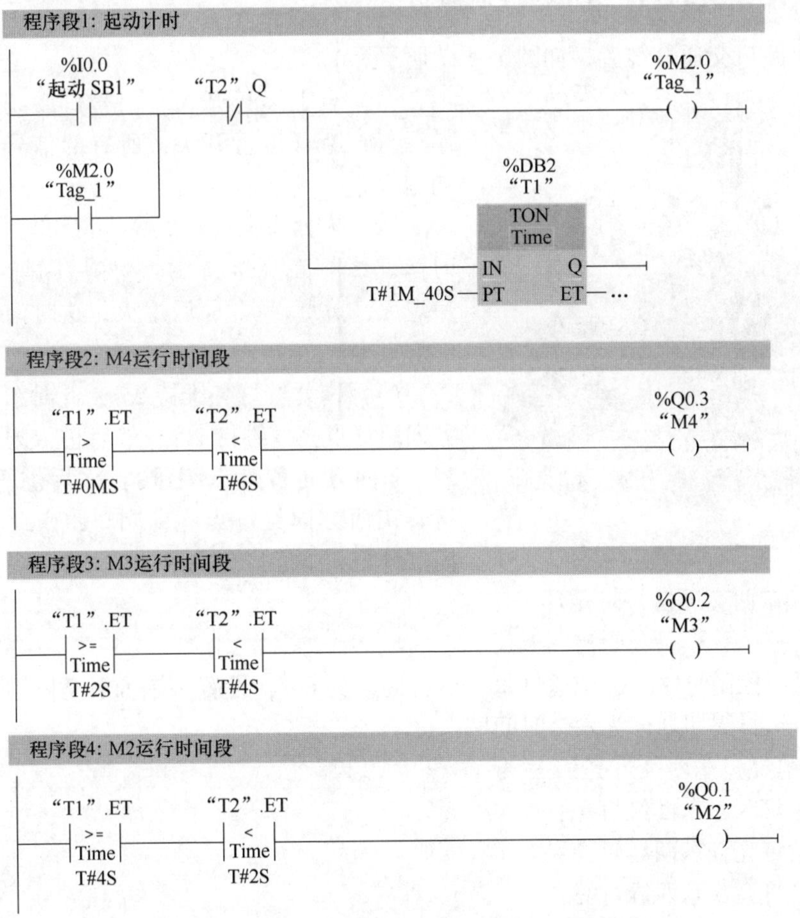

图 1-126 四台电动机顺序启停 PLC 程序

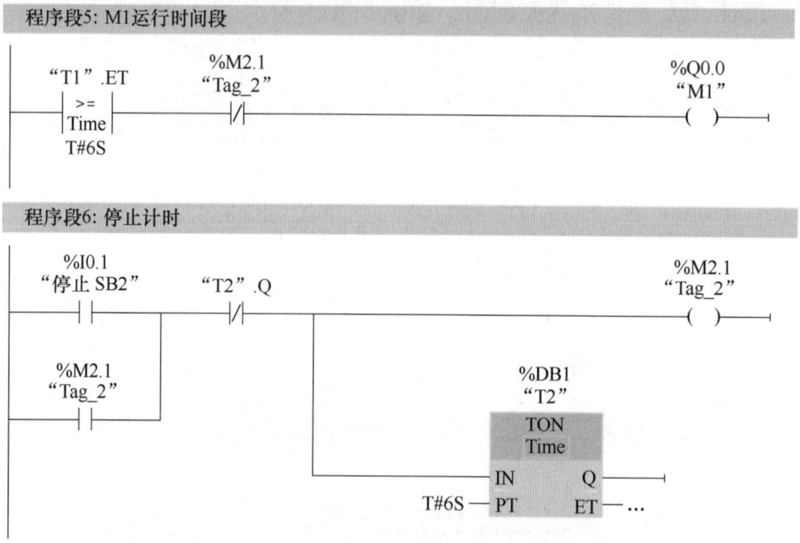

图 1-126　四台电动机顺序启停 PLC 程序（续）

案例二：十字路口交通灯的 PLC 控制设计

控制要求：十字路口交通灯装置，如图 1-127 所示。

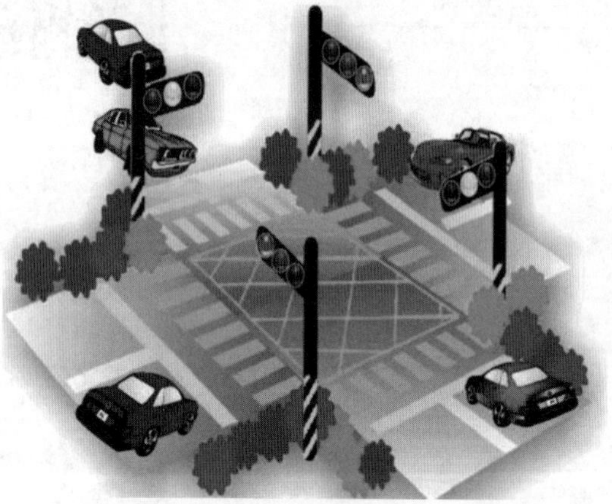

图 1-127　十字路口交通灯装置示意图

（1）合上运行开关，信号灯系统开始运行；断开运行开关，所有的信号灯均熄灭。

（2）东西方向红灯点亮维持 25s，此时南北绿灯点亮维持 20s，然后闪烁 3s 后熄灭，黄灯点亮 2s 后熄灭；这时南北红灯点亮，东西绿灯点亮。

（3）南北红灯亮维持 25s，此时东西方向绿灯点亮并维持 20s，然后进入闪烁 3s，东西方向黄灯点亮维持 2s 后熄灭；接着东西方向红灯点亮；同时，南北方向红灯熄灭，绿灯点亮。

（4）以上南北、东西交通信号灯循环工作。

任务分析：

方案一：根据系统控制时序图，交通灯每个运行周期为 60s，设置一个 60s 复位的计时器；将交通灯整个运行周期划分为六个时间段：

0~25s：南北绿灯亮，东西红灯亮；

25~28s：南北绿灯闪，东西红灯亮；

28~30s：南北黄灯亮，东西红灯亮；

30~55s：南北红灯亮，东西绿灯亮；

55~58s：南北红灯亮，东西绿灯闪；

58~60s：南北红灯亮，东西黄灯亮；

如此循环。

方案二：根据系统控制时序图，交通灯每个运行周期为60s，设置一个60s复位的计时器；给每个交通灯选择点亮的时间段：

南北绿灯：0~25s常亮，25~28s闪亮；

南北黄灯：28~30s常亮；

南北红灯：30~60s常亮；

东西绿灯：30~55s常亮，55~58s闪亮；

东西黄灯：58~60s常亮；

东西红灯：0~30s常亮；

如此循环。

十字路口交通灯运行时序图，如图1-128所示。

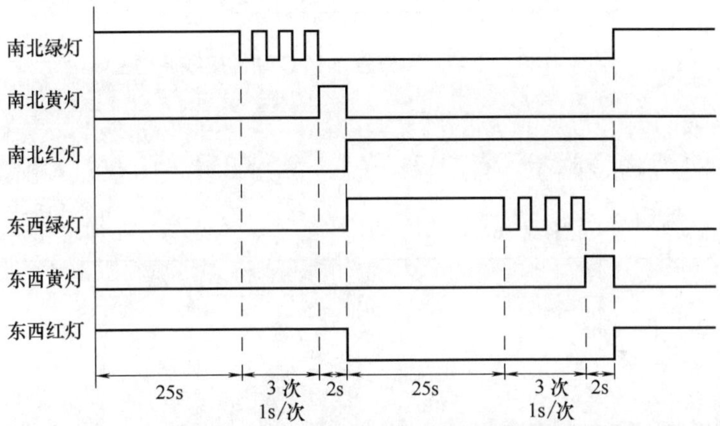

图1-128　十字路口交通灯运行时序图

第一步：确定输入/输出设备，分配I/O地址，如表1-26所示。

表1-26　I/O地址表

输入/输出	元件	地址	功能
输入	SB1	I0.0	启动
	SB2	I0.1	停止
输出	L1	Q0.0	南北绿灯
	L2	Q0.1	南北黄灯
	L3	Q0.2	南北红灯
	L4	Q0.3	东西绿灯
	L5	Q0.4	东西黄灯
	L6	Q0.5	东西红灯

第二步：设计PLC硬件接线原理图，如图1-129所示。

第三步：程序设计，示例程序如图1-130所示。

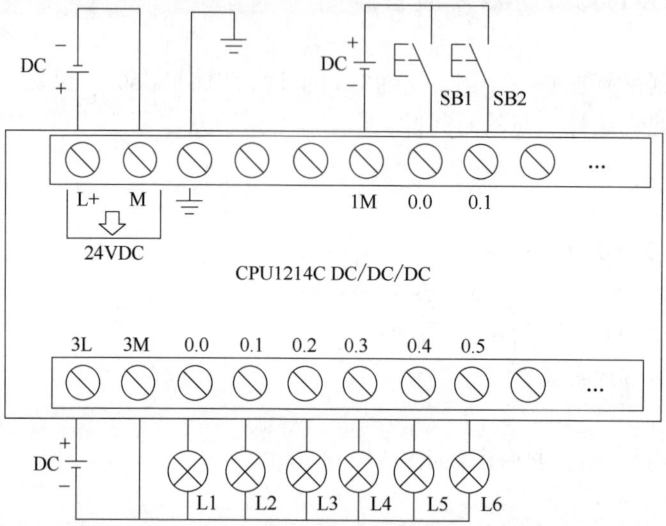

图 1-129　十字路口交通灯 PLC 硬件接线原理图

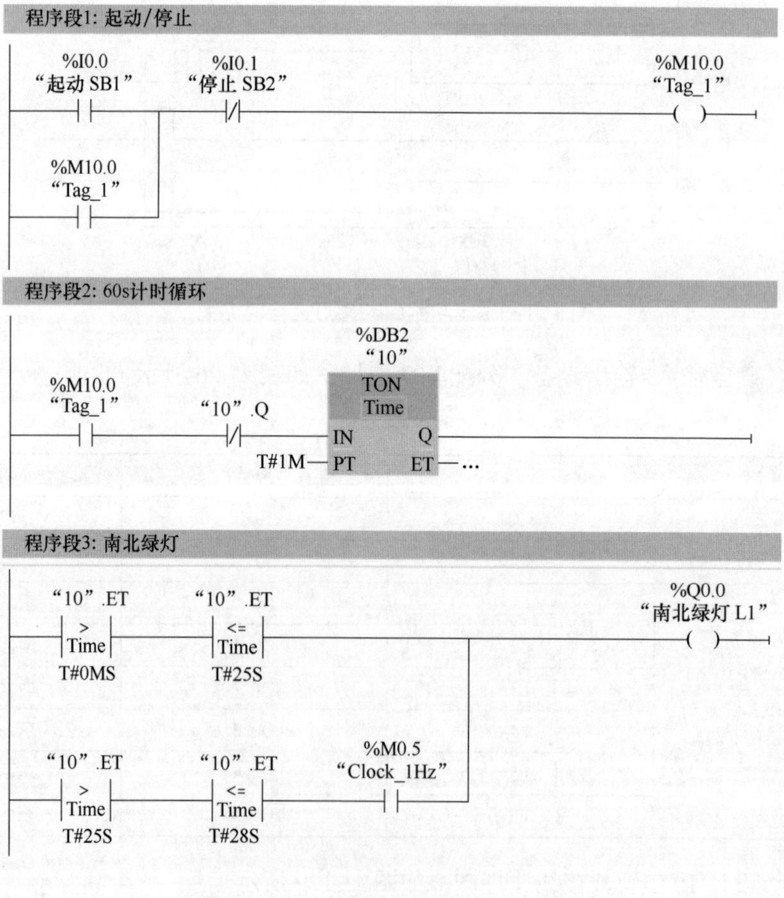

图 1-130　十字路口交通灯 PLC 程序

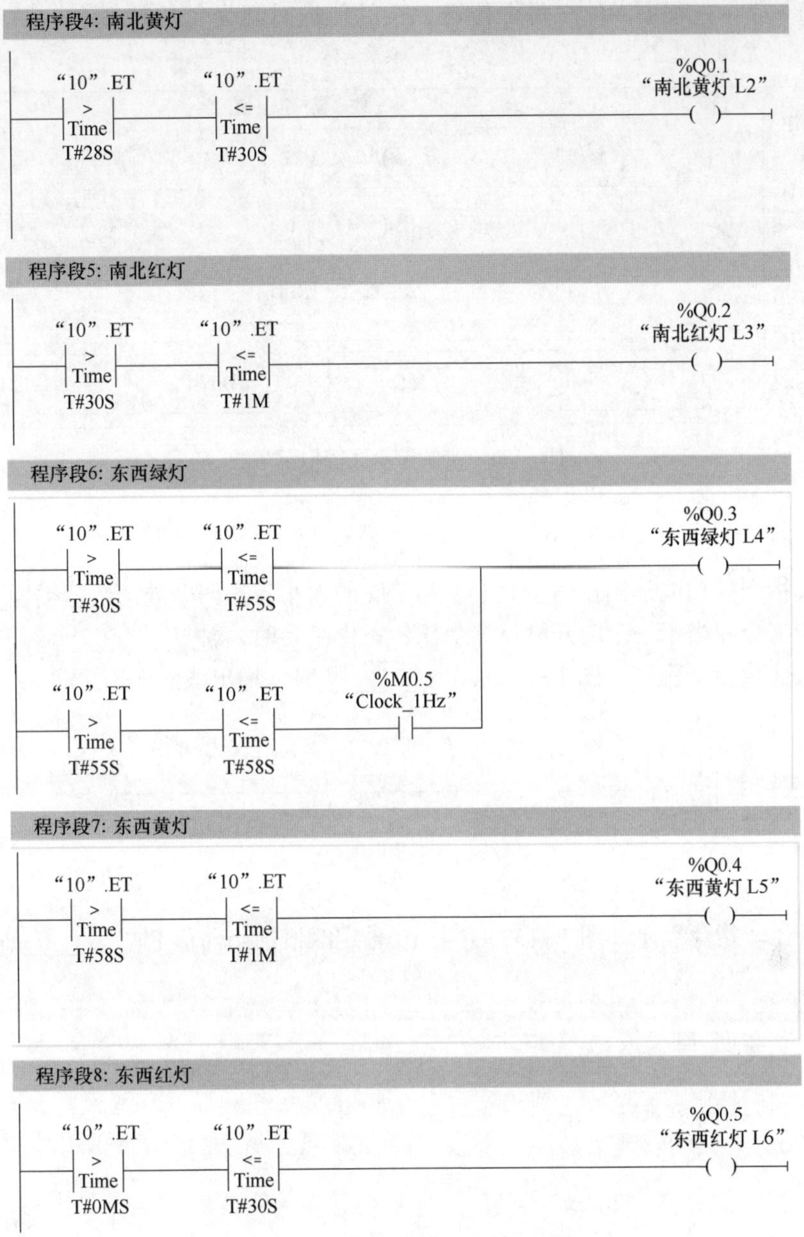

图 1-130　十字路口交通灯 PLC 程序（续）

任务拓展

装配流水线的 PLC 控制设计

某企业承担了一个装配流水线控制系统设计任务，装配流水线模拟示意图如图 1-131 所示，该系统由操作工位 A，B，C，运料工位 D，E，F，G 及仓库操作工位 H 组成。

控制要求：

闭合启动开关，工件经过传送工位 D 送至操作工位 A，在此工位完成加工后再由传送工位 E 送至操作工位 B，B 加工完由传送工位 F 送至操作工位 C，C 加工完由传送工位 G

送至仓库 H。整个过程中工件在每个传送工位的传送时间为 5s，在每个加工工位的加工时间为 3s。

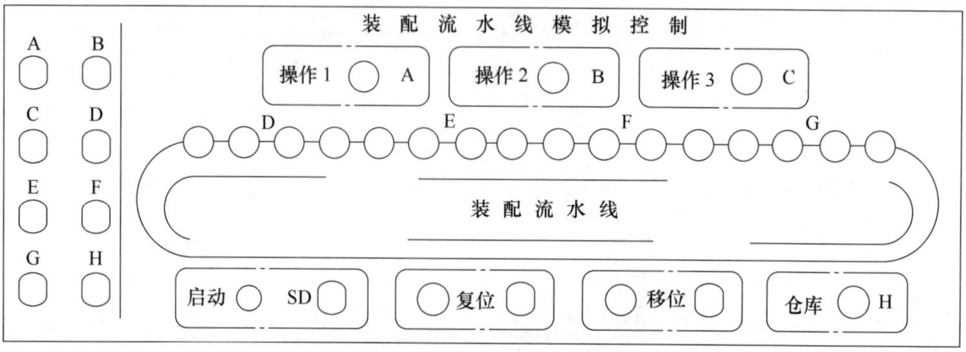

图 1-131　装配流水线模拟示意图

习　题

1. 比较指令的功能是比较两个数 IN1 和 IN2 的大小，这两个数的数据类型________。
2. 比较指令相当于一个常开触点，当比较条件满足时，触点________。
3. 分析比较指令程序（图 1-132），当________时，输出线圈 KM 接通。

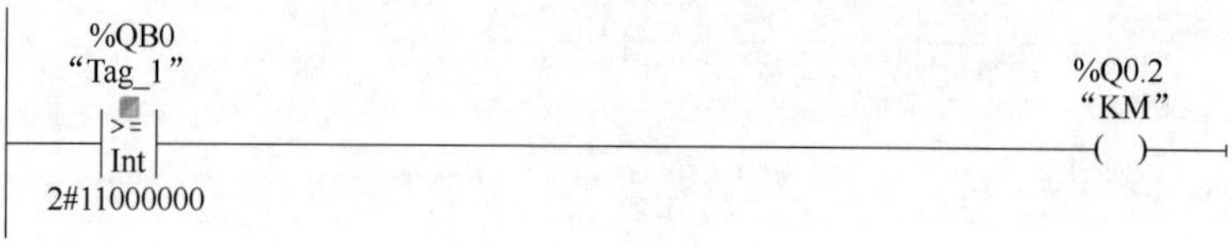

图 1-132

4. 分析比较指令程序（图 1-133），当 10 号定时器的当前值 ET ________时，输出线圈 KM 接通。

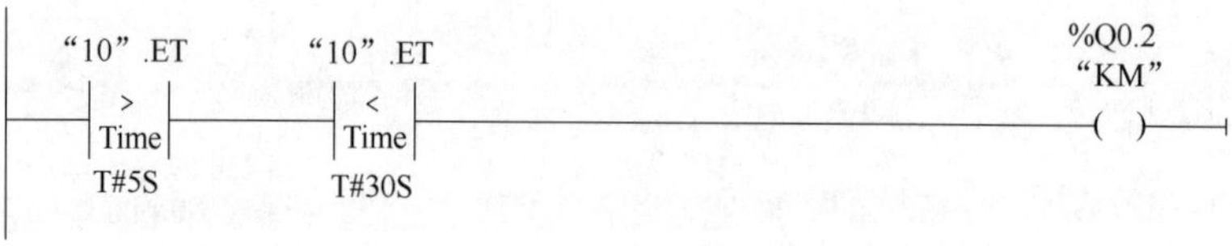

图 1-133

小贴士：国家标准

中华人民共和国国家标准，简称国标，是包括语编码系统的国家标准码，由在国际标准化组织（ISO）和国际电工委员会（或称国际电工协会，IEC）代表中华人民共和国的会员机构：国家标准化管理委员会发布。在 1994 年及之前发布的标准，以 2 位数字代表年份。由 1995 年开始发布的标准，标准编号后的年份，才改以 4 个数字代表。强制性国家标准的代号为“GB”，推荐性国家标准的代号为“GB/T”。

查询标准可以到全国标准信息公共服务平台。

实训任务单

实训任务　十字路口交通灯的 PLC 控制设计

任务描述：

交通灯是每个十字路口车辆和行人正常、安全通行的保障设施。某企业需要设计一个交通灯的控制系统，如图 1－134 所示。

图 1－134　交通灯的控制系统示意图

任务要求：

(1) 合上运行开关，信号灯系统开始运行；断开运行开关，所有的信号灯均熄灭。

(2) 东西方向红灯点亮维持 30s，此时南北绿灯点亮维持 25s，然后闪烁 3s 并显示倒计时 3－2－1 后熄灭，黄灯点亮 2s 后熄灭；这时南北红灯点亮，东西绿灯点亮。

(3) 南北红灯亮维持 30s，此时东西方向绿灯点亮并维持 25s，然后进入闪烁 3s 并显示倒计时 3－2－1 后熄灭，东西方向黄灯点亮维持 2s 后熄灭；接着东西方向红灯点亮；同时，南北方向红灯熄灭，绿灯点亮。

(4) 以上南北、东西交通信号灯循环工作。

(5) 断开运行开关，则交通灯停止工作全部熄灭。

1. 任务分组

小组序号		小组名称	
任务名称	十字路口交通灯的 PLC 控制设计		
组员	承担角色	职责	

2. 任务分析

控制系统组成	
控制过程分析	
I/O 设备确定	
PLC 型号确定	

3. 设计决策

（1）I/O 地址分配。

输入			输出		
元件	地址	功能	元件	地址	功能

（2）PLC 电气原理图设计。

PLC 硬件接线电气原理图

电气元件明细表

序号	元件名称	规格型号	单位	数量	电气符号

（3）PLC 程序设计思路。

4. 设计实施

耗材与工具领取。

序号	名称	规格型号	数量

5. 电气接线

出现的问题	解决的措施

6. 程序编辑与调试

出现的问题	解决的措施

项目二　指示报警系统的控制

设备的运行状态指示，车间产量和相关数据的显示，突发紧急情况的报警，以及夜晚色彩绚烂的霓虹灯和广告牌，都离不开对各种灯光和字符的控制。

任务一　运行指示灯的 PLC 控制

运行指示灯可以指示设备启动或者停止的运行状态，还可以通过循环闪烁等不同的运行方式，对设备的运行状态进行提示或者警示。通过对输出端数据的控制，还可以实现对多个彩灯进行多种不同运行方式的控制。

配套课件

运行指示灯的 PLC控制设计

任务描述

某自动设备上由一个指示灯系统，如图 2-1 所示。有 8 盏彩灯，颜色分别为红色、橙色、黄色、绿色、蓝色和白色，用起停按钮控制其点亮或关闭。

控制要求：

（1）按下启动按钮后，红色灯点亮，1s 后自动熄灭；同时橙色灯点亮，1s 后自动熄灭；黄色灯点亮，……以后按照此规律运行并循环。

（2）按下停止按钮后彩灯全部熄灭。

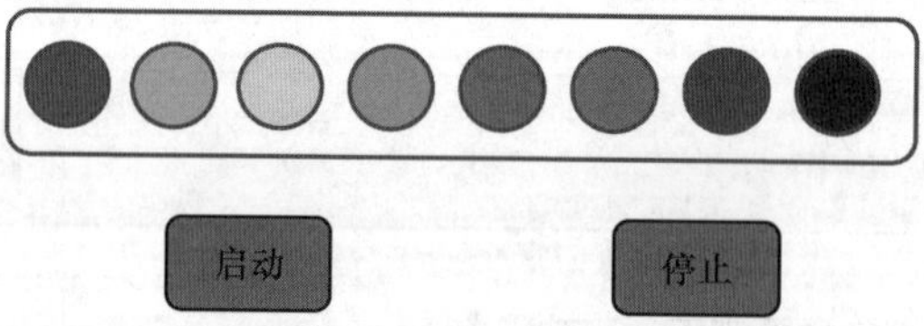

图 2-1　设备指示灯示意图

提出问题：

这是一个简单的时序控制设计，用时间继电器就可完成，但是如果彩灯多到几十甚至几百时，或者要求有其他变化时，程序会比较烦琐。

（1）西门子 S7-1200 PLC 数据操作指令有哪些？

（2）怎样可以同时对多个位数据进行操作？即同时改变多个输出位的状态？

知识链接

思考问题 1：S7-1200 PLC 怎样实现数据的操作？

S7-1200 PLC 的数据操作指令主要包括移动指令、移位与循环移位指令、数学运算指令、逻辑运算指令、转换指令等。在表示这些指令的方框中，输入信号和输入/输出（In-Out）信号均在方框的左边，输出信号均在方框的右边。其中使能输入端 EN（Enable input)，是允许指令执行的意思。当方框指令的 EN 端有能流流入，而且执行时无错误，则使能输出 ENO（Enable Output）端将能流传递给下一个元件；如果执行过程中有错误，能流在出现错误的方框指令终止。

一、移动操作指令

S7-1200 PLC 的移动操作指令格式和功能，如表 2-1 所示。

表 2-1　移动操作指令格式和功能

<table>
<tr><th>指令</th><th>功　能</th></tr>
<tr><td>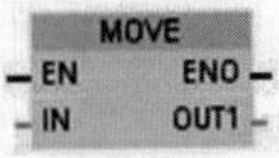
</td><td>将存储在指定地址的数据元素复制到新地址</td></tr>
<tr><td>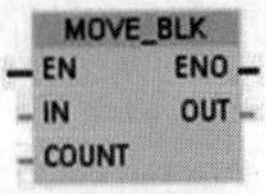
</td><td>将数据元素块复制到新地址的可中断移动，参数 COUNT 指定要复制的数据元素个数</td></tr>
<tr><td>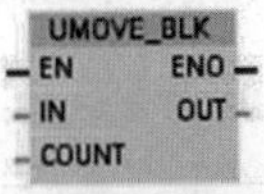
</td><td>将数据元素块复制到新地址的不中断移动，参数 COUNT 指定要复制的数据元素个数</td></tr>
<tr><td>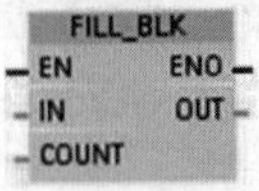
</td><td>可中断填充指令使用指定数据元素的副本填充地址范围，参数 COUNT 指定要填充的数据元素个数</td></tr>
<tr><td>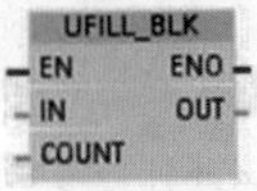
</td><td>不中断填充指令使用指定数据元素的副本填充地址范围，参数 COUNT 指定要填充的数据元素个数</td></tr>
<tr><td>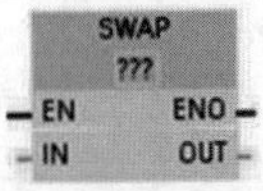
</td><td>SWAP 指令用于调换二字节和四字节数据元素的字节顺序，但不改变每个字节中的位顺序，需要指定数据类型</td></tr>
</table>

1. 移动值指令

配套视频

移动指令

"移动值"指令 MOVE 用于将 IN 输入的源数据传送给 OUT1 输出的目的地址，并且转换为 OUT1 允许的数据类型，源数据保持不变。

MOVE 指令的 IN 和 OUT1 可以是位字符串、整数、浮点数、定时器、日期时间、CHAR、WCHAR、Struct、Array，IEC 定时器/计数器等数据类型，IN 还可以是常数。

IN 与 OUT1 数据类型应该相同。如果 IN 数据类型的位长度超出 OUT1 数据类型的位长度，源值的高位丢失。如果 IN 数据类型的位长度小于输出 OUT1 数据类型的位长度，目标值的高位被改写为 0。

MOVE 指令可增减输出参数的个数。单击"OUT1"前面的 *，将会增加一个输出，如图 2-2 所示。

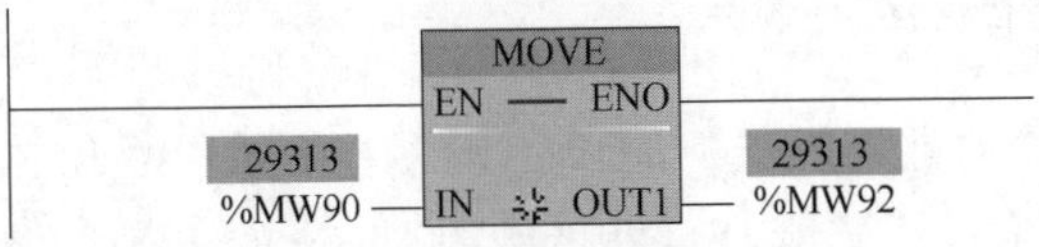

图 2-2　MOVE 指令

2. 交换指令 SWAP

交换指令 SWAP 用于交换字或双字中的字节。IN 和 OUT 为数据类型为 Word 时，"交换"指令 SWAP 交换输入

IN 的高、低字节后，保存到 OUT 指定的地址。IN 和 OUT 为数据类型为 DWord 时，交换 4 个字节中数据的顺序，交换后保存到 OUT 指定的地址，如图 2-3 所示。

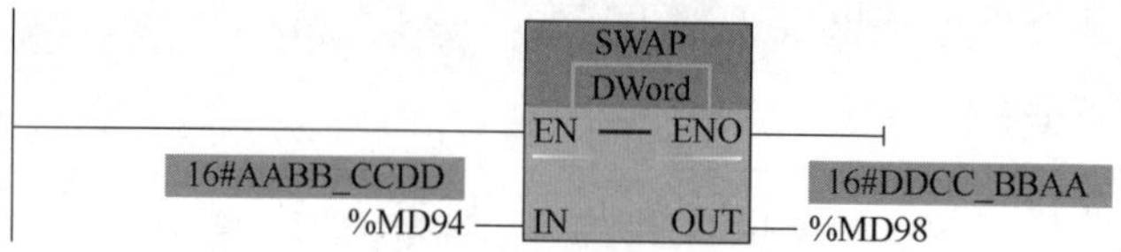

图 2-3　SWAP 指令

3. 填充存储区指令

生成“数据块_1”（DB3）和“数据块_2”（DB4），在 DB3 中创建有 40 个 Int 元素的数组 Source，在 DB4 中创建有 40 个 Int 元素的数组 Distin。

“Tag_13”的常开触点接通时，“填充存储区”指令 FILL_BLK 将常数 3527 填充到数据块_1 中的数组 Source 的前 20 个整数元素中。

“不可中断的存储区填充”指令 UFILL_BLK 与 FILL_BLK 指令的功能相同，其填充操作不会被操作系统的其他任务打断。

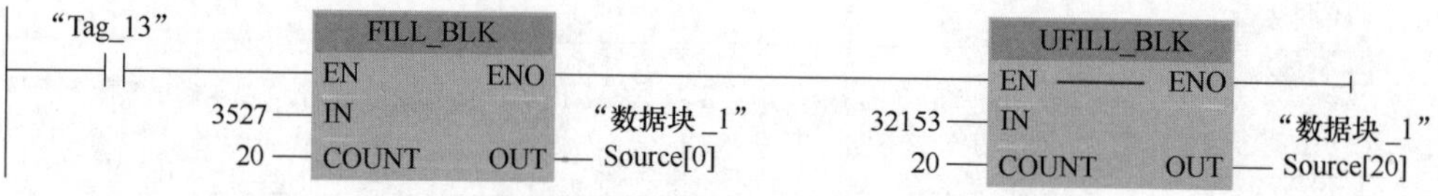

图 2-4　填充存储区指令

在图 2-4 程序示例中，接通“Tag_13”的常开触点，FILL_BLK 与 UFILL_BLK 指令被执行，DB3 中的数组元素 Source［0］~Source［19］被填充数据 3527，Source［20］~Source［39］被填充数据 32153。

4. 存储区移动指令

“存储区移动”指令 MOVE_BLK 将源区域数据块_1 的数组 Source 的 0 号元素开始的 20 个 Int 元素的值，复制给目标区域数据块_2 的数组 Distin 的 0 号元素开始的 20 个元素。复制操作按地址增大的方向进行。

IN 和 OUT 是待复制的源区域和目标区域中的首个元素。

“不可中断的存储区移动”指令 UMOVE_BLK 与 MOVE_BLK 的功能基本上相同，其复制操作不会被操作系统的其他任务打断。

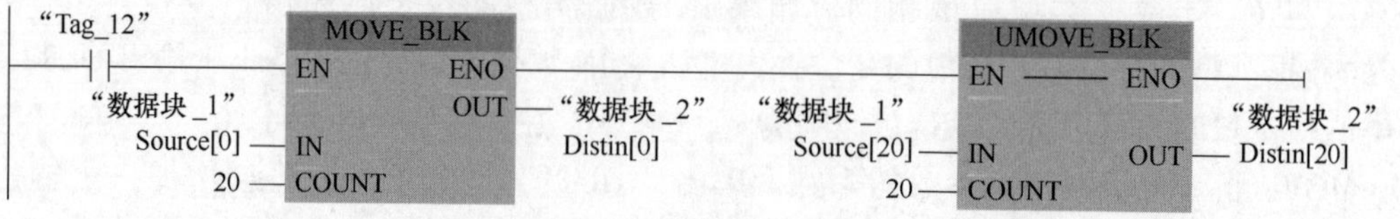

图 2-5　存储区移动指令

在图 2-5 程序示例中，接通“Tag_12”的常开触点，MOVE_BLK 与 UMOVE_BLK 指令被执行，DB3 中的数组 Source 的 40 个元素被传送给 DB4 中的数组 Distin 的 40 个元素。

应用案例 1：使用移动指令，一次点亮 6 个灯，如图 2-6 所示。

使用 MOVE 指令，将 2#00111111（63）移动到 QB0 中。

应用案例 2：使用移动指令，一次点亮第 1、3、5、7 号灯，如图 2-7 所示。

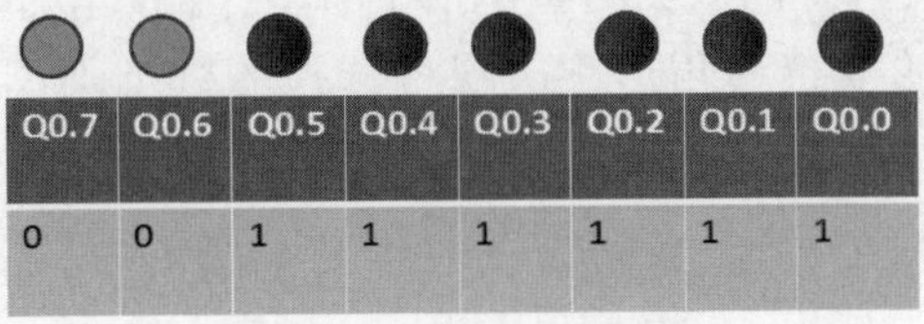

图 2-6　一次点亮 6 个灯

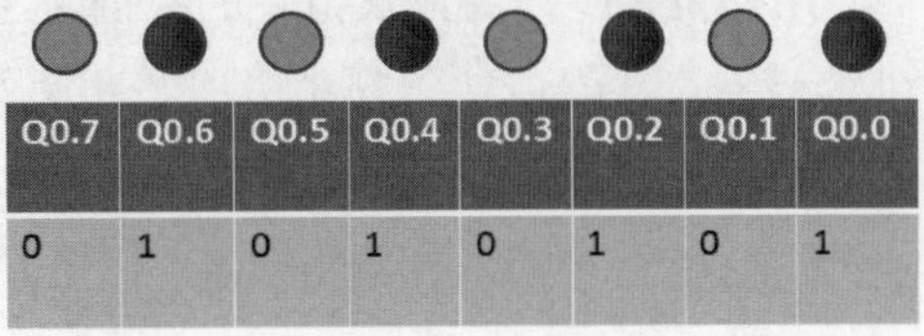

图 2-7　一次点亮第 1、3、5、7 号灯

使用 MOVE 指令，将 2#01010101（85）移动到 QB0 中。

思考问题 2：S7-1200PLC 怎样实现数据的移位操作？

配套视频

移位指令

二、移位与循环移位操作指令

S7-1200 的移位指令包括左、右移位指令和左、右循环移位指令，其指令格式和功能如下表：

移位与循环移位指令格式和功能，如表 2-2 所示。

表 2-2　**移位与循环移位指令格式和功能**

指令	功　能
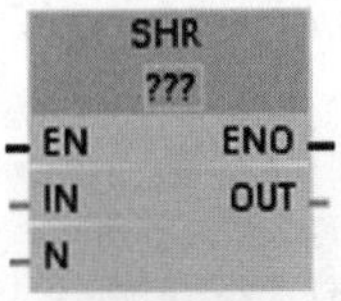	将参数 IN 的位序列右移 N 位，结果送给参数 OUT
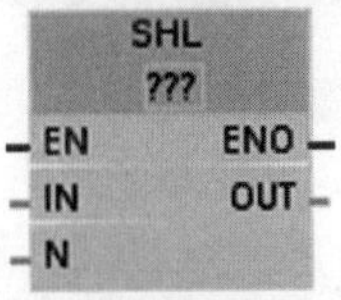	将参数 IN 的位序列左移 N 位，结果送给参数 OUT
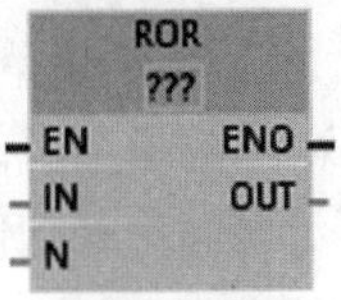	将参数 IN 的位序列循环右移 N 位，结果送给参数 OUT
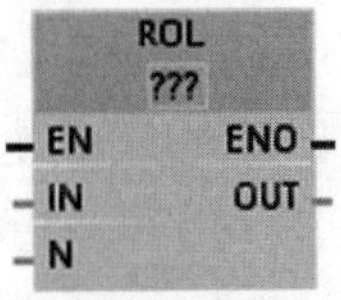	将参数 IN 的位序列循环左移 N 位，结果送给参数 OUT

1. 移位指令

右移指令 SHR 和左移指令 SHL 将输入参数 IN 指定的存储单元的整个内容逐位右移或

左移 N 位，移位结果保存在 OUT 指定的地址中。N 为 0 时，不会移位，但是 IN 指定的输入值被复制给 OUT 指定的地址。

使用移位指令需要设置指令的数据类型，可选择的数据类型包括字节型、整数型、字型和双字型。点击指令名称下方“???”右边的下拉三角形，出现可选择的数据类型列表。如图 2-8 所示。

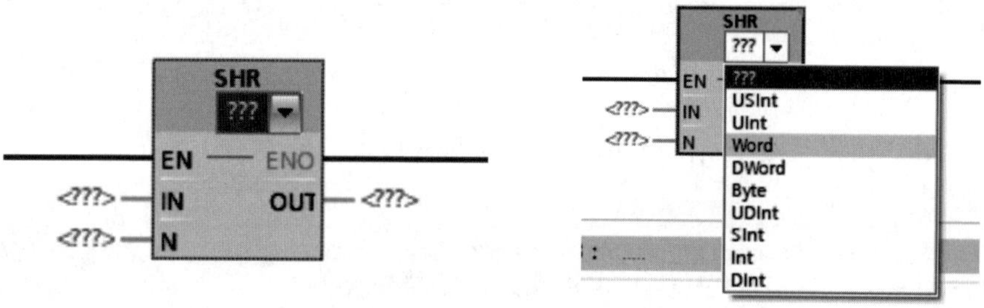

图 2-8　移位指令

有符号数右移后空出来的位用符号位填充，正数的符号位为 0，负数的符号位为 1。无符号数移位和有符号数左移后空出来的位用 0 填充，如图 2-9 所示。右移 N 位相当于除以 2N，左移 N 位相当于乘以 2N。

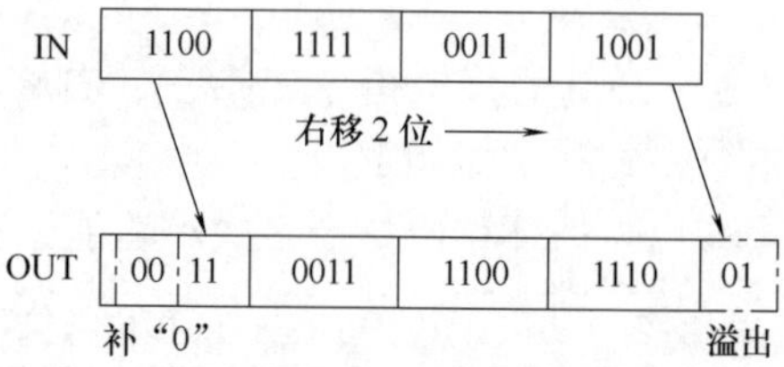

图 2-9　无符号数移位

在下例中，整数 200 左移 2 位，相当于乘以 4，右移 3 位相当于除以 8。M5.0 接通后，指令执行，其运行结果如图 2-10 所示。

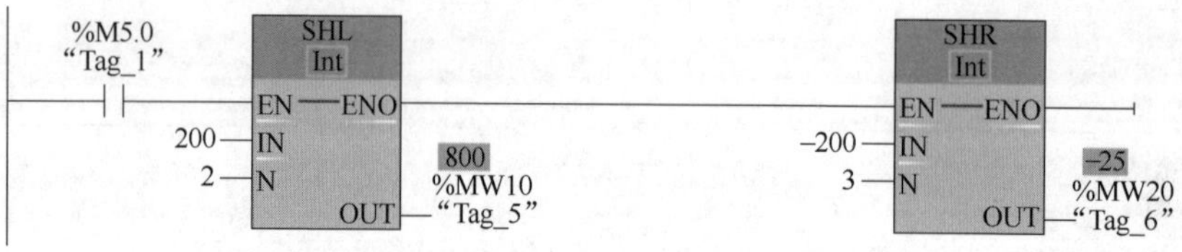

图 2-10　移位指令

2. 循环移位指令

“循环右移”指令 ROR 和“循环左移”指令 ROL 将输入参数 IN 指定的存储单元的整个内容逐位循环右移或循环左移 N 位，移出来的位又送回存储单元另一端空出来的位。移位的结果保存在输出参数 OUT 指定的地址。移位位数 N 可以大于被移位存储单元的位数。

循环移位指令可以使用的数据类型包括字节型和字整数型，如图 2-11 所示。

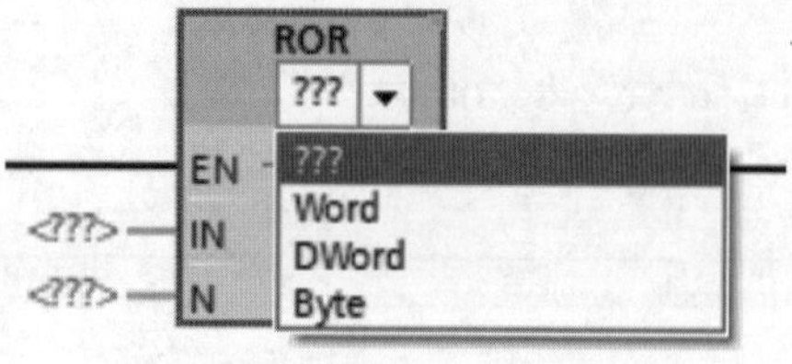

图 2-11　循环移位指令

注意：

如果移位后的数据要送回原地址，使能端 EN 应在信号边沿操作，即使用边沿脉冲指令。

例如在图 2-12 程序中，使用循环移位指令，将存储器中的数据移位后仍存放在原地址中。

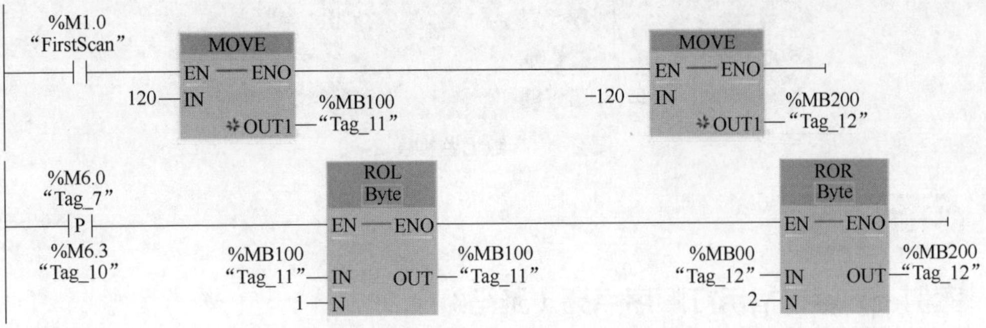

图 2-12　循环移位指令应用程序

运行程序后，首次扫描脉冲 M1.0 将 120 和-120 分别移动到 MB100 和 MB200 中。此时 MB100 和 MB200 中的数据，如图 2-13 所示。

地址	显示格式	监视值
%MB100	二进制	2#0111_1000
%MB200	二进制	2#1000_1000

图 2-13　数据监视值 1

M6.0 接通，执行一次循环移位指令，程序运行结果 1 如图 2-14 所示，MB100 和 MB200 中的数据监视值，如图 2-15 所示。

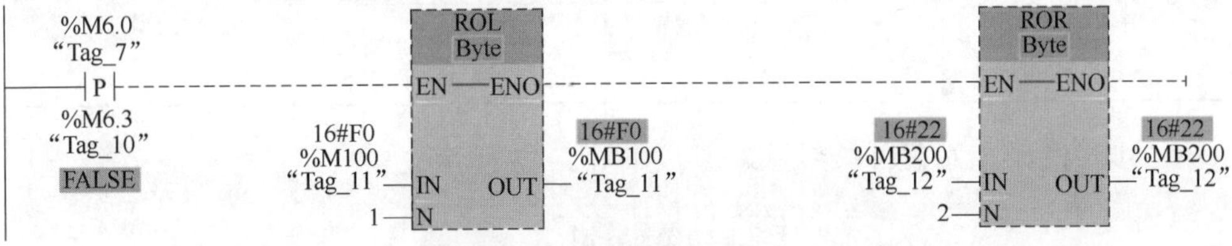

图 2-14　程序运行结果 1

地址	显示格式	监视值
%MB100	二进制	2#1111_0000
%MB200	二进制	2#0010_0010

图 2-15　数据监视值 2

当再次接通 M6.0，执行两次循环移位指令，程序运行结果 2 如图 2-16 所示，MB100 和 MB200 中的数据监视值，如图 2-17 所示。

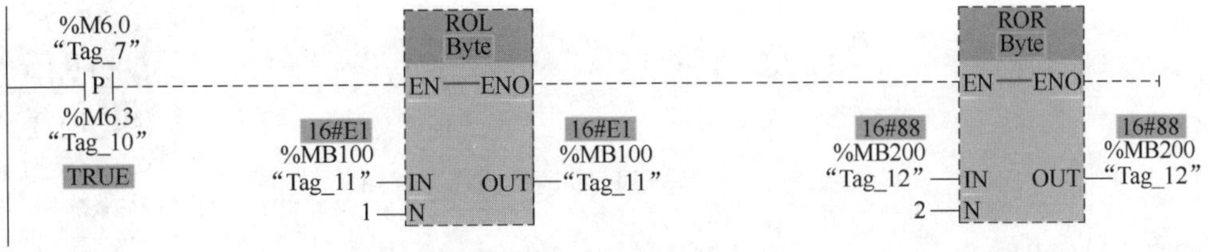

图 2-16　程序运行结果 2

地址	显示格式	监视值
%MB100	二进制	2#1110_0001
%MB200	二进制	2#1000_1000

图 2-17　数据监视值 2

任务实施

案例一：运行指示灯顺序点亮（跑马灯）

第一步：确定输入/输出设备并分配 I/O 地址，如表 2-3 所示。

表 2-3　I/O 地址表

输入/输出	元件	地址	功能
输入	SB1	I0.0	启动
	SB2	I0.1	停止
输出	L1	Q0.0	指示灯
	L2	Q0.1	
	L3	Q0.2	
	L4	Q0.3	
	L5	Q0.4	
	L6	Q0.5	
	L7	Q0.6	
	L8	Q0.7	

第二步：设计 PLC 硬件接线原理图，如图 2-18 所示。

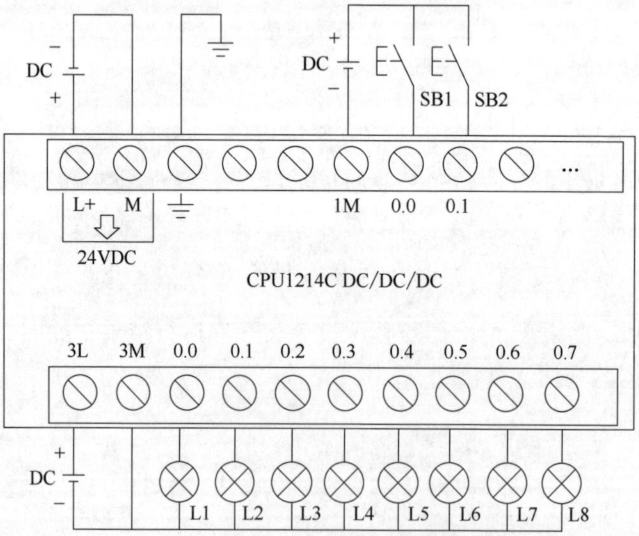

图 2-18　跑马灯 PLC 硬件接线原理图

配套视频
八个指示灯顺序点亮控制程序设计与仿真

第三步：程序设计，示例程序，如图 2-19 和图 2-20 所示。

方法一：使用移位指令，启动和停止由两个按钮控制。

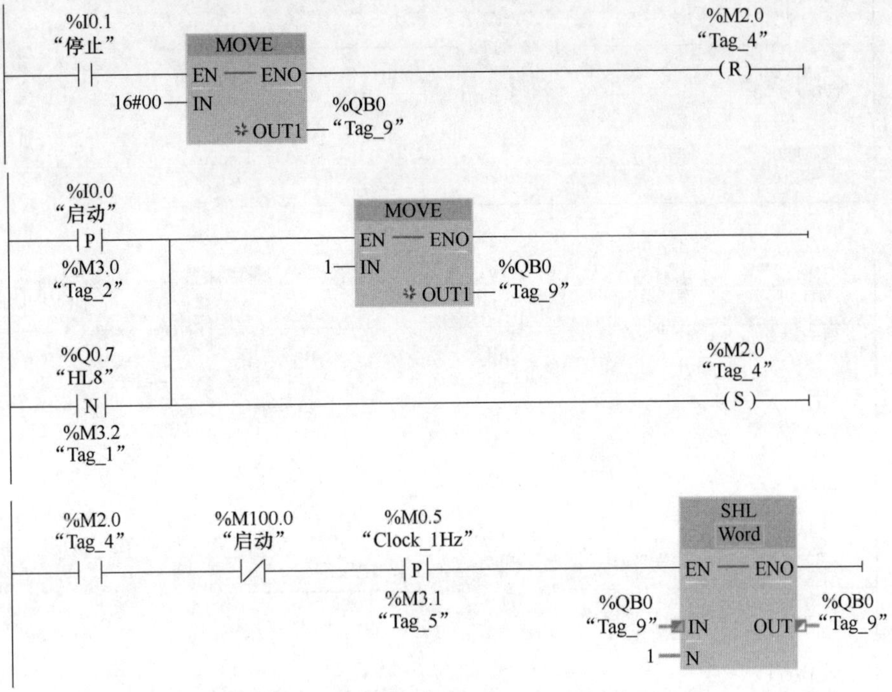

图 2-19　跑马灯 PLC 程序 1

方法二：使用循环移位指令，启动由开关控制。

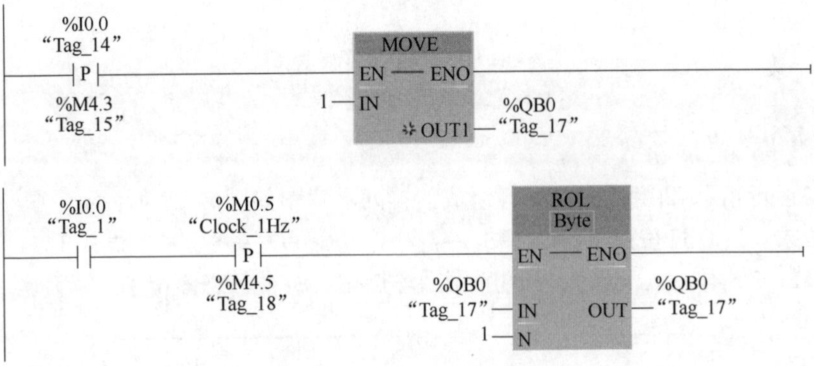

图 2-20　跑马灯 PLC 程序 2

案例二：设备运行指示灯的控制设计（流水灯）

配套视频

指示灯流水运行控制程序设计

控制要求：

要求按下启动按钮后，第 1 个灯亮，1s 后第 1、2 个灯亮，再过 1s 后第 1、2、3 个灯亮，依次增加，直到 8 个灯全亮；再过 1s 后第 1 个灯再次亮起，如此循环。无论何时按下停止按钮，8 个灯全灭。

I/O 地址与硬件接线原理图同案例一。

示例程序，如图 2-21 所示。

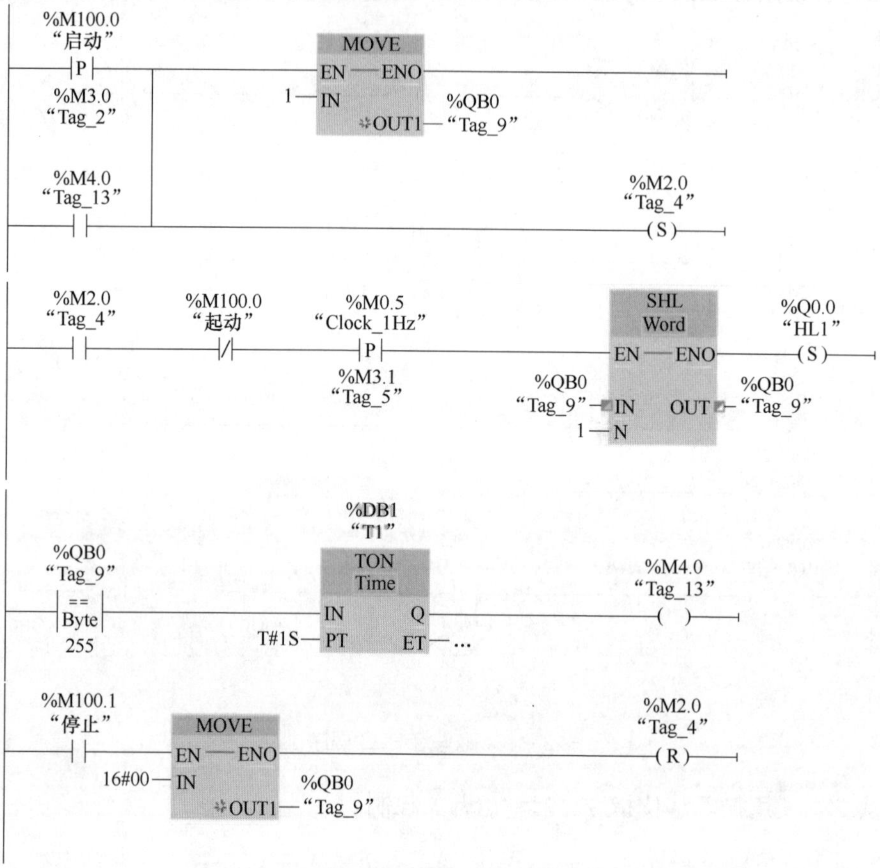

图 2-21　流水灯 PLC 程序

任务拓展

某设备运行指示灯由 8 个 LED 灯组成，排列示意图如图 2-22 所示。

控制要求：LED 灯按照 1_→2_→3_→4_→5_→6_→7_→8_→1，2_→3，4_→5，6_→7，8_→1，2，3，4_→5，6，7，8 的顺序循环点亮，每个状态停留 1s。

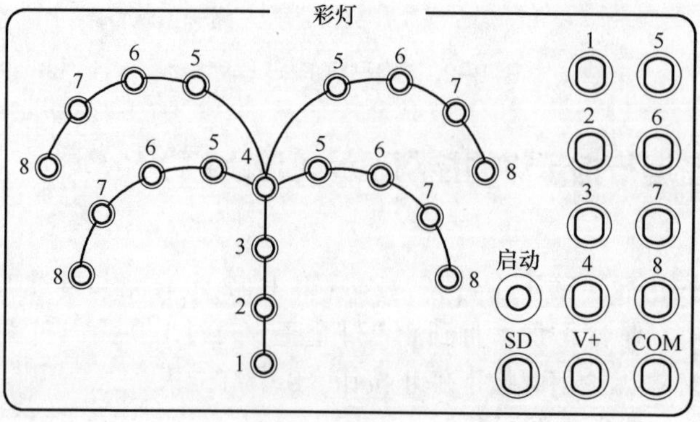

图 2-22　设备运行指示灯排列示意图

习　题

1. MB2 的值为 2#1011 0110，循环左移 2 位后为 2#________，再左移 2 位后为 2#________。

2. 整数 MW4 的值为 2#1011 0110 1100 0010，右移 4 位后为 2#________。

3. 分析 MOVE 指令程序梯形图（图 2-23a），当 M1.0=1 时，M4.0 和 M4.1 的状态为________。

4. 图 2-23b 中左移指令执行后，输出参数 OUT 的结果是________。

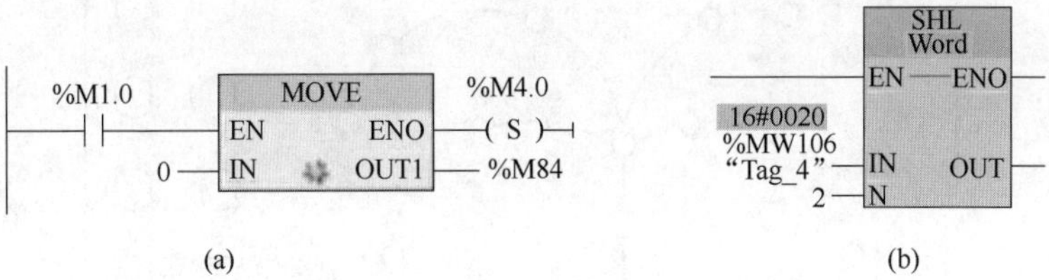

图 2-23

5. 使用比较指令，完成跑马灯与流水灯运行控制程序设计。

小贴士：工匠精神——巧手点亮雷达之眼

用比头发丝还细的金线，将芯片与外部电路连通，这种工艺被称为金线键合。和传统意义上的焊接不同，这种工艺通过针尖的超声波震动，使得金线与焊盘形成分子间连接来达到微焊接目的。一克黄金，拉出 10μm 直径、 661m 长的金线，这大概是一根头发丝直径的 1/8，用这样的金线来键合雷达收发组件，没有机器可以完成，只有靠人，而且全部流程必须在显微镜下完成。

在中国电科第十四研究所雷达收发组件总装师顾春燕，她用自己的一双巧手，把组装的不可能变成可能，串联起我国最尖端雷达的核心。

作为十四所微组装首席技能专家，顾春燕担负起了所有研制性产品的首件全流程作业任务。从我们的航母和驱逐舰上的“海之星”，到新一代战机火控雷达，一枚枚中华神盾捍卫着祖国的国防安全，一双双战鹰之眼在顾春燕的手中被轻轻点亮。以一己之力撑起中国国防“天眼”雷达事业半壁江山。

实训任务单一

实训任务　音乐彩灯运行的 PLC 控制

任务描述：

音乐彩灯示意图如图 2-24 所示。

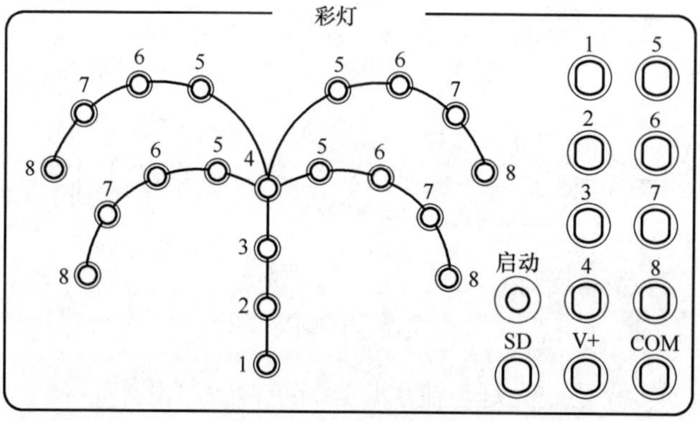

图 2-24　音乐彩灯示意图

任务要求：

启动后要求 LED 灯按照：1_→2_→3_→4_→5_→6_→7_→8_→（1、2）_→（3、4）_→（5、6）_→（7、8）_→（1，2，3，4）_→（5，6，7，8）的顺序循环点亮，每个状态停留 1s。关闭启动开关则所有彩灯熄灭。

1. 任务分组

小组序号		小组名称	
任务名称	音乐彩灯运行的 PLC 控制		
组员	承担角色	职责	

2. 任务分析

控制系统组成	
控制过程分析	
I/O 设备确定	
PLC 型号确定	

3. 设计决策

（1）I/O 地址分配。

输入			输出		
元件	地址	功能	元件	地址	功能

（2）PLC 电气原理图设计。

PLC 硬件接线电气原理图

电气元件明细表

序号	元件名称	规格型号	单位	数量	电气符号

（3）PLC 程序设计思路。

4. 设计实施

耗材与工具领取。

序号	名称	规格型号	数量

5. 电气接线

出现的问题	解决的措施

6. 程序编辑与调试

出现的问题	解决的措施

实训任务单二

实训任务　天塔之光模拟运行的 PLC 控制设计

任务描述：

天塔之光模拟示意图，如图 2-25 所示。

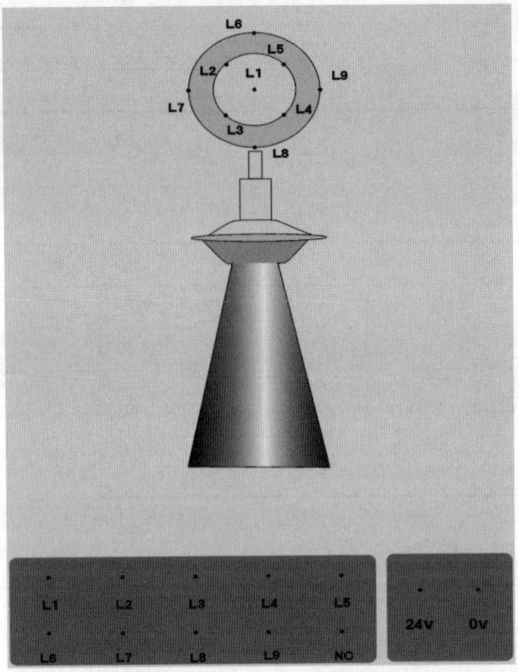

图 2-25　天塔之光模拟示意图

任务要求：

按下启动按钮 SB5（按钮模块上任意一个按钮即可）时，L1 亮 0.5s 后灭，接着 L2、L3、L4、L5 亮 0.5s 后灭，接着 L6、L7、L8、L9 亮 0.5s，重复该过程，按下 SB6（按钮模块上任意一个按钮即可）时，所有灯停止。

1. 任务分组

小组序号		小组名称	
任务名称	天塔之光模拟运行的 PLC 控制设计		
组员	承担角色	职责	

2. 任务分析

控制系统组成	
控制过程分析	
I/O 设备确定	
PLC 型号确定	

3. 设计决策

（1）I/O 地址分配。

输入			输出		
元件	地址	功能	元件	地址	功能

（2）PLC 电气原理图设计。

PLC 硬件接线电气原理图

电气元件明细表

序号	元件名称	规格型号	单位	数量	电气符号

(3) PLC 程序设计思路。

4. 设计实施

耗材与工具领取。

序号	名称	规格型号	数量

5. 电气接线

出现的问题	解决的措施

6. 程序编辑与调试

出现的问题	解决的措施

任务二 数字显示的 PLC 控制

配套课件

数字显示的PLC控制

任务描述

某自动化设备上有一个数字显示装置，选用的是七段显示数码管，其外形结构如图 2-26 所示。

控制要求：启动后数码管依次循环显示 9→8→7→6→5→4→3→2→1→0，每个状态停留 1s。

提出问题：

（1）数码管是什么？

（2）怎样控制数码管显示数字？

（3）数码管的显示数字怎么变化？

图 2-26 七段显示数码管

知识链接

思考问题 1：数码管是什么？

一、数码管的工作原理

1. 数码管结构

七段数码管是一种结构简单、控制方便的显示设备。一只 LED 数码管可以看成是 1 组 LED（发光二极管），当发光二极管为正向偏置时，就会点亮，其结构如图 2-27 所示。

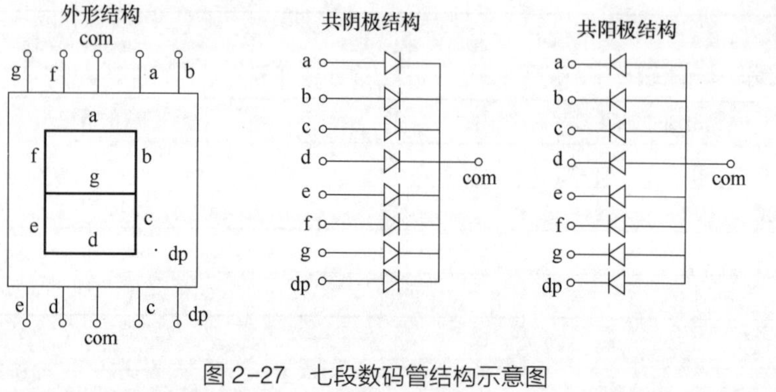

图 2-27 七段数码管结构示意图

2. 数码管的接线方式

七段数码管可采用两种接线方式，一种是共阴接法（公共端接电源负极），另一种是共阳极接法（公共端接电源正极）。数码管的每一段对应连接 PLC 输出端的一个点，如表 2-4 所示。

表 2-4 数码管接线表

段	a	b	c	d	e	f	g	
输出	Q0.0	Q0.1	Q0.2	Q0.3	Q0.4	Q0.5	Q0.6	Q0.7

思考问题 2：数码管怎样控制和显示数字？

二、数码管的控制方式

S7-1200 PLC 数码显示，有按字符法驱动或按段驱动法。

按字符驱动，即需要显示什么字符就送相应的显示代码，如显示“5”，则驱动代码为 2#01101101（共阴接法，对应段为 1 时亮）。程序示例，如图 2-28 所示。

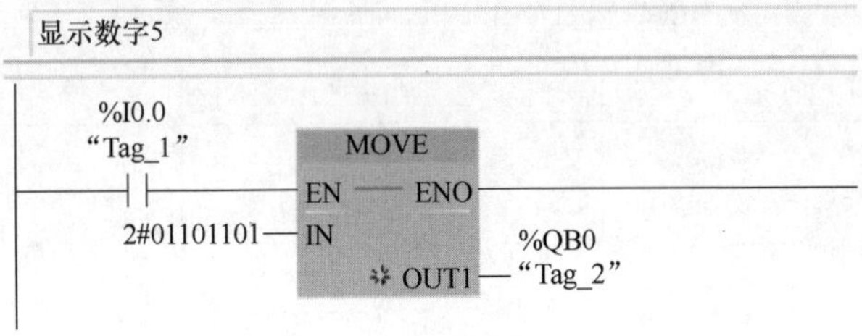

图 2-28　字符驱动程序

七段数码管显示数字和字母的输出显示逻辑，如表 2-5 所示。

表 2-5　　七段数码管输出显示逻辑表

IN	段显示	(OUT)								IN	段显示	(OUT)							
		-	g	f	e	d	c	b	a			-	g	f	e	d	c	b	a
0	0	0	0	1	1	1	1	1	1	8	8	0	1	1	1	1	1	1	1
1	1	0	0	0	0	0	1	1	0	9	9	0	1	1	0	0	1	1	1
2	2	0	1	0	1	1	0	1	1	A	A	0	1	1	1	0	1	1	1
3	3	0	1	0	0	1	1	1	1	B	b	0	1	1	1	1	1	0	0
4	4	0	1	1	0	0	1	1	0	C	C	0	0	1	1	1	0	0	1
5	5	0	1	1	0	1	1	0	1	D	d	0	1	0	1	1	1	1	0
6	6	0	1	1	1	1	1	0	1	E	E	0	1	1	1	1	0	0	1
7	7	0	0	0	0	0	1	1	1	F	F	0	1	1	1	0	0	0	1

按段驱动数码管就是待显示的数字需要点亮数码管的哪几段，就直接以点动的形式驱动相应的数码管所连接的 PLC 输出端，如 I0. 0 接通时显示 5，即需要点亮数码管的 a、c、d、f 和 g 段，即需驱动 Q0. 0、Q0. 2、Q0. 3、Q0. 5 和 Q0. 6（假如数码管连接在 QB0 端口）。程序示例，如图 2-29 所示。

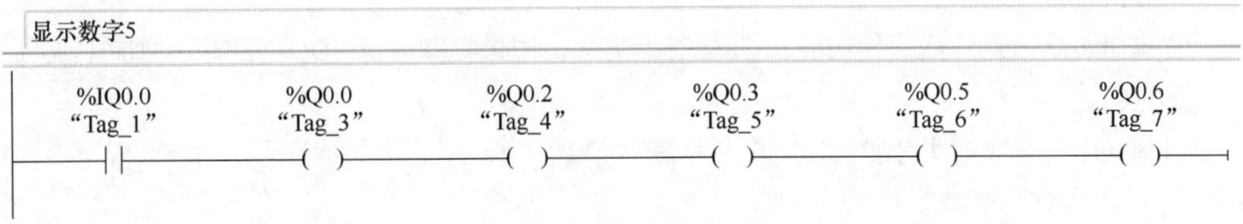

图 2-29　段驱动程序

思考问题 3：数字的变化是怎样实现的？

三、数学运算指令

配套视频

数学运算指令

1. 数学运算指令

数学运算包括数学运算指令、浮点数函数运算指令、逻辑运算指令。其中数学运算指令及其功能，如表 2-6 所示。

表 2-6　　数学运算指令

指令格式	功能	数据类型
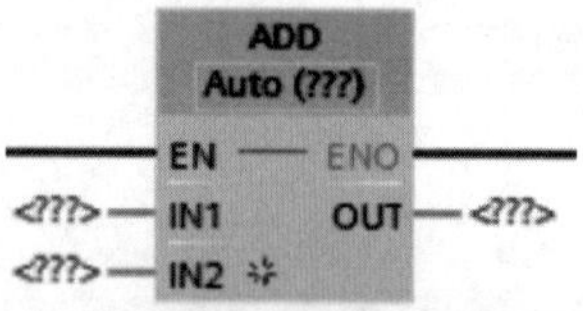	IN1+IN2=OUT	SInt, Int, DInt, USInt, UInt, UDInt 和 Real, IN1 和 IN2 可以是常数。 IN1、IN2 和 OUT 的数据类型应该相同。运算成功后，设置 ENO=1
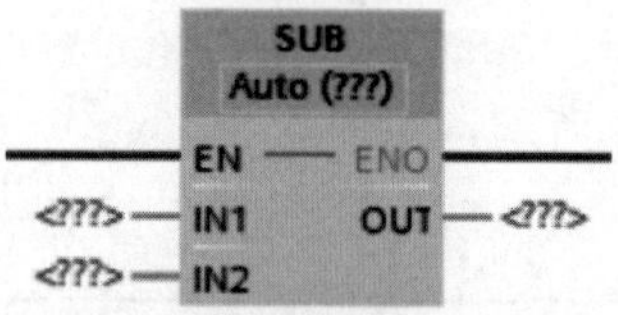	IN1-IN2=OUT	
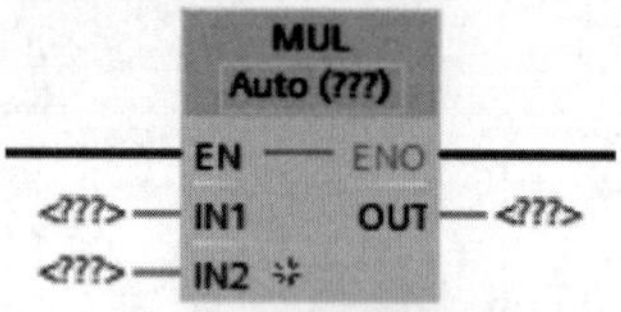	IN1 * IN2=OUT	
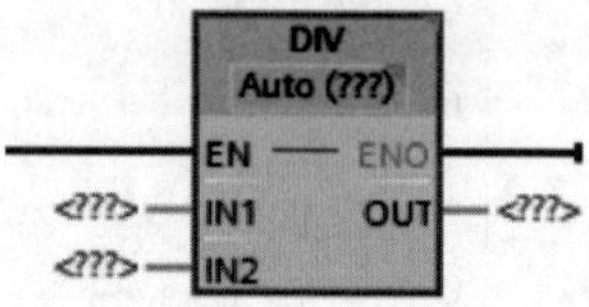	IN1/IN2=OUT 整数除法会去除商的小数部分生产整数输出	

注意：

（1）加法、减法、乘法和除法指令的输入与输出参数数据类型必须相同。

（2）加法和乘法指令可以添加输入参数增加加数或者乘数的个数。

（3）加法指令和乘法指令的计算结果有可能会超过输入参数的数据长度，因此应该选用合适的数据长度的存储器用来存储输入与输出数据。

（4）除法指令的输出为商取整后的结果。

2. 递增和递减指令

递增和递减指令的格式和功能，如表 2-7 所示，用来将参数 IN/OUT 的值分别加 1 或减 1。

注意：

IN 和 OUT 的数据类型必须相同，为各种整数。在功能框名称下方单击“问号”，可以从下拉菜单中选择数据类型。

递增指令程序示例，如图 2-30 所示。

INC 指令用来计 I0.0 动作的次数，通过程序监控可见，每按一次 I0.0，MW100 的数值加“1”。

表 2-7　　　　递增和递减指令

指令格式	功　能
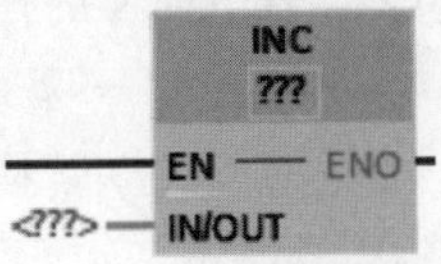	递增有符号或无符号整数值 参数 IN/OUT 值+1=参数 IN/OUT 值
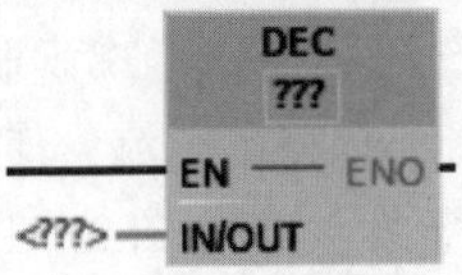	递减有符号或无符号整数值 参数 IN/OUT 值-1=参数 IN/OUT 值

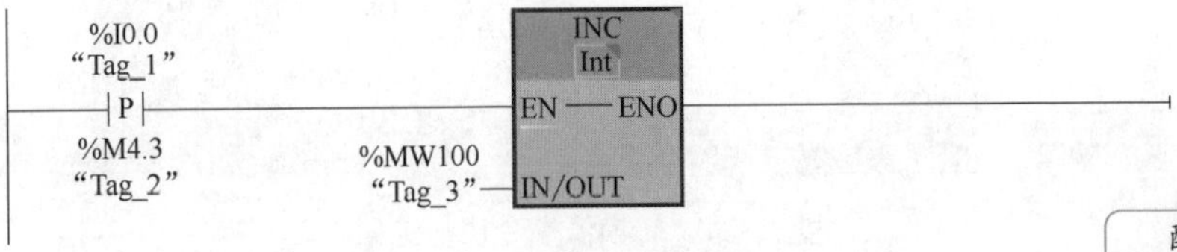

图 2-30　递增指令

配套视频

转换指令

四、转换指令

S7-1200 转换操作指令格式和功能，如表 2-8 所示。

表 2-8　　　　转换操作指令

指　令	名　称	指　令	名　称
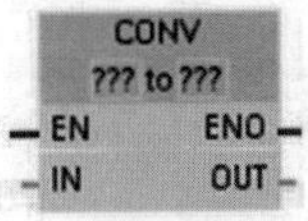	转换		上取整
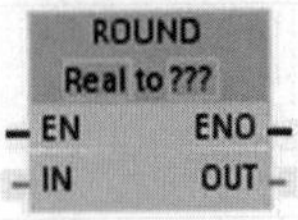	取整	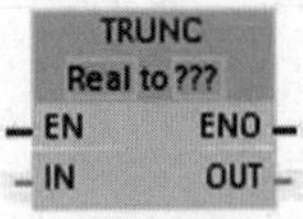	下取整
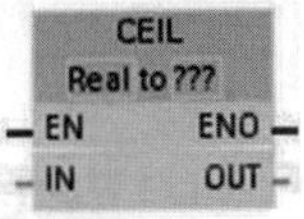	截取	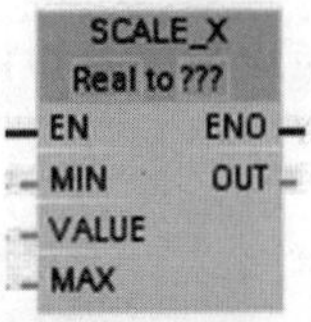	标定
		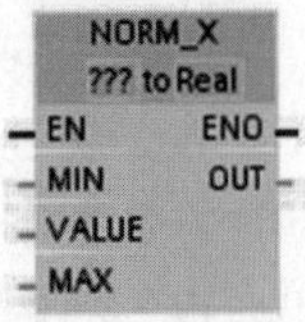	标准化

1. 转换值指令

“转换”操作读取参数 IN 的数据，然后根据指定的数据类型对其进行转换。

仅当使能输入 EN 的信号状态为“1”时，才能启动“转换”操作。如果执行过程中未发生错误，则输出 ENO 的信号状态也为“1”。

如果满足下列条件之一，使能输出 ENO 将返回信号状态“0”：输入 EN 的信号状态为“0”；处理过程中发生溢出之类的错误。

转换值指令 CONVERT 的参数 IN、OUT 可以设置十多种数据类型。根据转换的需求选择转换的数据类型。

在图 2-31 的程序中，如果输入 I0.0=1，则会以三位 BCD 码数字的形式读取 MW24 的数据并将其转换为整数（16 位），结果存储在 M26 中；同时 ENO 输出能流，使 M2.3=1（图 2-31 左）。如果未执行转换（ENO=N=0），则输出 M2.3 为“0”（图 2-31 右）。

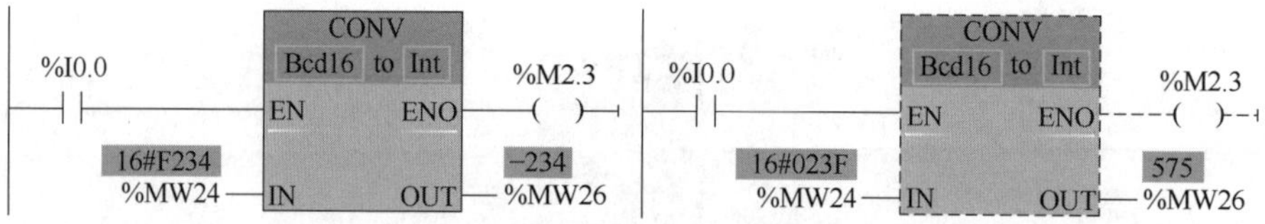

图 2-31　转换值指令执行结果

2. 浮点数转换为双整数指令 ROUND

ROUND 为执行“取整数字值”运算，即将输入端的浮点数取整到最接近的偶数双精度整数并发送到输出 OUT。

在图 2-32 的程序中，当输入 I0.3 的信号状态为“1”，则执行“取整数字值”运算。MD50 输入端的浮点数 0.50000000 取整到最接近的偶数双精度整数（即 0）并发送到输出 OUT，则 MD54=0。如果运算执行过程中未发生错误，则置位输出 ENO。

图 2-32　浮点数转换为双整数指令

应用案例 1：某企业有一条自动检测产品合格率生产线，现检测到合格产品数量为 900，不合格产品数量为 100，请设计 PLC 程序计算产品的合格率，并查看计算结果。

合格率的计算公式为：

$$合格率=\frac{900}{900+100}\times 100\%$$

注意：

考虑到计算的数值比较大，超过了无符号字型数据的最大值 32767，所以使用双字存储器存储计算数据。

程序示例及执行结果监视，如图 2-33 所示。

配套视频

合格率计算程序设计和运行

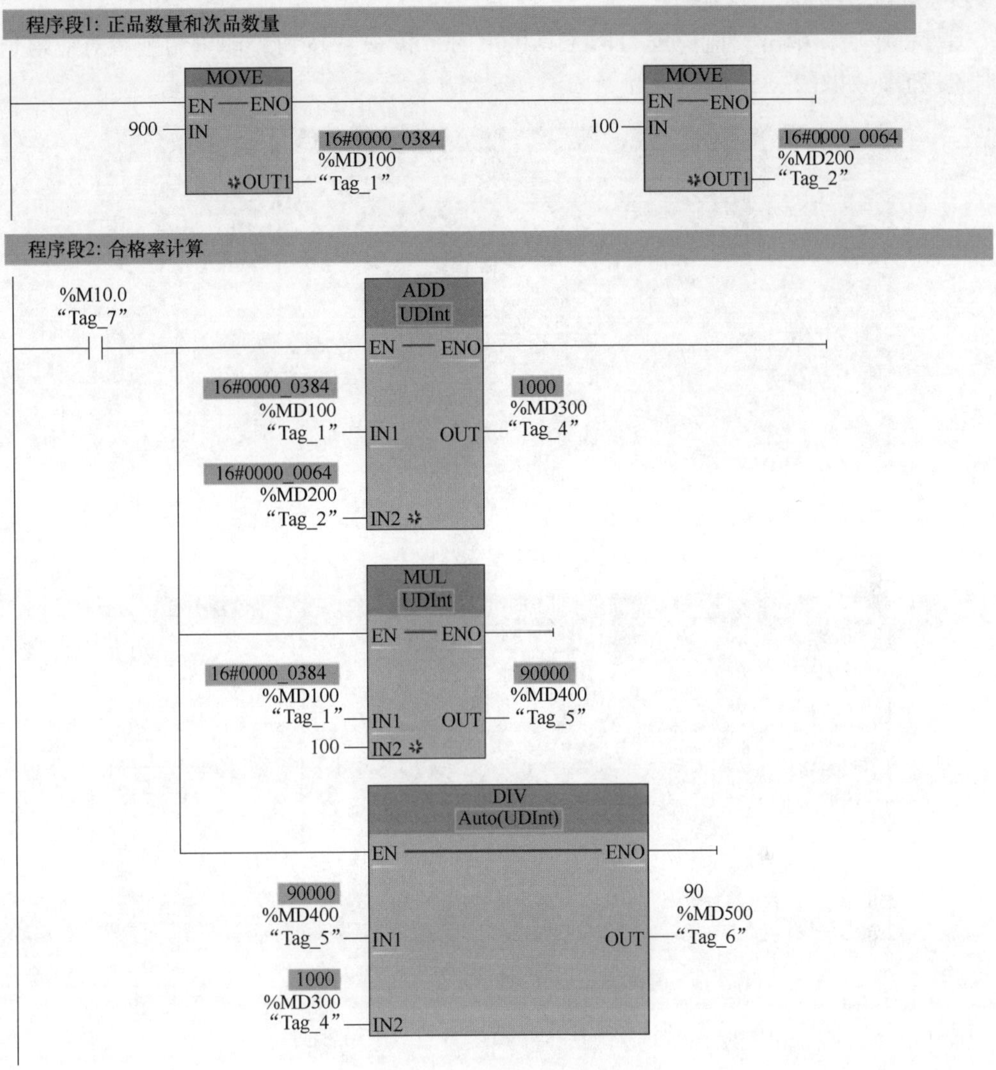

图 2-33　合格率计算程序

思考问题 4：如何查看运算的结果？

五、监控表的使用

使用博途软件查看数据值可以使用监控表。在监控表中，在“地址”列可以输入位、字节、字、双字类型的存储器地址，并且在“显示格式”列，可以选择显示的数值格式为布尔型、无符号十进制、有符号十进制、十六进制等。

1. 建立监控表

点击左侧项目树中的“监控与强制表” - “监控表”，在弹出的“监控表-1”中，输入需要查看的数据地址，如图 2-34 所示。

2. 运行程序并监控数值

运行程序后，单击“监控表-1”工具栏中的“监视”按钮，即可用查看对应地址的数据监视值，如图 2-35 所示。

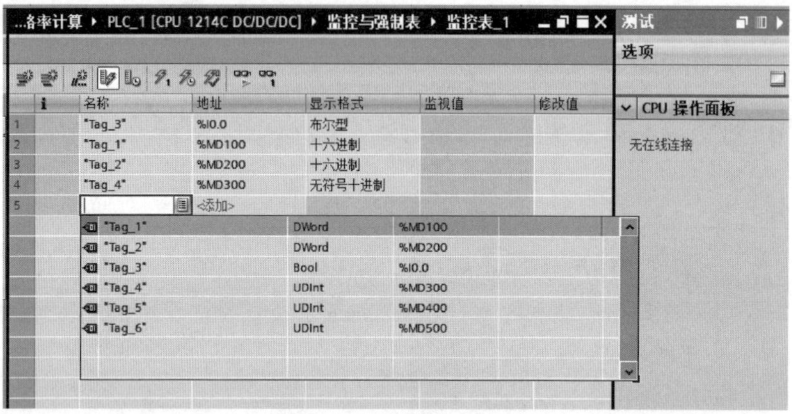

图 2-34　建立监控表

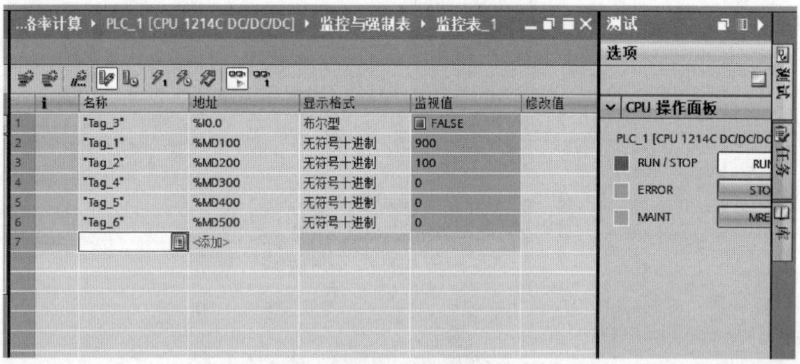

图 2-35　监视监控表

运行程序，闭合 I0.0，得到合格率计算结果如图 2-36 所示。

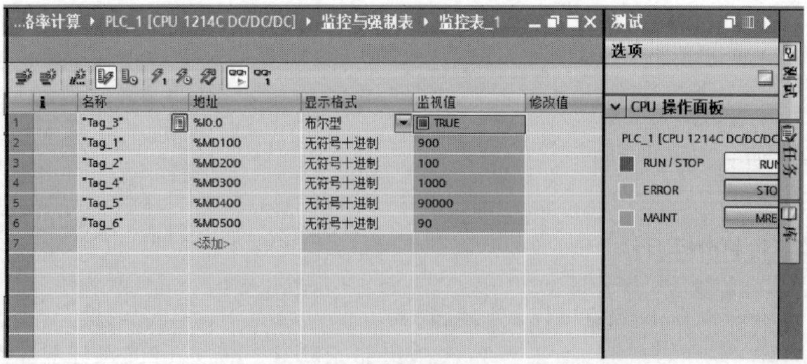

图 2-36　监视运行结果

应用案例 2： 将给定的英寸换算成厘米。

英寸转换成厘米公式是：1 英寸 = 2.54 厘米，由于是实数的数学运算，需要先进行数据的转换。

程序示例，如图 2-37 所示。

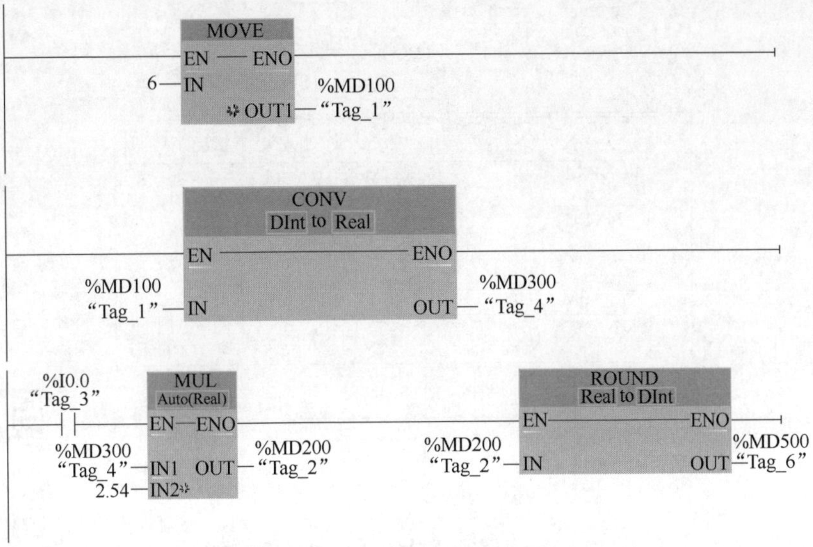

图 2-37　英寸转换成厘米程序

在图 2-37 程序中，首先使用移动指令将 6 英寸传送到 MD100；然后将 MD100 的双整数数据转换成实数；最后进行实数的乘法，对结果四舍五入取整后，输出。

对程序运行结果进行监控，如图 2-38 所示。

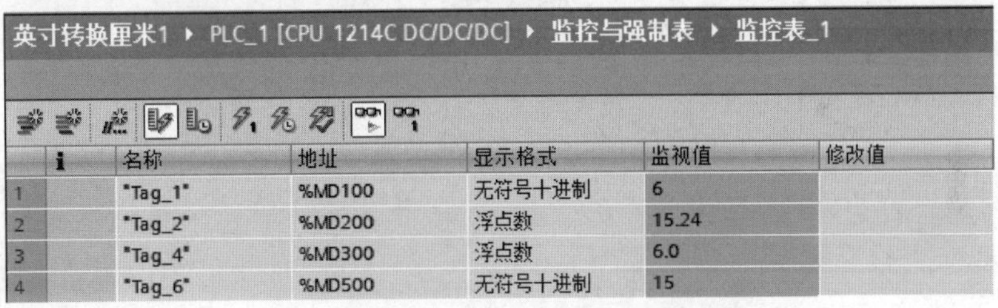

英寸转换厘米1 ▸ PLC_1 [CPU 1214C DC/DC/DC] ▸ 监控与强制表 ▸ 监控表_1

	i	名称	地址	显示格式	监视值	修改值
1		"Tag_1"	%MD100	无符号十进制	6	
2		"Tag_2"	%MD200	浮点数	15.24	
3		"Tag_4"	%MD300	浮点数	6.0	
4		"Tag_6"	%MD500	无符号十进制	15	

图 2-38　英寸转换成厘米程序运行结果

任务实施

第一步：确定输入/输出设备，并分配 I/O 地址，如表 2-9 所示。

表 2-9　　I/O 地址表

输入/输出	地址	电器元件	功能
输入	I0. 0	SQ1	开关
输出	Q0. 0	a	数码管 a 端
	Q0. 1	b	数码管 b 端
	Q0. 2	c	数码管 c 端
	Q0. 3	d	数码管 d 端
	Q0. 4	e	数码管 e 端
	Q0. 5	f	数码管 f 端
	Q0. 6	g	数码管 g 端

第二步：设计 PLC 硬件接线原理图，如图 2-39 所示。

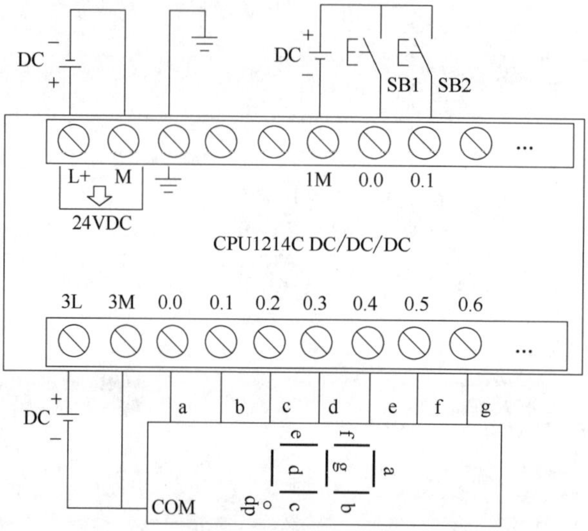

图 2-39　数码管循环显示 PLC 硬件接线原理图

配套视频
数码管显示9秒倒计时运行控制程序设计

第三步：程序设计，示例程序，如图 2-40 所示。

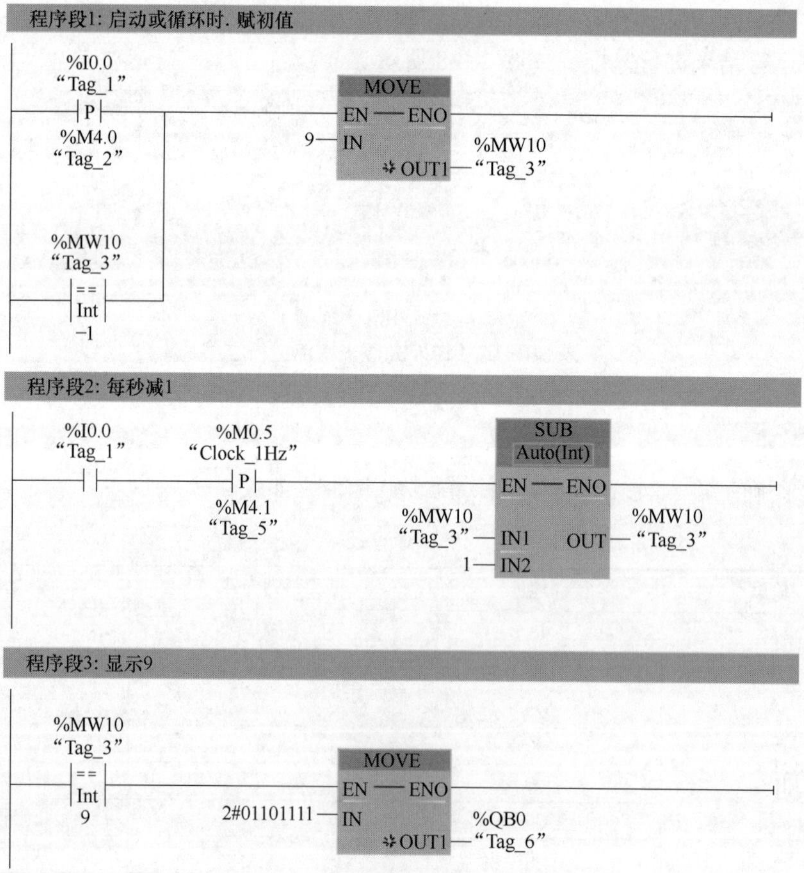

图 2-40　数码管循环显示 PLC 程序

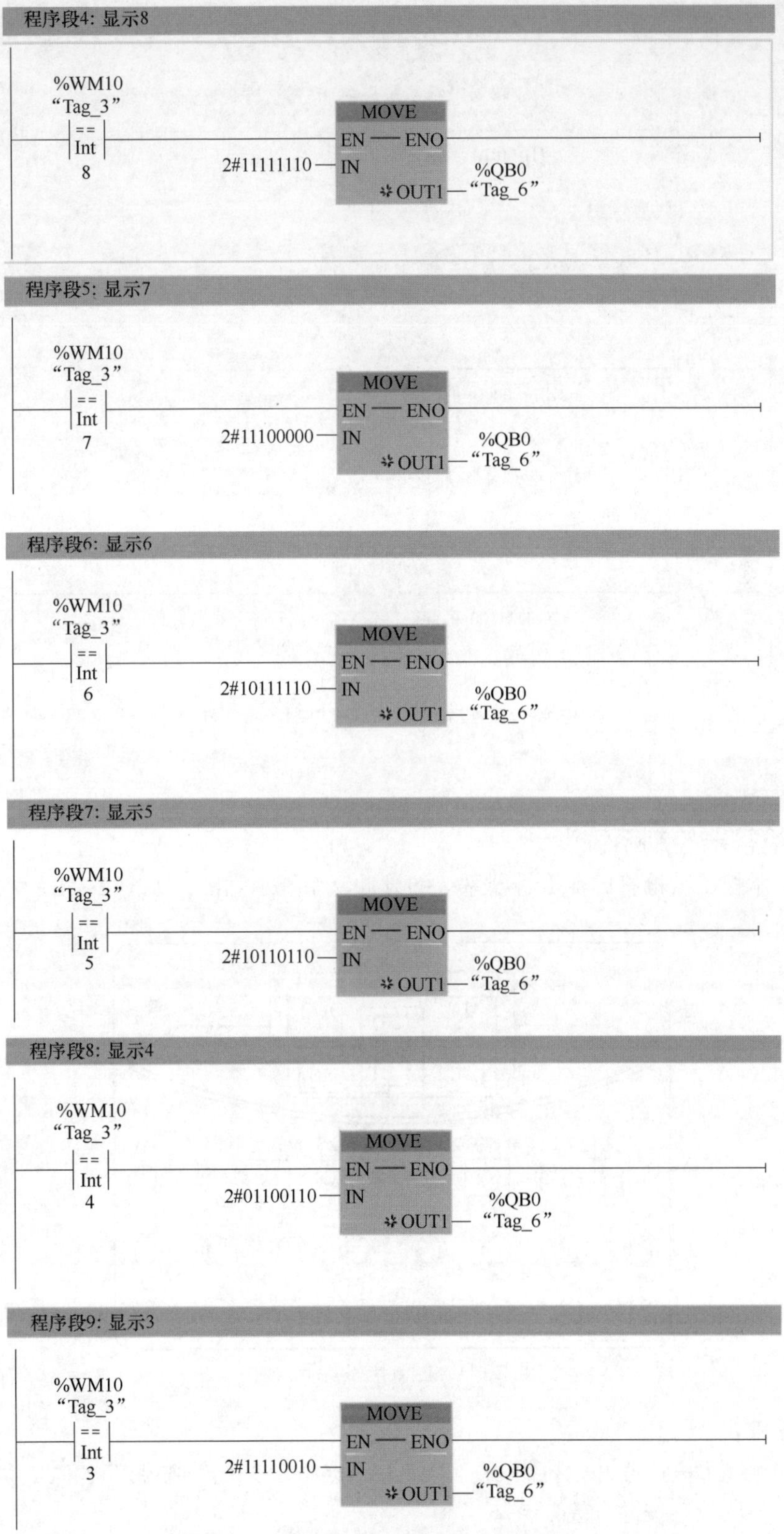

图 2-40 数码管循环显示 PLC 程序（续）

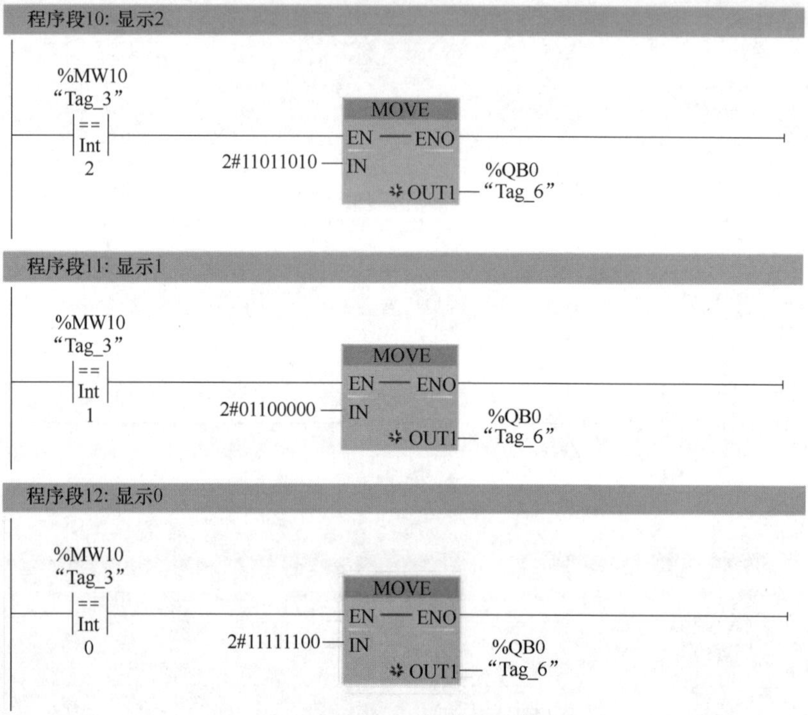

图 2-40　数码管循环显示 PLC 程序（续）

任务拓展

四人抢答器控制系统设计

某企业承担了某抢答比赛抢答器系统的设计，系统示意图，如图 2-41 所示。

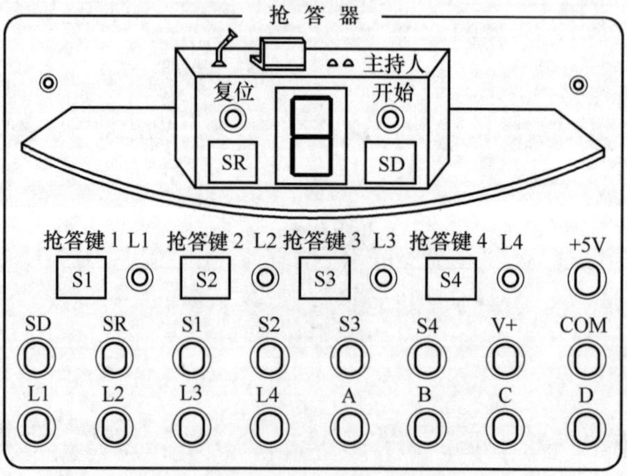

图 2-41　四人抢答器示意图

控制要求：

系统初始化上电后或开始抢答前，主持人先点击“开始”按钮，各队人员才可以开始抢答，即各队抢答按键有效；

抢答过程中，1~4 中的任何一队抢答成功后，数码管显示当前抢答成功的队号，并且其他队的人员继续抢答无效；

抢答答题完成后，主持人确认此次抢答答题完毕，按下“复位”按钮。开始新一轮的抢答。

习　题

1. QB0 包括的位有____________________________________。
2. 要显示数字 6，需要置位的输出位有____________________________。
3. 要显示数字 9，需要将二进制数______________移动到输出字节 QB0。

小贴士：中国成功突围、关键技术、个个都是高精尖

在现代文明社会，不管做什么都离不开数据处理。网购，春运抢票以及使用各类互联网服务等，都会产生大量的用户数据。

一般来说每天数亿次的用户访问已经是非常高了，也就春运抢票期间和双十一等节日期间会出现流量洪峰，同时出现海量的用户访问服务器，如果没有良好的应对能力，很可能会出现服务器崩溃的情况。

于是出现了云计算，在云端场景中处理用户范围，通过数据中心保障用户服务体验。这些场景都有一个特点，那就是需要面临庞大的计算工作量。

在超级计算机领域，美国是一大开拓者，1976 年美国克雷公司成功打造出超级计算机，每秒的运算速度达到了 2.5 亿次，是当时的世界之最。而中国的超算也在过去十年取得了显著进步，2009 年中国打造了“天河一号”超级计算机，每秒的算力达到了 1.206 千万亿次，实现千万亿次的超算技术突破。在 2021 年中国超算团队凭借新一代的神威太湖之光研发出量子计算模拟器，获得 2021 年度“戈登·贝尔”奖项，这是超算领域最高等级的国际奖项，中国超级计算机的崛起引起世界科技界的震撼。然而，美国对中国的科技的限制却给中国超算领域带来了挑战。由于美国对中国芯片产业进行制裁、并阻止英伟达向中国出售 GPU 芯片，中国超级计算机的发展受到严重影响。中国在量子芯片技术上突破，被视为芯片业的未来，一旦中国取得突破，超越传统芯片，其算力将进一步提升，目前尽管美在芯片技术上领先，但中国的超算实力和潜力让人期待。

实训任务单

实训任务　8 人抢答器的 PLC 控制

任务描述：

某企业举办电子知识竞赛，一共有 8 个代表队参赛。系统示意图，如图 2-42 所示。

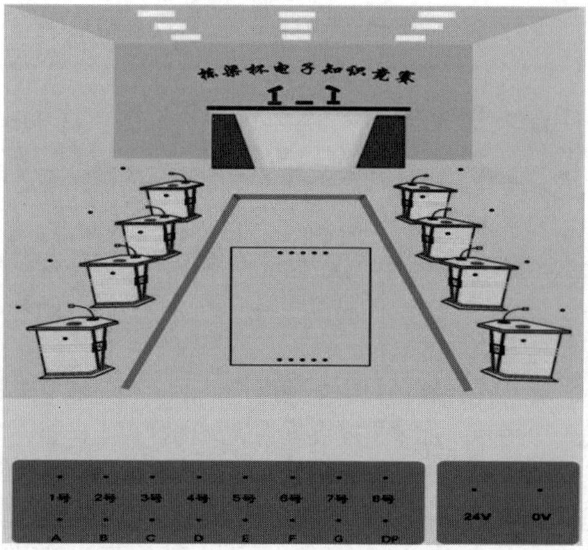

图 2-42　8 人抢答器系统示意图

任务要求：

主持人按下开始按钮后，开始抢答。当 1~8 号有一个先按下时，显示该按下键的数值。其他未按得号码失效，主持人按下复位按钮后，恢复原状态。

1. 任务分组

小组序号		小组名称	
任务名称	8 人抢答器的 PLC 控制		
组员	承担角色	职责	

2. 任务分析

控制系统组成	
控制过程分析	
I/O 设备确定	
PLC 型号确定	

3. 设计决策

（1）I/O 地址分配。

输入			输出		
元件	地址	功能	元件	地址	功能

（2）PLC 电气原理图设计。

PLC 硬件接线电气原理图

电气元件明细表

序号	元件名称	规格型号	单位	数量	电气符号

（3）PLC 程序设计思路。

4. 设计实施

耗材与工具领取。

序号	名称	规格型号	数量

5. 电气接线

出现的问题	解决的措施

6. 程序编辑与调试

出现的问题	解决的措施

任务三　产品合格率报警的 PLC 控制

配套课件
合格率统计报警的PLC控制

任务描述

自动生产线产品合格率统计与报警的 PLC 控制

某工厂要将生产出的产品进行自动检验，将合格品和不合格品分类存放，并进行合格率统计和指示报警，装置示意图如图 2-43 所示。

控制要求：

（1）按下启动按钮，电动机运行。

（2）当不合格品检验传感器检测出不合格品时，推动装置动作。

（3）每隔 10min 对产品的合格率进行一次统计，当合格率大于等于 90%时点亮绿色指示灯，当合格率小于 80%点亮红色指示灯，当合格率小于 90%大于等于 80%点亮黄色指示灯。

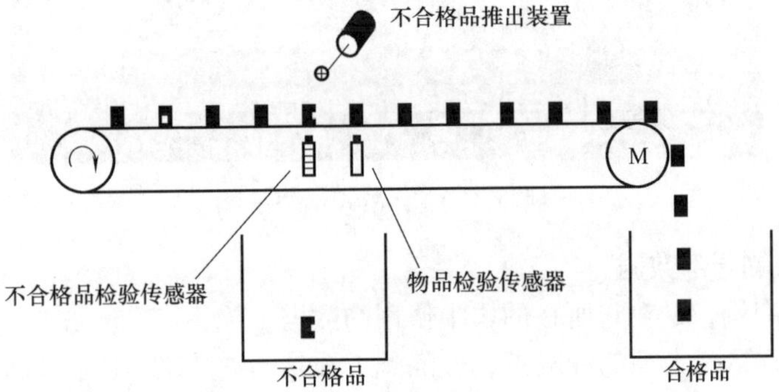

图 2-43　自动生产线产品合格率统计报警装置示意图

提出问题：

（1）合格率的统计是一个不断重复执行的过程，要怎么处理重复执行的程序段？

（2）怎样在满足一定的条件下执行计算合格率的程序段？

知识链接

思考问题 1：怎么处理重复执行的动作？

S7-1200 函数 FC 与函数块 FB 函数 FC 和函数块 FB 是用户编写的子程序，它们包含完成特定功能或任务的程序，FC 和 FB 有与调用它的块共享的输入、输出参数。

一、生成与调用函数 FC

配套视频
函数

应用案例 1：压力值的计算。

设压力变送器量程的下限为 0MPa，上限为 *High* MPa，经 A/D 转换后得到 0~27648 的整数。转换后的数字 *N* 和压力 *P* 之间的计算公式为：

$$P=\frac{High\times N}{27648}(\mathrm{MPa})$$

用函数 FC1 实现上述运算。

1. 生成函数

指令树的“添加新块”，单击“添加新块”对话框中的“函数”按钮，FC 默认的编号为 1，默认的语言为 LAD。设置函数的名称为“计算压力”。单击“确定”按钮，生成 FC1。如图 2-44 所示。

图 2-44 生成函数 FC1

2. 生成函数的局部数据

函数的局部变量，是在它所在的块中使用的数据。

向下拉动程序区最上面的分隔条，分隔条上面是函数的接口区，下面是程序区。在接口区中生成局部变量。

右键单击项目树中的 FC1，单击快捷菜单中的“属性”，选中打开的对话框左边的“属性”，用复选框取消默认的属性“块的优化访问”。成功编译后接口区出现“偏移量”列，只有临时数据才有偏移量。

函数各种类型的局部变量的作用如下：

（1）输入参数 Input 用于接收调用它的主调块提供的输入数据。

（2）输出参数 Output 用于将块的程序执行结果返回给主调块。

（3）输入_输出参数 InOut 的初值由主调块提供，块执行完后用同一个参数将它的值返回给主调块。

（4）文件夹 Return 中自动生成的返回值“计算压力”与函数的名称相同，属于输出参数。数据类型为 Void，表示函数没有返回值。

案例一的函数 FC1 接口区不同的局部变量参数设置，如图 2-45 所示。

函数还有两种局部数据：

（5）临时数据 Temp 是暂时保存在局部数据堆栈中的数据。每次调用块之后，临时数据可能被同一优先级中后面调用的块的临时数据覆盖。

（6）常量 Constant 是块中使用并且带有符号名的常量。

3. FC1 的程序设计

案例一程序如图 2-46 所示，运算的中间结果用临时局部变量“中间变量”保存。

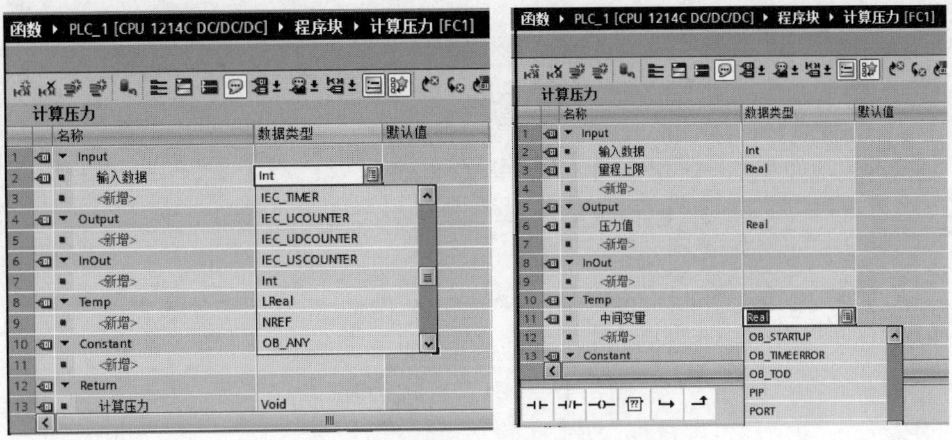

图 2-45　FC1 接口区局部变量参数设置

STEP 7 自动地在局部变量的前面添加#号。

FC1 程序如下：

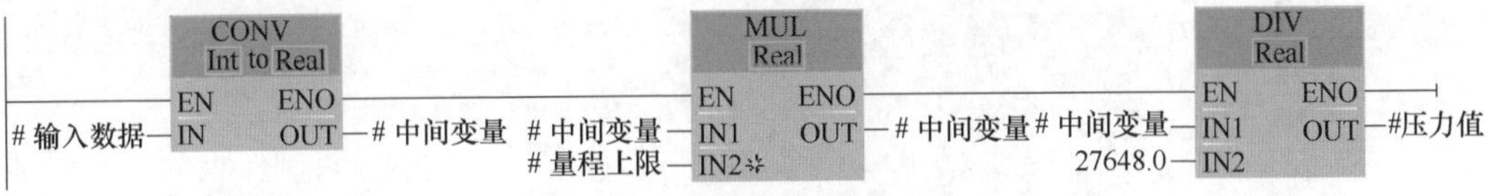

图 2-46　压力值计算程序

4. 在 OB1 中调用 FC1

在变量表中生成调用 FC1 时需要的 3 个变量，建立 PLC 变量表，指定变量名称、分配地址，如图 2-47 所示。

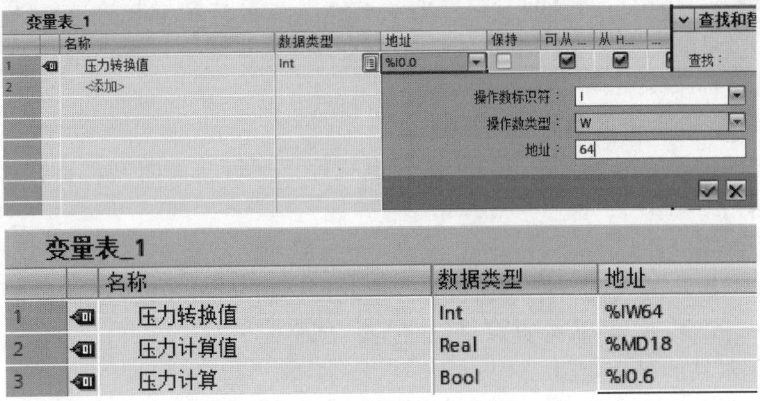

图 2-47　建立 PLC 变量表

OB1 调用 FC1 程序：将项目树中的 FC1 拖放到右边的程序区的水平“导线”上，如图 2-48 所示。

FC1 的方框内部左边的“输入数据”是在 FC1 的接口区中定义的输入参数和输入/输出参数，右边的“压力值”是输出参数。它们被称为块的形式参数，简称为形参，形参在 FC 内部的程序中使用。

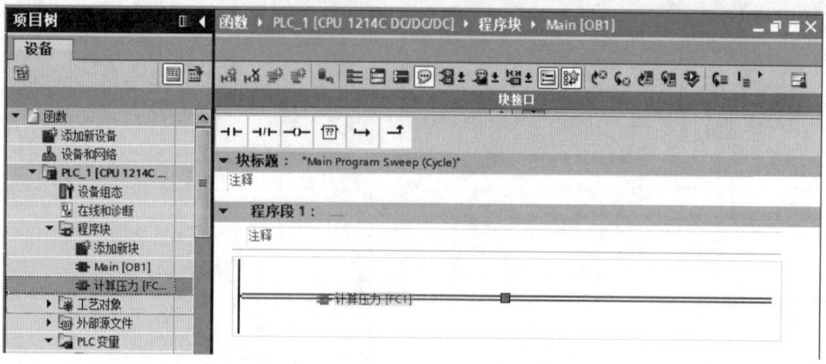

图 2-48　OB1 调用 FC1 程序

方框外部是调用时为形参指定的实际参数，简称为实参。实参为 PLC 变量表中定义的参数，实参与它对应的形参应具有相同的数据类型。STEP 7 自动地在全局变量的符号地址两边添加双引号，如图 2-49 所示。

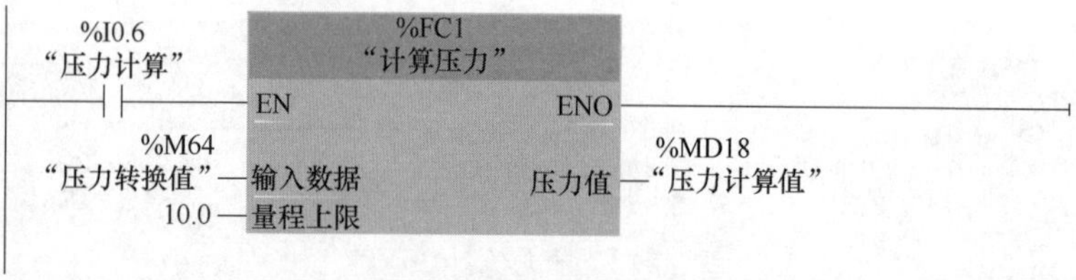

图 2-49　函数 FC1 的形参与实参

配套视频

函数块

二、生成与调用函数块

函数块（FB）是用户编写的有自己的存储区（背景数据块）的代码块，FB 的典型应用是执行不能在一个扫描周期结束的操作。每次调用函数块时，都需要指定一个背景数据块。

应用案例 2：电动机启动和制动控制。

启动后电动机开始运行，按下停止按钮电机停止运行，同时制动器开始工作，计时 10s 后制动器停止运行。

1. 生成函数块 FB

在项目“函数与函数块”中添加名为“电动机控制”的 FB1，然后单击“确定”，如图 2-50 所示。取消 FB1 默认的属性“块的优化访问”。

2. 生成函数块的局部变量

函数块的输入/输出参数和静态数据用指定的背景数据块保存。在 FB 中，定时器如果使用一个固定的背景数据块，在同时多次调用该 FB 时，该数据块将会被同时用于两处或多处。为此在块接口中生成数据类型为 IEC_TIMER 的静态变量“定时器 DB”，用它提供定时器 TOF 的背景数据。

案例二的 FB1 接口局部变量和对应的背景数据块如图 2-51 所示。

3. FB1 的控制要求与程序

用输入参数“启动按钮”和“停止按钮”控制 InOut 参数“电动机”。按下停止按

图 2-50　生成函数块 FB1

电动机控制

		名称	数据类型	偏移量	默认值
1	◁	▼ Input			
2	◁	■ 启动按钮	Bool	0.0	false
3	◁	■ 停止按钮	Bool	0.1	false
4	◁	■ 定时时间	Time	2.0	T#0ms
5	◁	▼ Output			
6	◁	■ 制动器	Bool	6.0	false
7	◁	▼ InOut			
8	◁	■ 电动机	Bool	8.0	false
9	◁	▼ Static			
10	◁	■ ▶ 定时器DB	IEC_TIMER	10.0	
11	◁	▶ Temp			
12	◁	▶ Constant			

电动机数据1

		名称	数据类型	偏移量	启动值
1	◁	▼ Input			
2	◁	■ 启动按钮	Bool	0.0	false
3	◁	■ 停止按钮	Bool	0.1	false
4	◁	■ 定时时间	Time	2.0	T#0ms
5	◁	▼ Output			
6	◁	■ 制动器	Bool	6.0	false
7	◁	▼ InOut			
8	◁	■ 电动机	Bool	8.0	false
9	◁	▼ Static			
10	◁	■ ▶ 定时器DB	IEC_TIMER	10.0	

图 2-51　FB1 接口局部变量和背景数据块

钮，断开延时定时器（TOF）开始定时，输出参数“制动器”为 1 状态，经过输入参数“定时时间”设置的时间预置值后，停止制动。

在 TOF 定时期间，每个扫描周期执行完 FB1 之后，用静态变量“定时器 DB”来保存 TOF 的背景数据。可以修改函数块的输入、输出参数和静态变量的默认值。该默认值作为 FB 的背景数据块同一个变量的启动值。调用 FB 时没有指定实参的形参使用背景数据块中的启动值。

案例二的 FB1 程序示例，如图 2-52 所示。

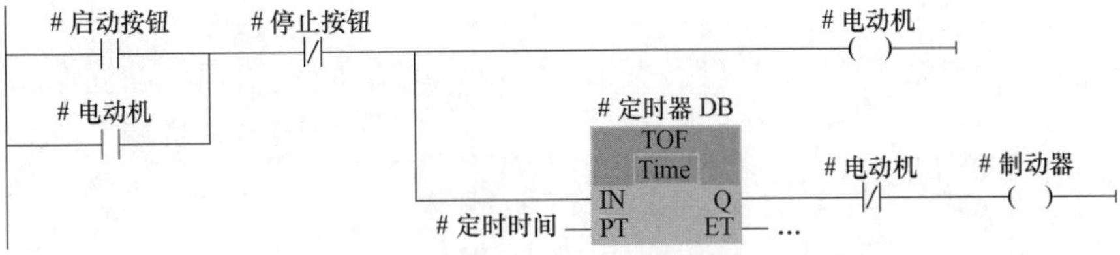

图 2-52　电动机启动和制动控制的 FB1 程序

4. 在 OB1 中调用 FB1

在 PLC 变量表中生成两次调用 FB1 使用的符号地址，如图 2-53 所示。

在 OB1 中两次调用 FB1，自动生成背景数据块，并且为各形参指定实参，如图 2-54 所示。

名称	数据类型	地址	保持	可从 ...	从 H...	在 H...
启动按钮1	Bool	%I0.0	☐	☑	☑	☑
停止按钮1	Bool	%I0.1	☐	☑	☑	☑
1号设备	Bool	%Q0.0	☐	☑	☑	☑
制动1	Bool	%Q0.1	☐	☑	☑	☑
启动按钮2	Bool	%I0.2	☐	☑	☑	☑
停止按钮2	Bool	%I0.3	☐	☑	☑	☑
2号设备	Bool	%Q0.2	☐	☑	☑	☑
制动2	Bool	%Q0.3	☐	☑	☑	☑

图 2-53　案例二 PLC 变量表

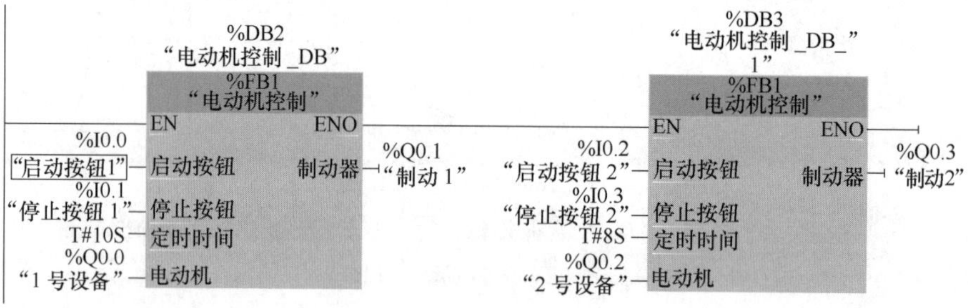

图 2-54　案例二 OB1 程序

5. 调用函数块的仿真运行实验

将程序下载到仿真 PLC，后者进入 RUN 模式，打开状态监视功能，主程序 OB1 运行，如图 2-55 所示。

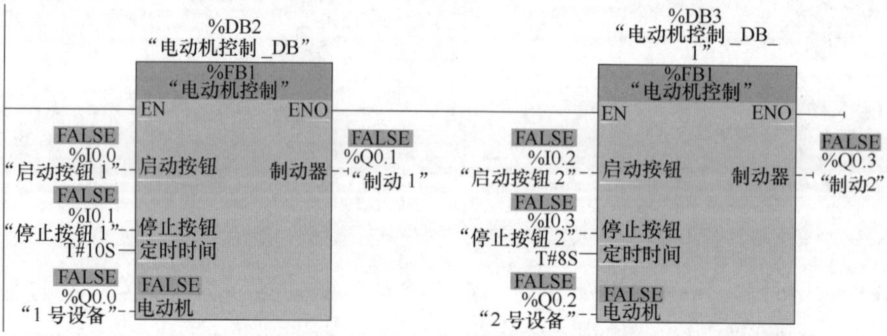

图 2-55　主程序 OB1 运行监视

单击启动按钮 I0.0，1 号设备 Q0.0 变为 1 状态，函数块 FB1 程序运行状态如图 2-56 所示。

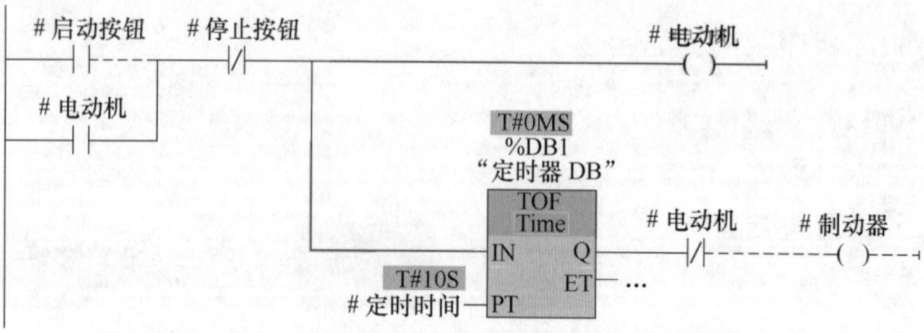

图 2-56　1 号设备启动后函数块 FB1 程序运行状态

单击停止按钮 I0.1，Q0.0 变为 0 状态，制动 Q0.1 变为 1 状态，此时函数块 FB1 程序运行状态，如图 2-57 所示。

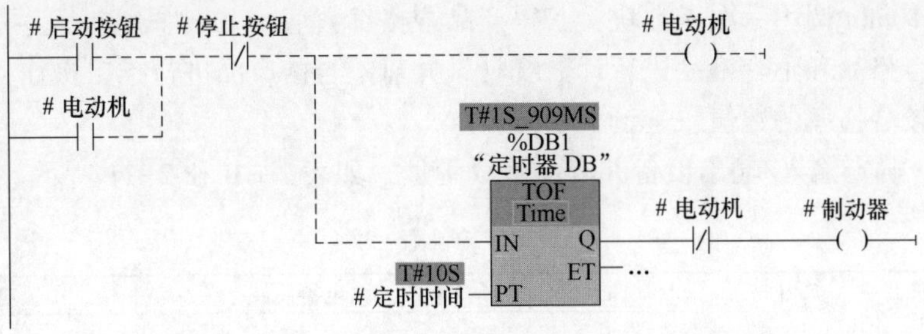

图 2-57　1 号设备停止后函数块 FB1 程序运行状态

经过参数“定时时间”设置的时间后 Q0.1 变为 0 状态，此时函数块 FB1 程序运行状态，如图 2-58 所示。

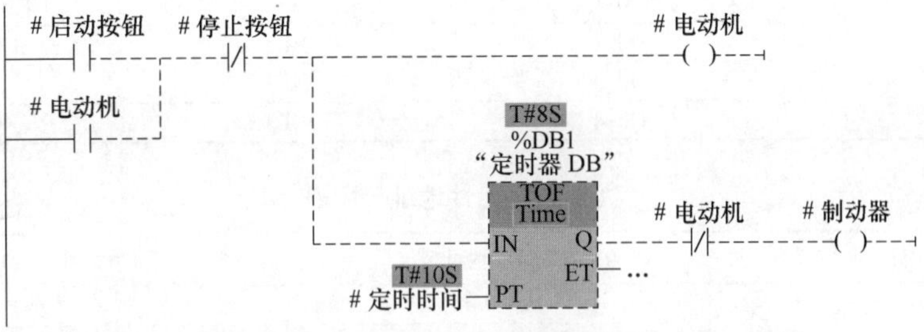

图 2-58　1 号设备制动后函数块 FB1 程序运行状态

同时操作 1 号设备与 2 号设备的启动和停止按钮，可以令两台设备几乎同时启动、同时停车和制动延时。

三、函数与函数块的区别

FB 和 FC 均为用户编写的子程序，接口区中均有 Input、Output、InOut 参数和 Temp 数据。FC 的返回值实际上属于输出参数。下面是 FC 和 FB 的区别：

（1）函数块有背景数据块，函数没有。

（2）只能在函数内部访问它的局部变量。其他代码块或 HMI 可以访问函数块的背景数据块中的变量。

（3）函数没有静态变量，函数块有保存在背景数据块中的静态变量。如果函数或函数块的内部不使用全局变量，只使用局部变量，不需要做任何修改，就可以将块移植到其他项目。如果代码块有执行完后需要保存的数据，应使用函数块。

（4）在调用函数块时可以不设置某些输入、输出参数的实参，而是使用它们的默认值。函数的局部变量没有默认值，调用时应给所有的形参指定实参。

（5）函数块的输出、输入参数和用静态数据保存的内部状态数据有关。

任务实施

任务分析：

（1）设计合格率计算函数块，假定合格品为 X、不合格品为 Y，则合格率为 100 $X/$

$(X+Y)$ ×100%；

（2）首先启动传送带，开始传送产品，并设计周期为 10min 的统计脉冲；

（3）每 10min 调用一次函数块，获得产品合格率数值；

（4）对合格品和不合格品进行计数统计，并对不合格产品进行推出操作；

（5）比较合格率的数值，进行显示报警。

第一步：确定输入/输出设备并分配 I/O 地址，如表 2-10 和 2-11 所示。

表 2-10　　I/O 地址表

输入/输出	地址	电器元件	功能
输入	I0. 0	SB1	停止按钮
	I0. 1	SB2	启动按钮
	I0. 2	SQ1	次品检测传感器
	I0. 3	SQ2	正品检测传感器
输出	Q0. 0	KM	电动机接触器
	Q0. 1	YV	电磁阀
	Q0. 2	HL1	绿灯
	Q0. 3	HL2	红灯
	Q0. 4	HL3	黄灯

表 2-11　　其他编程元件地址分配表

元件	操作数地址	作用
位存储器	MW400	存放分子
	MW300	存放产品总数
	MW500	存放合格率值
	M60. 0	FirstScan
	M60. 2	AlwaysTrue
定时器	统计时间	检测时间定时器 1
计数器	正品数量统计	正品计数器 1
	次品数量统计	次品计数器 1

第二步：设计 PLC 硬件接线原理图，如图 2-59 所示。

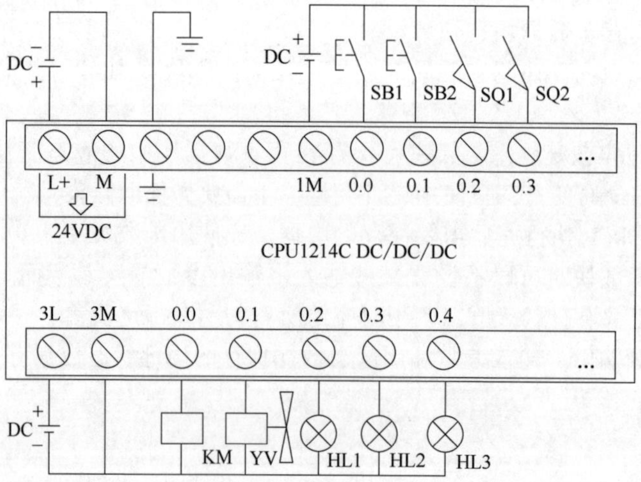

图 2-59　产品合格率统计报警 PLC 硬件接线原理图

第三步：程序设计，示例程序，如图 2-60 和图 2-61 所示。

配套视频
产品合格率统计报警设计

FB 程序：

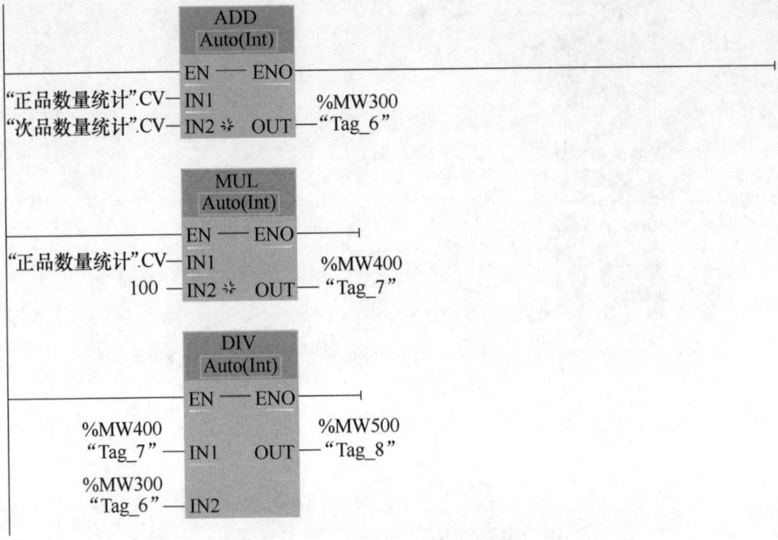

图 2-60　产品合格率统计报警 FB 程序

OB1 程序：

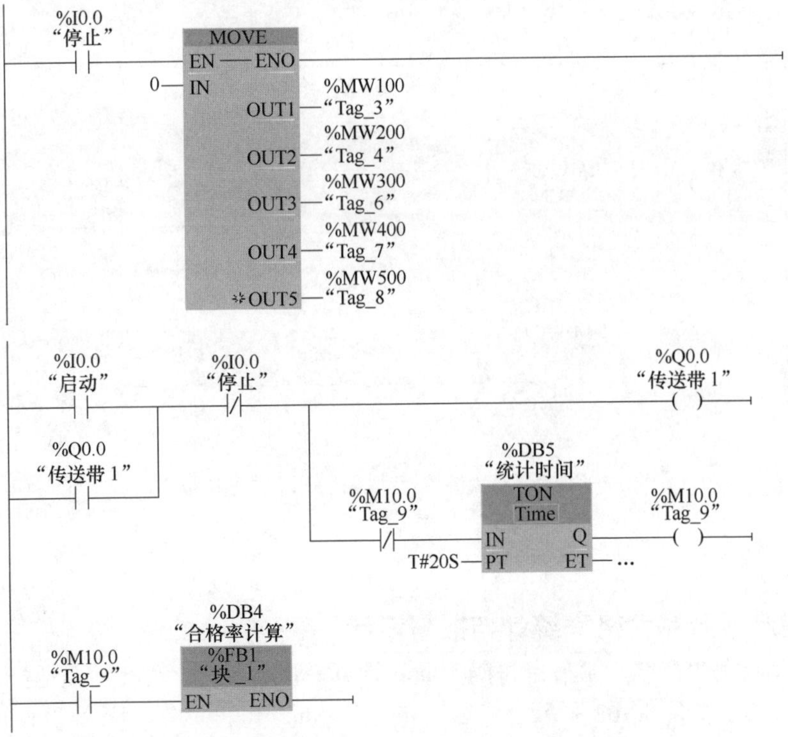

图 2-61　产品合格率统计报警 OB1 程序

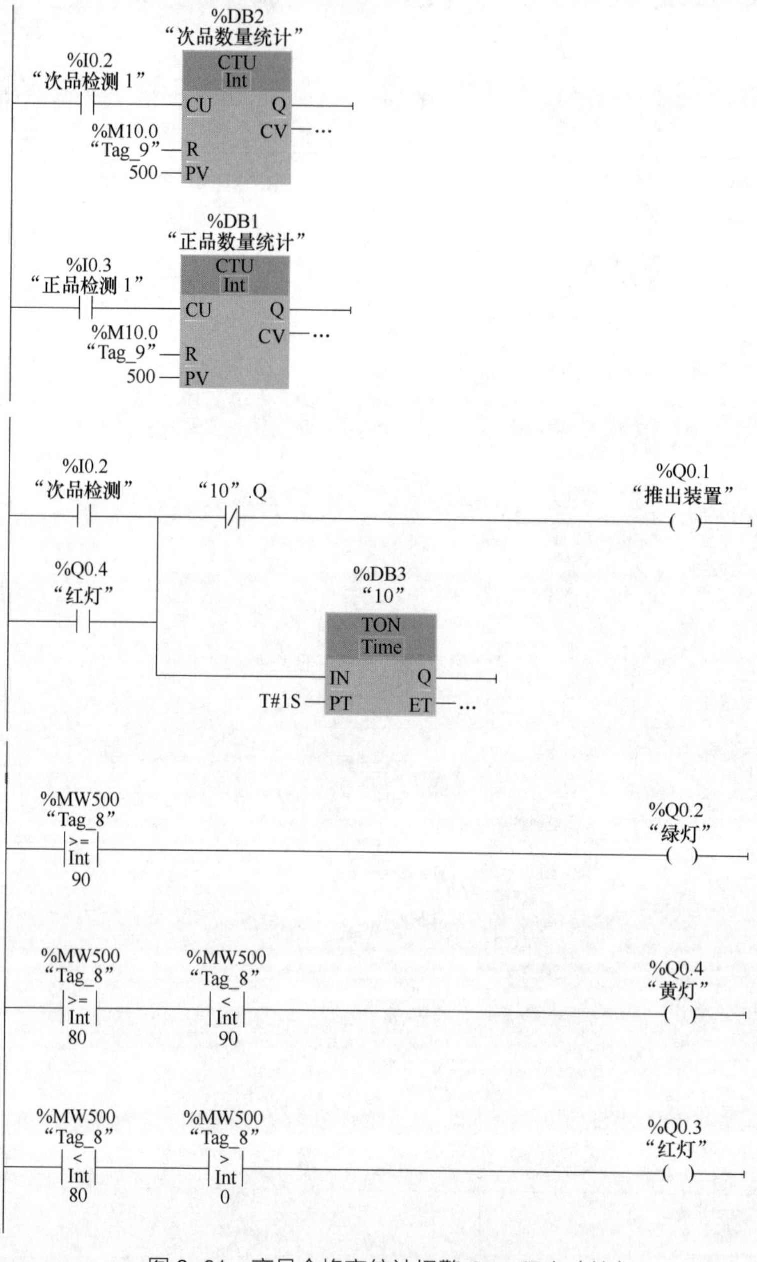

图 2-61　产品合格率统计报警 OB1 程序（续）

任务拓展

两条生产线产品合格率统计与报警设计

两条自动检测生产线，第一条每隔 10min 计算一次合格率，第二条每隔 8min 计算一次。装置示意图，如图 2-62 所示。

分析：两条生产线需要调用同一个计算合格率的函数块。因为各自的输入数据不同，所以不能使用全局变量，因此，使用带参数的函数块，要先建立局部变量表。

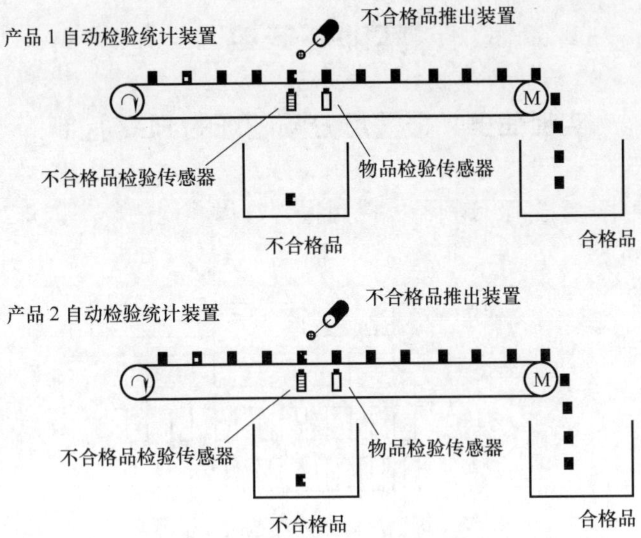

图 2-62　两条生产线装置示意图

小贴士：行业标准

行业标准是指对没有国家标准而又需要在全国某个行业范围内统一的技术要求所制定的标准。

在没有国家标准的条件下，规范和指导这个行业的行为。行业标准由行业标准归口部门统一管理。行业标准不得与有关国家标准相抵触。有关行业标准之间应保持协调、统一，不得重复。行业标准在相应的国家标准实施后，即行废止。

查询行业标准，可以在中华人民共和国国家档案局官网。

实训任务单

实训任务　报警灯分频闪烁的 PLC 控制

任务描述：

某企业需要设计一个多级分频器，控制报警灯以不同的频率闪烁，其输出波形示意图，如图 2-63 所示。

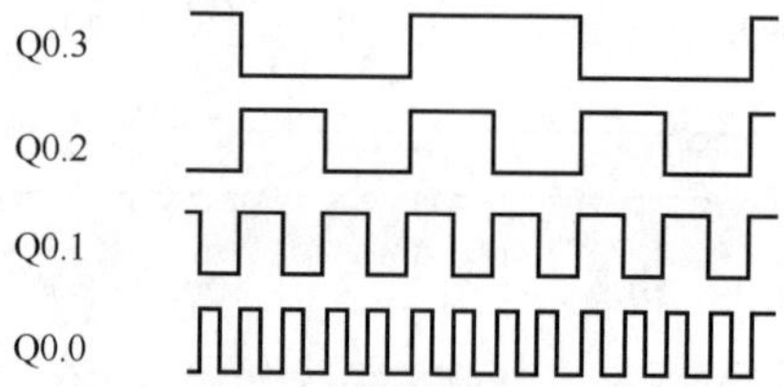

图 2-63　报警灯分频闪烁输出波形示意图

任务要求：

当转换开关 SA 接通时，从 Q0.0、Q0.1、Q0.2 和 Q0.3 的输出频率为 1Hz、0.5Hz、0.25Hz、0.125Hz 的脉冲信号是报警灯闪烁，同时接在输出端 Q0.4、Q0.5、Q0.6 和 Q0.7 的相应指示灯亮。

当转换开关 SA 关断时，无脉冲输出且所有指示灯全部熄灭。

1. 任务分组

小组序号		小组名称	
任务名称	报警灯分频闪烁的 PLC 控制		
组员	承担角色	职责	

2. 任务分析

控制系统组成	
控制过程分析	
I/O 设备确定	
PLC 型号确定	

3. 设计决策

（1）I/O 地址分配。

输入			输出		
元件	地址	功能	元件	地址	功能

（2）PLC 电气原理图设计。

PLC 硬件接线电气原理图

电气元件明细表

序号	元件名称	规格型号	单位	数量	电气符号

（3）PLC 程序设计思路。

4. 设计实施

耗材与工具领取。

序号	名称	规格型号	数量

5. 电气接线

出现的问题	解决的措施

6. 程序编辑与调试

出现的问题	解决的措施

任务四　指示灯断续运行与定时启停的 PLC 控制

任务描述

配套课件

指示灯断续运行的PLC控制

某自动化生产线的传送带驱动电动机的运行指示灯与电动机的运行同步亮灭。

控制要求：

（1）电动机以断续形式运行，在启动后，工作 3h，停止 1h，再工作 3h，停止 1h，如此循环；当按下停止按钮后立即停止运行。其运行时序，如图 2-64 所示。

（2）电动机以定时启停的方式运行，每天其指示灯在系统启动后，6 点钟点亮，工作 3h 后自动停止，当按下停止按钮或电动机过载则电动机立即停止运行，其指示灯熄灭。其运行时序，如图 2-65 所示。

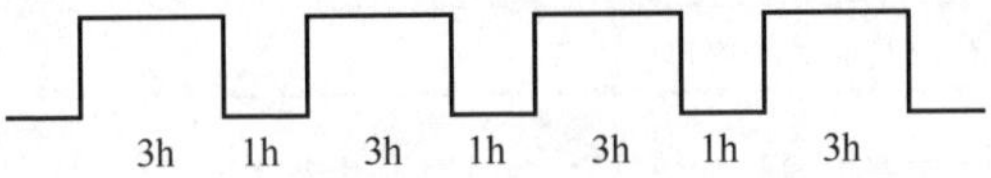

图 2-64　传送带电动机指示灯断续运行时序图

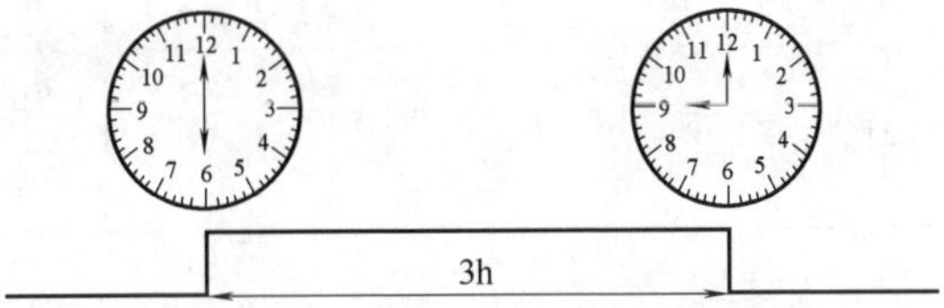

图 2-65　传送带电动机指示灯定时启停运行时序图

提出问题：

（1）上述电动机指示灯的运行功能可以有哪几种实现方案？

（2）如何使用循环中断组织块实现上述工作和停止时间的延时功能？

（3）如何使用延时中断组织块实现延时功能？

（4）如何使用硬件中断组织块实现停机功能？

知识链接

思考问题 1：PLC 程序设计除了使用主程序 Main 之外，还有哪些实现方案？

一、事件和组织块

S7-1200 PLC 采用模块化的编程概念，其中包括组织块、函数、函数块、数据块。组织块（Organization Block，OB）是操作系统与用户程序的接口，在形式上相当于一个子程序，但是它只能由操作系统调用。

组织块在程序中，除了可以实现扫描循环控制功能外，还可以完成 PLC 的启动、中断程序的执行、错误的处理等功能。

事件是 S7-1200 PLC 操作系统的基础，有能够启动 OB（表 2-12）和无法启动 OB（表 2-13）两种类型的事件。

表 2-12　　能够启动 OB 的事件

<table>
<tr><th>事件类别</th><th>OB 号</th><th>OB 数目</th><th>启动事件</th><th>OB 优先级</th><th>优先级组</th></tr>
<tr><td>程序循环</td><td>1 或≥123</td><td>≥1</td><td>启动或结束上一个循环 OB</td><td>1</td><td rowspan="2">1</td></tr>
<tr><td>启动</td><td>100 或≥123</td><td>≥0</td><td>STOP 到 RUN 的转换</td><td>1</td></tr>
<tr><td>延时中断</td><td>20~23 或≥123</td><td>≥0</td><td>延时时间到</td><td>3</td><td rowspan="6">2</td></tr>
<tr><td>循环中断</td><td>30~38 或≥123</td><td>≥0</td><td>固定的循环时间到</td><td>4</td></tr>
<tr><td rowspan="2">硬件中断</td><td rowspan="2">40~47 或≥123</td><td rowspan="2">≤50</td><td>上升沿≤16 个，下降沿≤16 个</td><td>5</td></tr>
<tr><td>HSC：计数值=参考值（最多 6 次）
HSC：计数方向变化（最多 6 次）
HSC：外部复位（最多 6 次）</td><td>6</td></tr>
<tr><td>中断错误中断</td><td>82</td><td>0 或 1</td><td>模块检测到错误</td><td>9</td></tr>
<tr><td>时间错误</td><td>80</td><td>0 或 1</td><td>超过最大循环时间，调用的 OB 正在执行，队列溢出，因中断负载过高而丢失中断</td><td>26</td><td>3</td></tr>
</table>

表 2-13　　无法启动 OB 的事件

事件类型	事　件	事件优先级	系统响应
插入/卸下	插入/卸下模块	21	STOP
访问错误	刷新过程映像的 I/O 访问错误	22	忽略
编程错误	块内的编程错误	23	STOP
I/O 访问错误	块内的 I/O 访问错误	24	STOP
超过最大循环时间两倍	超过最大循环时间两倍	27	STOP

二、程序循环组织块

配套视频
程序循环组织块

一般用户程序都写在 OB1 中，因此 OB1 也常被称为主程序（Main）。CPU 在 RUN 模式下循环执行操作系统程序，在每一次循环中，操作系统程序调用一次 OB1。因此 OB1 中的程序也是循环执行的。在 OB1 中可以调用 FC 和 FB。一个用户程序允许有多个程序循环 OB，默认的是 OB1，其他程序循环 OB 的编号应为 123~32767。如果用户程序生成了其他程序循环 OB，CPU 按照 OB 的编号顺序执行，一般只需要一个程序循环组织块。

生成一个程序循环组织块，如图 2-66 所示。

三、启动组织块

接通 CPU 电源后，当 CPU 的工作模式从 STOP 切换到 RUN 时，S7-1200 PLC 在开始执行用户程序循环组织块之前首先执行启动组织块。通过适当的编写启动 OB，可以在启

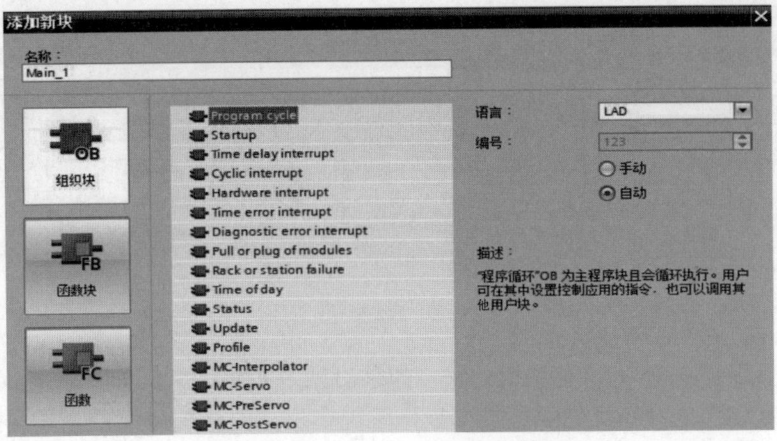

图 2-66　生成一个程序循环组织块

动程序中为程序循环指定一些初始的变量，或给某些变量赋值，即初始化。执行完启动 OB 后，开始执行程序循环 OB。

一个用户程序对启动数量没有要求时，允许生成多个启动 OB，默认的是 OB100，其他启动 OB 的编号应大于等于 123。如果用户程序生成了其他程序循环 OB，CPU 按照 OB 的编号顺序执行。一般只需要一个启动 OB，或不使用。

生成一个启动组织块，如图 2-67 所示。

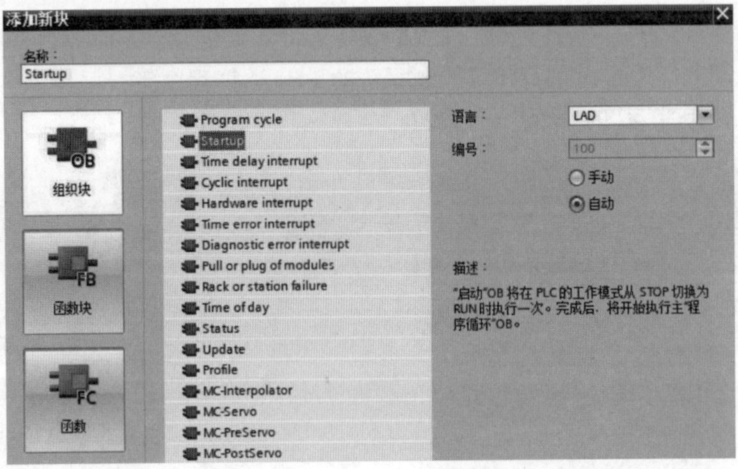

图 2-67　生成一个启动组织块

S7-1200 PLC 支持三种启动模式：不重新启动模式、暖启动-RUN 模式、暖启动—断电前的操作模式。不管选择哪种启动模式，已编写的所有启动 OB 都会执行，并且 CPU 是按 OB 的编号的顺序执行它们，首先执行启动组织块 OB100，然后执行编号大于等于 123 的启动组织块 OB。

启动类型选择，如图 2-68 所示。

四、中断组织块

中断处理用来实现对特殊内部事件或外部事件的快速响应。如果没有中断事件出现，

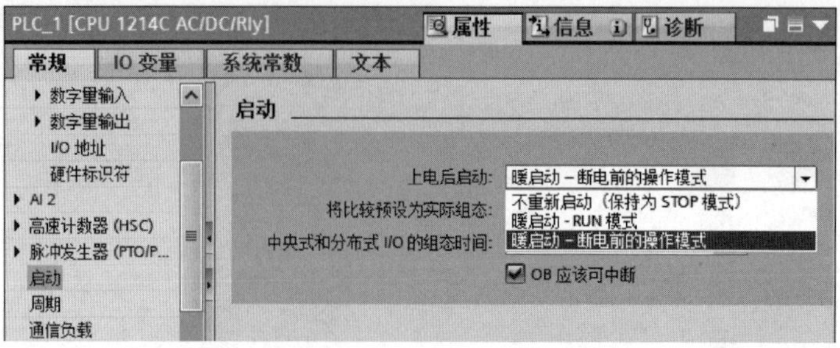

图 2-68　启动类型选择

CPU 循环执行组织块 OB1 和它调用的块。如果出现中断事件，例如诊断中断和时间延迟中断等，因为 OB1 的中断优先级最低，操作系统在执行完当前程序的当前指令（即断点处）后，立即响应中断。CPU 暂停正在执行的程序块，自动调用一个分配给该事件的组织块（即中断程序）来处理中断事件。执行完中断组织块后，返回被中断的程序的断点处继续执行原来的程序。这意味着部分用户程序不必在每次循环中处理，而是在需要时才被及时地处理。处理中断事件的程序放在该事件驱动的 OB 中。

中断功能是用中断程序及时地处理中断事件，中断事件与用户程序的执行时序无关，有的中断事件不能事先预测何时发生。S7-1200 PLC 提供的中断组织块包括：延时中断、循环中断、硬件中断和诊断错误中断。

配套视频
循环中断组织块

1. 循环中断

在设定的时间间隔，循环中断（Cyclic interrupt）组织块被周期性地执行，例如周期性地定时执行闭环控制系统的 PID 运算程序等，循环中断 OB 的编号为 30~38 或大于等于 123。生成循环中断组织块，如图 2-69 所示。

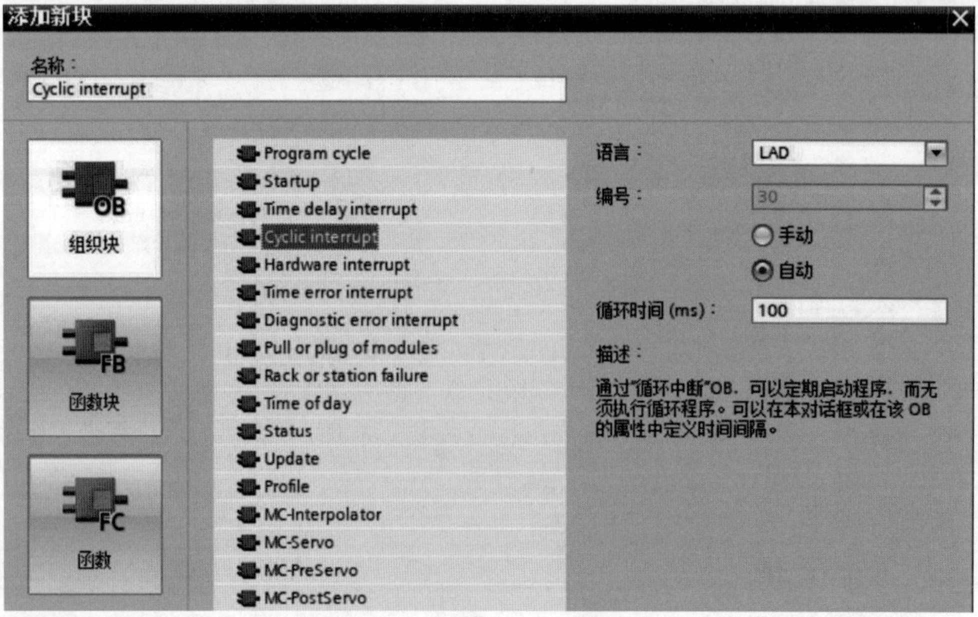

图 2-69　生成循环中断组织块

循环中断的时间间隔（循环时间）的默认值为100ms（是基本时钟周期1ms的整数倍），可将它设置为1～60000ms。

用鼠标右键单击项目树下程序块文件夹中已生成的Cyclic interrupt［OB30］，在弹出的对话框中单击“属性”选项，打开循环中断OB的属性对话框，在“常规”选项中可以更改OB的编号，在“循环中断”选项中，可以修改已生成循环中断OB的循环时间及相移，如图2-70所示。

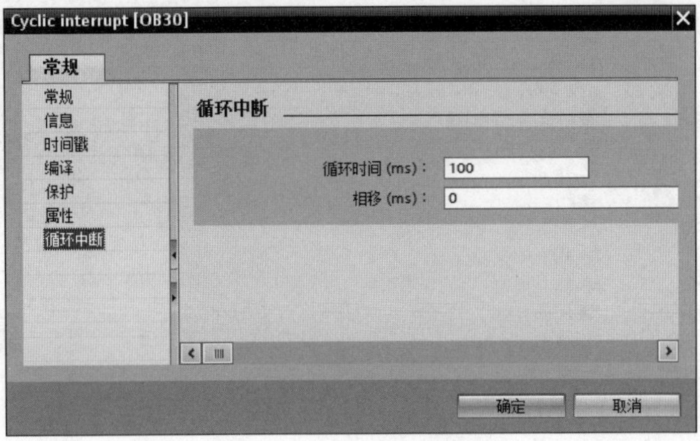

图2-70　循环中断属性设置

2. 时间延时中断

需要高精度的延时，可以使用时间延时中断。在过程事件出现后，延时一定的时间再执行时间延时中断（Time delay interrupt）组织块。

时间延时中断组织块OB，其编号为20～23或大于等于123。要使用时间延时中断OB，需要调用指令SRTDINT且将延时中断OB作为用户程序的一部分下载到CPU。只有在CPU处于“RUN”模式时才会执行延时中断OB。暖启动将清除延时中断OB的所有启动事件。

生成时间延时中断组织块，如图2-71所示。

SRT_DINT指令各参数功能：

EN使能输入的上升沿，启动延时过程。参数DTIME（1～60000ms）来设置延时时间。在时间延时中断OB中配合使用计数器，可以得到比60s更长的延时时间。参数OB_RN来指定延时时间到时调用的OB的编号。参数SIGN在S7-1200中未使用，可以设置任意的值。参数RET_VAL是指令执行的状态代码。

延时中断起用完后，若不再需要使用延时中断，则可使用CAN_DINT指令来取消已启动的延时中断OB，还可以在超出所组态的延时时间之后取消调用待执行的延时中断OB。在OB_NR参数中，可以指定将取消调用的组织块编号。

时间延时中断启动和停止指令程序示例，如图2-72所示。

3. 硬件中断

硬件中断（Hardware interrupt）组织块用来处理需要快速响应的过程事件。出现CPU内置的数字量输入的上升沿、下降沿或高速计数器事件时，立即中止当前正在执行的程

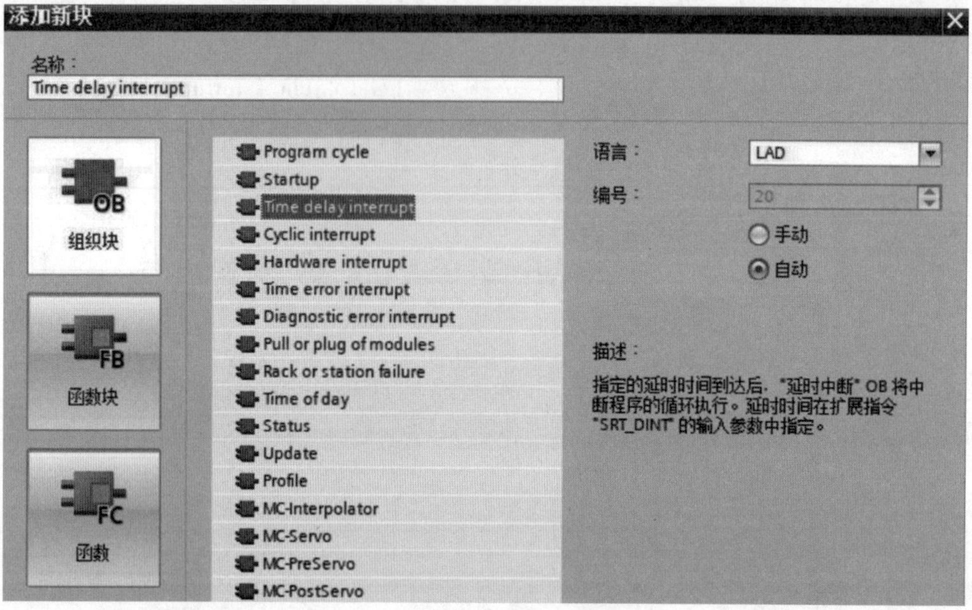

图 2-71 生成时间延时中断组织块

序，改为执行对应的硬件中断 OB。硬件中断组织块没有启动信息。

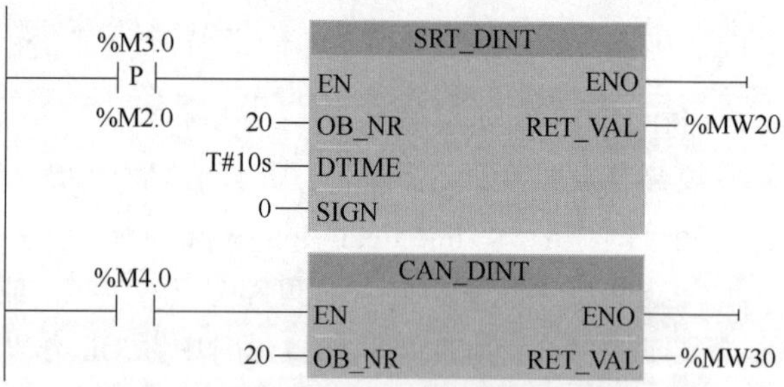

图 2-72 时间延时中断启动和停止指令

最多可以生成 50 个硬件中断 OB，在硬件组态时定义中断事件，硬件中断 OB 的编号为 40~47 或大于等于 123。S7-1200 PLC 支持下列中断事件：

① 上升沿事件，CPU 内置的数字输入（根据 CPU 型号而定最多为 12 个）和 4 点信号板上的数字量输入由 OFF 变为 ON 时，产生的上升沿事件。

② 下降沿事件，上述数字量由 ON 变为 OFF 时，产生的下降沿事件。

③ 高速计数器 1~6 的实际计数值等于设置值（CV=PV）。

④ 高速计数器 1~6 的方向改变，计数值由增大变为减小，或由减小变为增大。

⑤ 高速计数器 1~6 的外部复位，某些 HSC 的数字量外部复位输入由 OFF 变为 ON 时，将计数值复位为 0。

生成硬件中断组织块，如图 2-73 所示。

硬件中断组织块 OB40，硬件中断默认的编号是 40，名称为 Hardware interrupt，编程语言为 LAD（梯形图）若再生成一个硬件中断 OB，则编号为 41，名称为 Hardware interrupt 1，如图 2-74 所示。

组态硬件中断事件：

双击项目树的文件夹“PLC1”中的“设备组态”，打开设备视图，首先选中 CPU，打开工作区下面的巡视窗口的“属性”选项卡，选中左边的“数字量输入”的通道 0

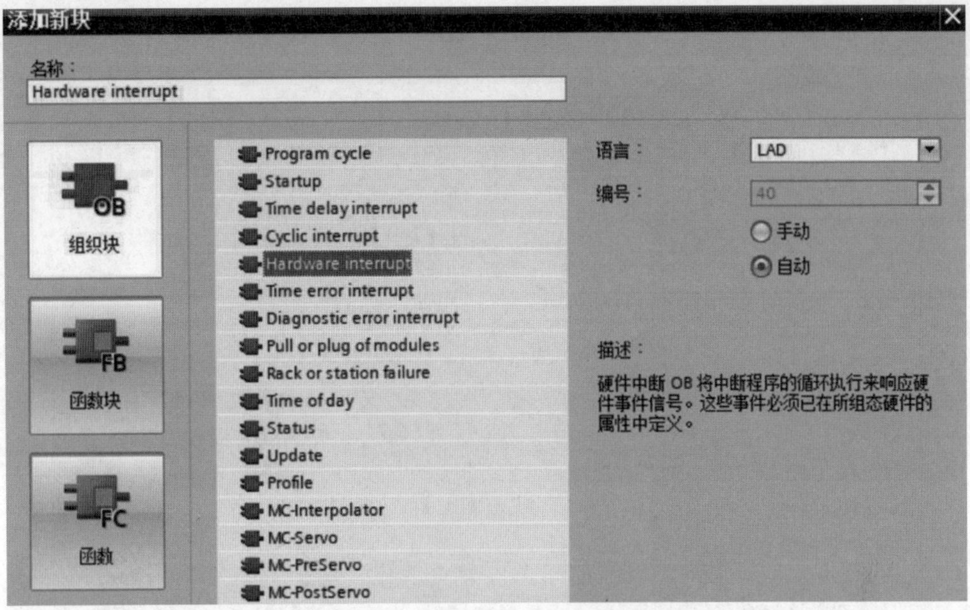

图 2-73　生成硬件中断组织块

图 2-74　为中断事件选择硬件中断组织块

(即 I0.0)，用复选框激活“启用上升沿检测”功能。单击选择框“硬件中断”右边的“…”按钮，如图 2-75 所示。在弹出的对话框 OB 列表中选择 Hardware interrupt [OB40]，然后单击 √ 按钮确定，如果单击 × 按钮，则取消当前选择的中断组织块 OB；如果单击“新增”按钮，则说明弹出的对话框中没有需要选中的硬件中断组织块，需要新增一个硬件中断组织块。如果选择 OB 列表“-”，没有 OB 连接到 I0.0 的上升沿中断事件。在此，将 OB40 指定给 I0.0 的上升沿中断事件。出现该中断事件后，将会调用 OB40。

4. 时间错误中断

如果发生以下事件之一，操作系统将调用时间错误中断（Time error interrupt）OB：

(1) 循环程序超出最大循环时间。

(2) 被调用 OB（如延时中断 OB 和循环中断 OB）当前正在执行。

(3) 中断 OB 队列发生溢出。

(4) 由于中断负载过大而导致中断丢失。在用户程序中只能使用一个时间错误中断 OB（OB80）。时间错误中断 OB 的启动信息含义，如表 2-14 所示。

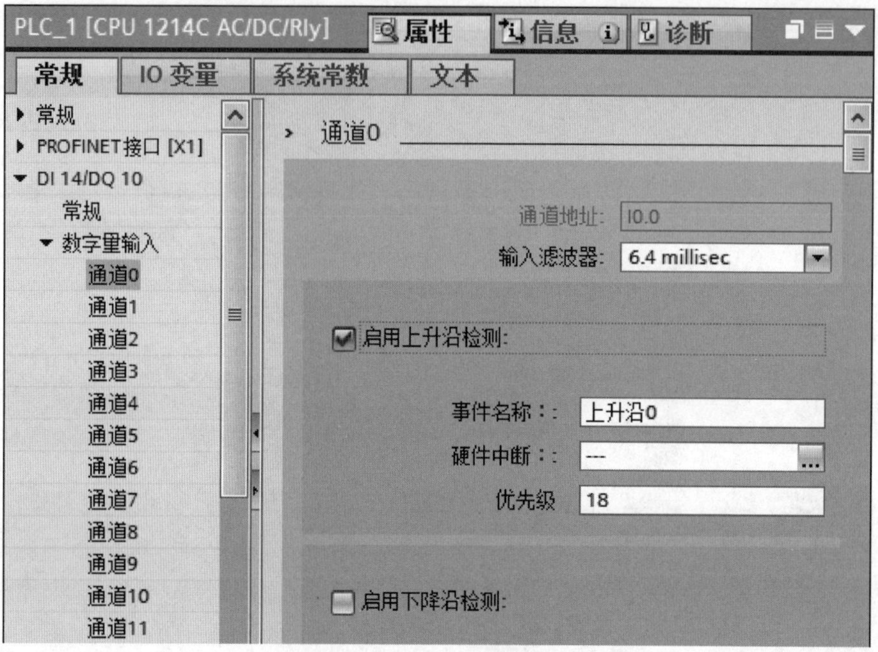

图 2-75　组态硬件中断组织块

表 2-14　　时间错误中断 OB 的启动信息

变量	数据类型	描　述
fault_id	BYTE	0x01：超出最大循环时间 0x02：仍在执行被调用 OB 0x07：队列溢出 0x09：中断负载过大导致中断丢失
csg_OBnr	OB_ANY	出错时要执行的 OB 的编号
csg_prio	UINT	出错时要执行 OB 的优先级

生成时间错误中断组织块，如图 2-76 所示。

5. 诊断错误中断

可以为具有诊断功能的模块起用诊断错误中断（Diagnostic error interrupt）功能，使模块能检测到 IO 状态变化，因此模块会在出现故障（进入事件）或故障不再存在（离开事件）时触发诊断错误中断。如果没有其他中断 OB 激活，则调用诊断错误中断 OB。若已经在执行其他中断 OB，诊断错误中断将置于同优先级的队列中。

在用户程序中只能使用一个诊断错误中断 OB（OB82）。

诊断错误中断 OB 的启动信息，如表 2-15 所示。

表 2-15　　诊断错误中断 OB 的启动信息

变量	数据类型	描　述
IO_state	WORD	包含具有诊断功能的模块的 I/O 状态
laddr	HW_ANY	HW_ID
Channel	UINT	通道编号
Multi_error	BOOL	为 1 表示有多个错误

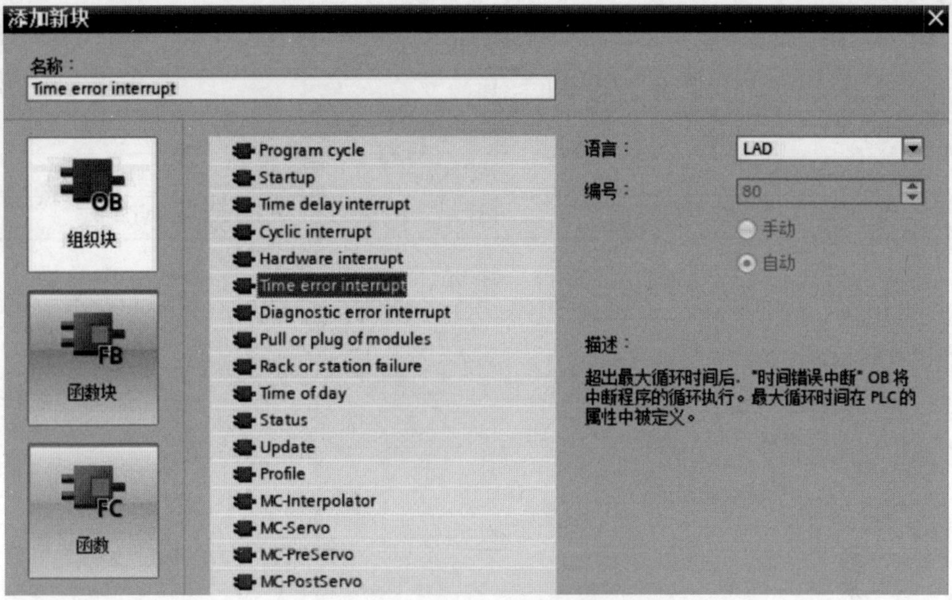

图 2-76　生成时间错误中断组织块

表 2-16 列出了局部变量 IO_ state 所能包含的可能 I/O 状态。

表 2-16　局部变量 IO_ state 所有可能 I/O 状态

IO_state	含　义
位 0	组态是否正确,为 1 表示组态正确
位 4	为 1 表示存在错误,如断路等
位 5	为 1 表示组态不正确
位 6	为 1 表示发生了 I/O 访问错误,此时 laddr 包含存在访问错误的 I/O 的硬件标识符

任务实施

案例一：电动机断续运行的控制

第一步：确定输入/输出设备，并分配 I/O 地址与建立 PLC 变量表，如表 2-17 和 2-18 所示。

表 2-17　I/O 地址表

	元件	地址	功能
输入	SB1	I0.0	起动
	SB2	I0.1	停止
	FR	I0.2	过载保护
输出	KM	Q0.0	控制电机运行

第二步：设计 PLC 硬件接线原理图，如图 2-77 所示。

表 2-18 PLC 变量表

名称	数据类型	地址
启动按钮 SB1	Bool	%I0. 0
停止按钮 SB2	Bool	%I0. 1
过载保护 FR	Bool	%I0. 2
电机运行 KM	Bool	%Q0. 0

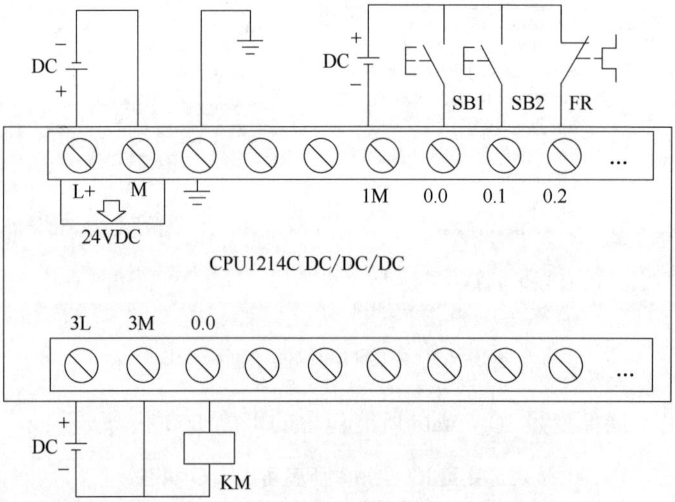

图 2-77 电动机断续运行 PLC 硬件接线原理图

第三步：程序设计。

（1）生成启动组织块 OB100。打开项目视图中的文件夹“PLC1 程序块”，双击其中的“添加新块”，单击打开的对话框中的“组织块”按钮，选中列表中的“Startup”，生成一个启动组织块 OB100。

在启动组织块 OB100 中编写程序，对循环中断计数值 MW10 清 0，其程序如图 2-78 所示。

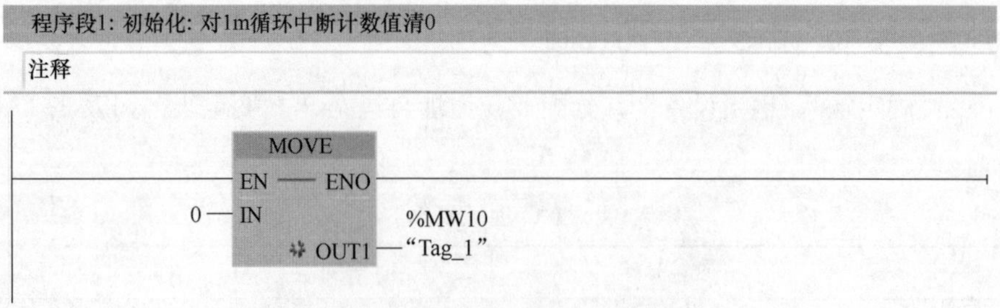

图 2-78 启动组织块 OB100 程序

（2）生成循环中断组织块。打开项目视图中的文件夹“PLC 1 程序块”，双击其中的“添加新块”，单击打开的对话框中的“组织块”按钮，选中列表中的“Cyclic interrupt”，生成一个循环中断组织块 OB30，循环时间设置为 60000ms，即 1min。

在循环中断组织块 OB30 中编写程序，对循环中断次数进行计数，当计数值为 240

次，即 4h 时对计数值 MW10 清 0，其程序如图 2-79 所示。

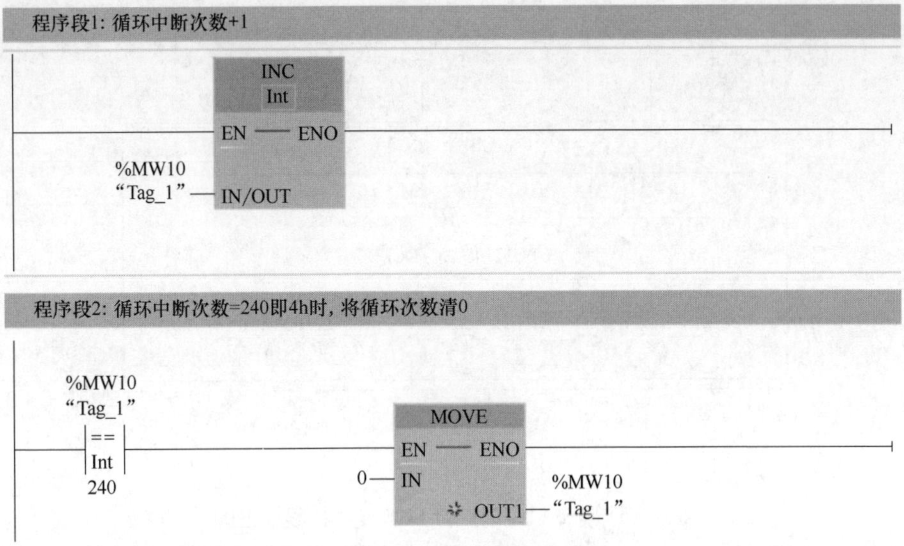

图 2-79　循环中断组织块 OB30 程序

第四步：调试程序。将调试好的用户程序下载到 CPU 中，并连接好线路。按下启动按钮 SB1，观察电动机是否按系统设置时间进行断续运行（建议调试时将时间设置短些）；若按下停止按钮 SB2，电动机是否立即停止运行。若上述调试现象与控制要求一致，则说明本任务实施成功。

案例二：电动机定时启停的控制

第一步：确定输入/输出设备，并分配 I/O 地址与建立 PLC 变量表，如表 2-19 和 2-20 所示。

表 2-19　　I/O 地址表

	元件	地址	功能
输入	SB1	I0. 0	起动
	SB2	I0. 1	停止
	FR	I0. 2	过载保护
输出	KM	Q0. 0	控制电机运行

表 2-20　　PLC 变量表

名称	数据类型	地址
启动按钮 SB1	Bool	%I0. 0
停止按钮 SB2	Bool	%I0. 1
过载保护 FR	Bool	%I0. 2
电机运行 KM	Bool	%Q0. 0

第二步：设计 PLC 硬件接线原理图，如图 2-80 所示。

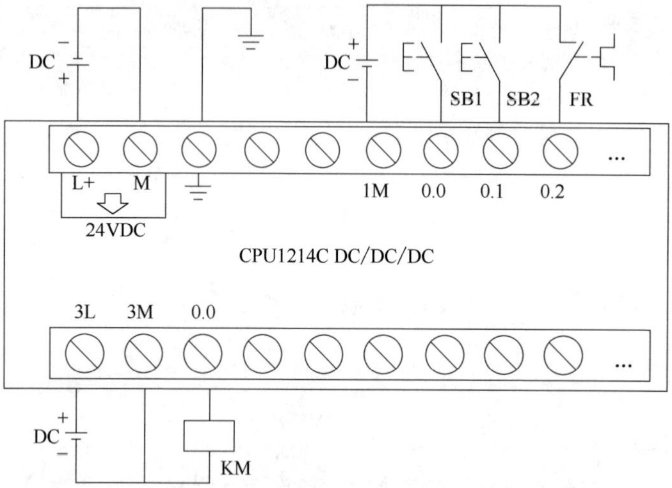

图 2-80 电动机定时启停 PLC 硬件接线原理图

第三步：程序设计。

（1）生成硬件中断组织块 OB40。在项目视图中的文件夹“PLC_1”-“程序块”中，双击“添加新块”，单击打开的对话框中的“组织块”按钮，选中列表中的“Hardware interrupt”，生成一个硬件中断组织块 OB40，其编号默认是 20。

组态 OB40 硬件中断事件：双击项目树的文件夹“PLC 1”中的“设备组态”，打开设备视图，首先选中 CPU，打开工作区下面的巡视窗口的“属性”选项卡，选中左边的“数字量输入”的通道 1 和 2（即 I0.1 和 I0.2），用复选框激活“启用上升沿检测”功能，如图 2-81 和 2-82 所示。单击选择框“硬件中断”右边的“…”按钮，在弹出的对话框 OB 列表中选择 Hardware interrupt［OB40］，然后单击确定按钮。在此，OB40 同时指定给 I0.1 和 I0.2 的上升沿中断事件。出现该中断事件（按下停止按钮和电动机过载）后，将会调用 OB40。

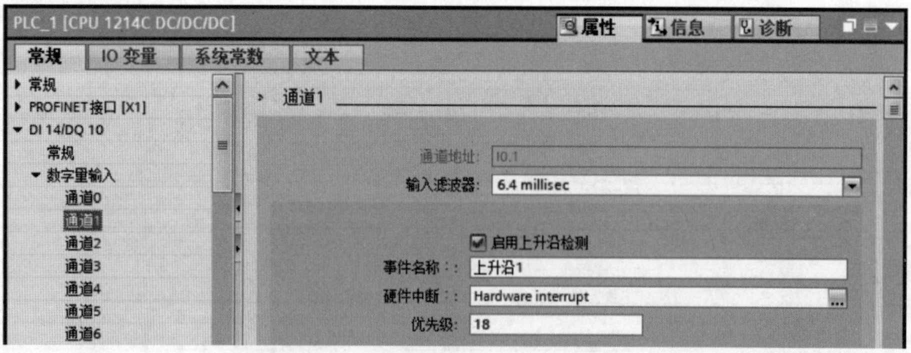

图 2-81 启用“数字量输入”通道 1

设计 OB40 程序：OB40 硬件中断程序中需要进行初始化即对系统启动标志位 M2.0 和电动机运行 Q0.0 进行复位以及取消延时中断功能，程序示例如图 2-83 所示。

（2）生成 OB20。在项目视图中的文件夹“PLC_1”-“程序块”中，双击“添加新

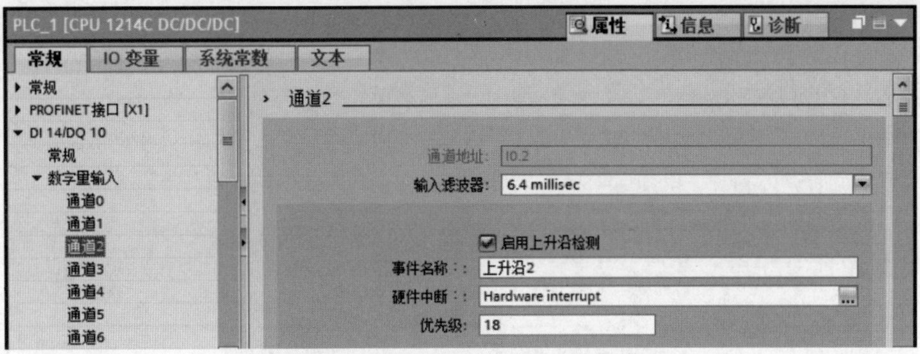

图 2-82　启用“数字量输入”通道 2

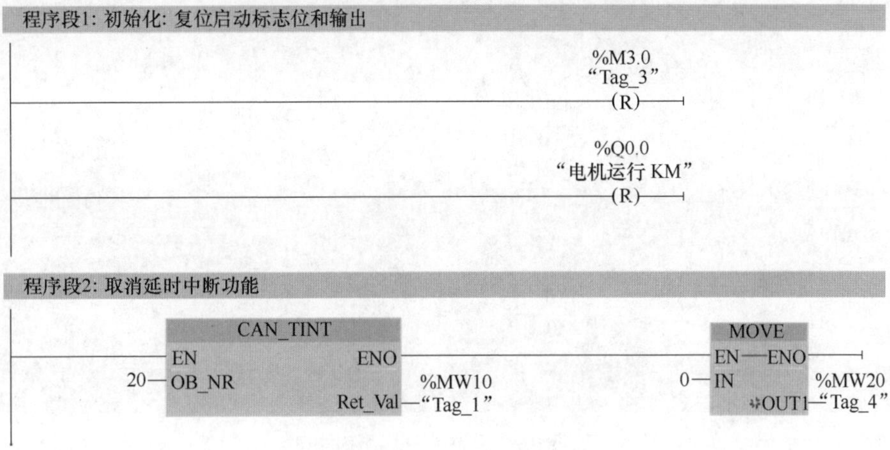

图 2-83　OB40 程序

块”，单击打开的对话框中的“组织块”按钮，选中列表中的“Time delay interrupt”，生成一个时间延时组织块 OB20，其编号默认是 20。设计延时时间为 3h 即 180min。程序示例如图 2-84 所示。

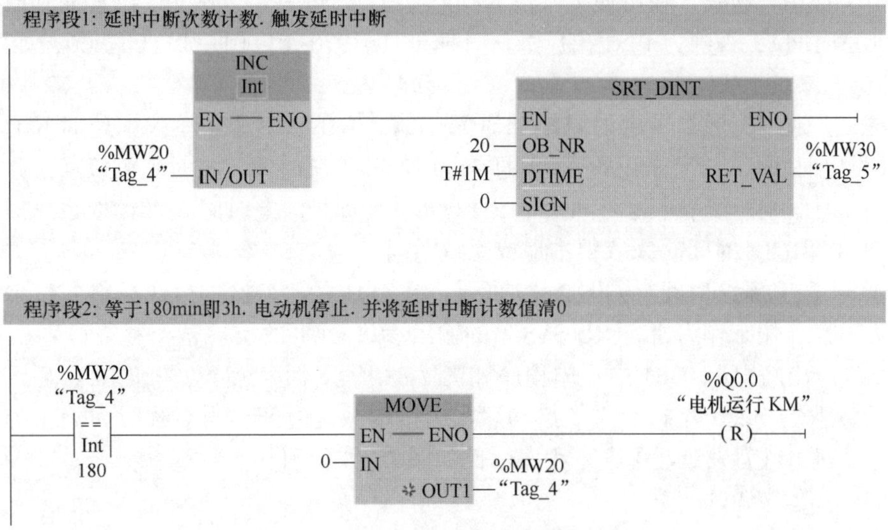

图 2-84　OB20 程序

（3）主程序设计。主程序 OB1 要完成系统启动、读取 CPU 时间、电动机的启动和启动延时中断。

①设置 CPU 系统时间。

方法一：双击项目树文件夹“PLC 1”中的“设备组态”，然后双击 CPU，选择常规属性下的“时间”，将本地时间改为“北京时间”，取消夏令时，如图 2-85 所示。

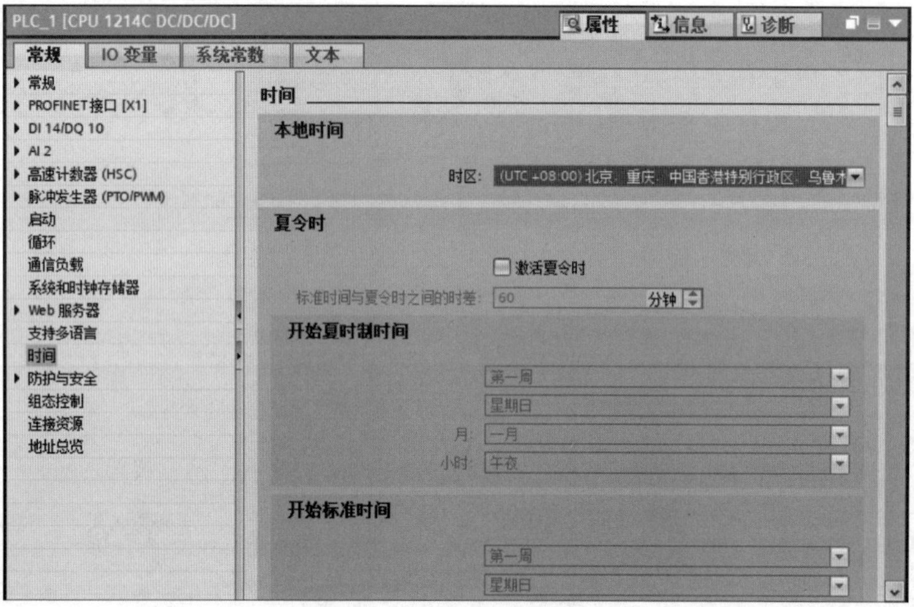

图 2-85　设置 CPU 系统时间

然后将 CPU 转入“在线状态（单击工具栏上的在线按钮 ）”，在项目树下的“在线访问 \ 网卡（Realtek PCle GBE Family Controller）\ 更新可访问的设备 plc_1 \ 在线和诊断”，打开如图 2-86 所示设置时间的对话框，选中复选框“从 PG/PC 获取”后，单击“应用”按钮，便可使 CPU 的时间与 PC 机同步（当然 PC 机日期和时间得为准确的北京时间），否则为 PLC 出厂默认日期 DTL#1970-01-01-00：00：00，如图 2-86 所示。

方法二：通过扩展指令中的日期和时间中的“WR LOC T（写入本地时间）和 WR SYS T（设置时间）”指令来设置 CPU 的本地时间和系统时间。这时就可以通过扩展指令中的日期和时间中的读取本地时间指令 RD LOC T（即带时差时间）或读取系统时间指令 RD SYS T（即 UTC 时间）来获得本地或系统时间。

② 读取 CPU 系统时间。如图 2-87 所示，在 OB1 的接口区中生成局部变量 D_T，数据类型为 DTL，用来作为指令 RD SYS T 的输出参数 OUT 的实参。

③ 编写 OB1 程序。OB1 中具体程序如图 2-88 所示。按下启动按钮 I0.0 后，系统启动（启动标志位 M2.0 置 1），系统启动后实时读取系统时间，当系统时间大于等于 6 点时启动电动机，并触发延时中断。程序示例如图 2-88 所示。

第四步：程序调试。

编译用户程序及设备组态并下载到 CPU 中，连接好线路。按下启动按钮 SB1，电动

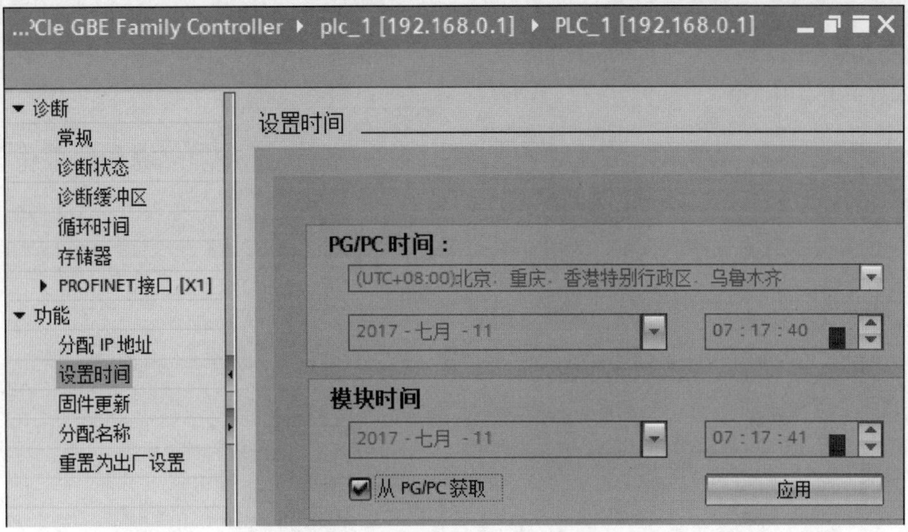

图 2-86　在线设置 CPU 系统时间

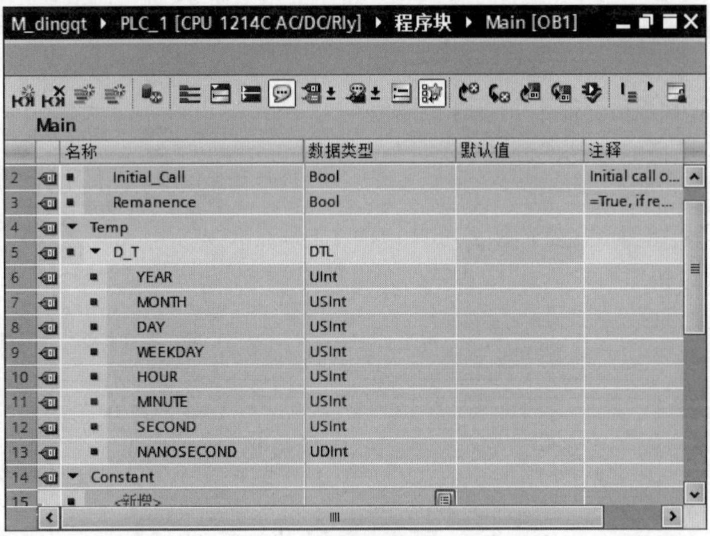

图 2-87　生成局部变量 D_T

机将按系统设置的时间启动和延时停止（建议调试时将系统时间设置为“分”，而且电动机运行的时间也短些）；若按下停止按钮 SB2，电动机应立即停止运行。

任务拓展

1. 两台电动机顺序启停控制程序

控制要求：

自动生产线上有两台电动机（图 2-89），其控制要求为：闭合“启动”开关，电机 M1 运行，经过 20s 延时，电机 M2 运行；关闭“启动”开关，电机 M2 停止，经过 30s 延时，电机 M1 停止。

（1）用循环中断设计控制程序。

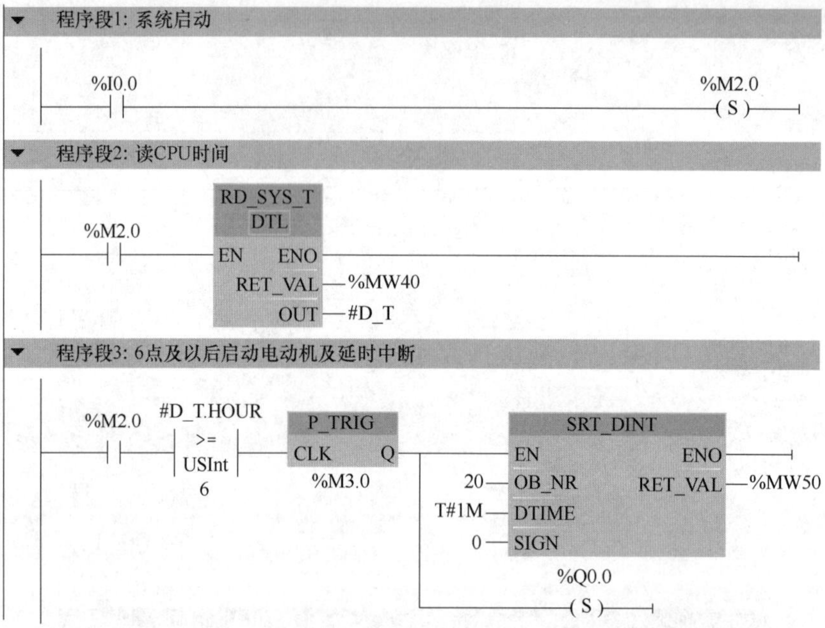

图 2-88　OB1 程序

（2）用延时中断和硬件中断设计控制程序。

2. 8 个彩灯运行的控制设计

控制要求：

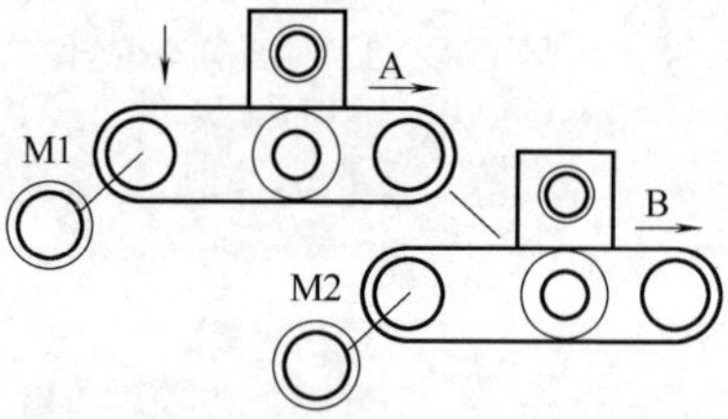

图 2-89　两台电动机示意图

某自动设备有 8 个彩灯（图 2-90）。按下启动按钮后，8 个彩灯按照要求运行并循环。无论何时按下停止按钮，8 个灯全灭。

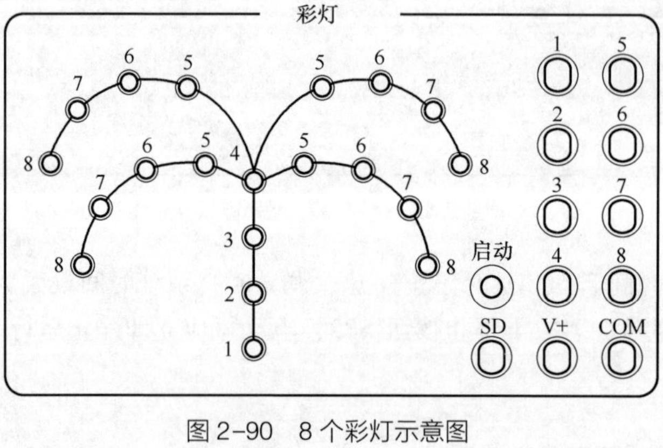

图 2-90　8 个彩灯示意图

（1）用循环中断设计该 8 个彩灯以流水灯形式运行控制程序。

（2）用延时中断设计该 8 个彩灯以跑马灯形式运行控制程序。

习 题

（1）用循环中断设计四节传送到顺序启停的控制程序。

（2）用延时中断设计十字路口交通灯控制程序，要求交通灯从早上 7 点至晚上 10 点按如下波形图（图 2-91）运行，其他时间为两个方向的黄灯以 1s 为周期闪烁。

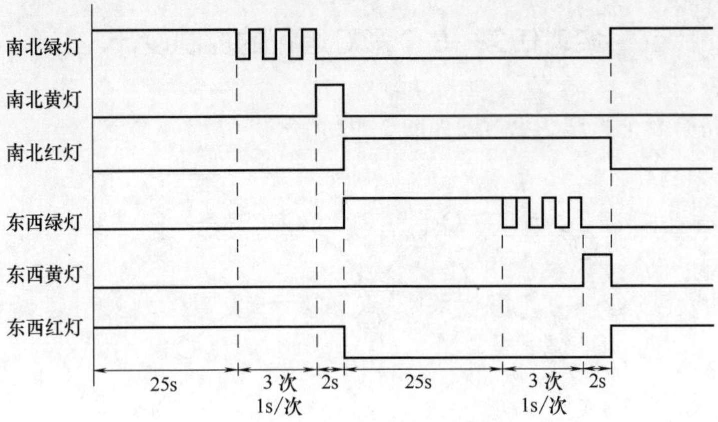

图 2-91　交通灯运行波形图

小贴士：质量管理体系认证

质量管理体系认证是“在质量方面指挥和控制组织的管理体系”（见 GB/T 19000—2015/ISO 9000：2015《质量管理体系 基础和术语》）。

质量管理体系认证是指由取得质量管理体系认证资格的第三方认证机构，依据正式发布的质量管理体系标准，对企业的质量管理体系实施评定，评定合格的由第三方机构颁发质量管理体系认证证书，并给予注册公布，以证明企业质量管理和质量保证能力符合相应标准或有能力按规定的质量要求提供产品的活动。

进行质量管理体系认证，内部可强化管理，提高人员素质和企业文化；外部提升企业形象和市场份额。

查询质量管理体系认证证书，可以在全国认证认可信息公共服务平台。

实训任务单一

实训任务　8 个彩灯运行的控制设计

任务描述：

某自动设备有 8 个彩灯。示意图如图 2-92 所示。

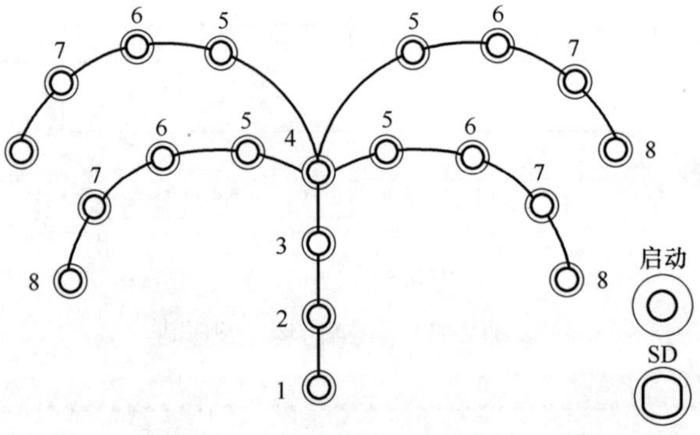

图 2-92　设备彩灯示意图

任务要求：

按下启动按钮后，8 个彩灯按照要求运行并循环。无论何时按下停止按钮，8 个灯全灭。

（1）用循环中断设计该 8 个彩灯以流水灯形式运行控制程序。

（2）用延时中断设计该 8 个彩灯以跑马灯形式运行控制程序。

1. 任务分组

小组序号		小组名称	
任务名称	8 个彩灯运行的控制设计		
组员	承担角色	职责	

2. 任务分析

控制系统组成	
控制过程分析	
I/O 设备确定	
PLC 型号确定	

3. 设计决策

（1）I/O 地址分配。

输入			输出		
元件	地址	功能	元件	地址	功能

（2）PLC 电气原理图设计。

PLC 硬件接线电气原理图

电气元件明细表

序号	元件名称	规格型号	单位	数量	电气符号

（3）PLC 程序设计思路。

4. 设计实施

耗材与工具领取。

序号	名称	规格型号	数量

5. 电气接线

出现的问题	解决的措施

6. 程序编辑与调试

出现的问题	解决的措施

实训任务单二

实训任务　电动机断续运行的 PLC 控制设计

任务描述：

某自动化生产线的传送带是不连续的间断运行。其驱动电机的运行波形图，如图 2-93 所示。

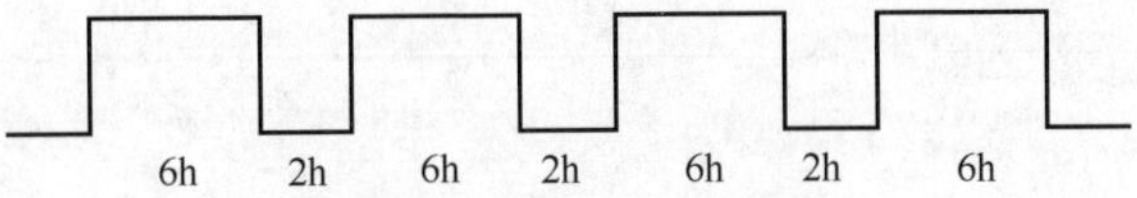

图 2-93　电机运行波形图

任务要求：

电动机以断续形式运行，在启动后，工作 3h，停止 1h，再工作 3h，停止 1h，如此循环；当按下停止按钮后立即停止运行。

（1）用循环中断组织块设计该控制程序。

（2）用其他方法设计该控制程序。

1. 任务分组

小组序号		小组名称	
任务名称	电动机断续运行的 PLC 控制设计		
组员	承担角色	职责	

2. 任务分析

控制系统组成	
控制过程分析	
I/O 设备确定	
PLC 型号确定	

3. 设计决策

（1）I/O 地址分配。

输入			输出		
元件	地址	功能	元件	地址	功能

（2）PLC 电气原理图设计。

PLC 硬件接线电气原理图

电气元件明细表

序号	元件名称	规格型号	单位	数量	电气符号

（3）PLC 程序设计思路。

4. 设计实施

耗材与工具领取。

序号	名称	规格型号	数量

5. 电气接线

出现的问题	解决的措施

6. 程序编辑与调试

出现的问题	解决的措施

项目三　搬运系统的控制

PLC 控制的搬运系统，可以实现物料运输的自动化，提升内部物流速度，将员工从重复性和危险性的运输工作中解放出来，从而确保员工和设备安全高效工作，提高生产力。搬运系统可以通过运料小车、气动机械手或者传送带来实现。

任务一　运料小车的 PLC 控制

配套课件

运料小车的PLC控制

任务描述

运料小车的 PLC 控制

某化工企业有一个自动运料小车，完成物料的运输工作，其示意图如图 3-1 所示。

控制要求：

（1）初始位置，小车在左端，左行程开关 SQ1 被压下。

（2）按下启动按钮 SB1，漏斗门打开，小车开始装料。

（3）8s 后装料结束，小车自动开始右行。

（4）碰到右行程开关 SQ2 时，停止右行，底门打开，小车开始卸料。

（5）5s 后卸料结束，小车自动左行。

（6）碰到左限位开关 SQ1 后，停止左行。

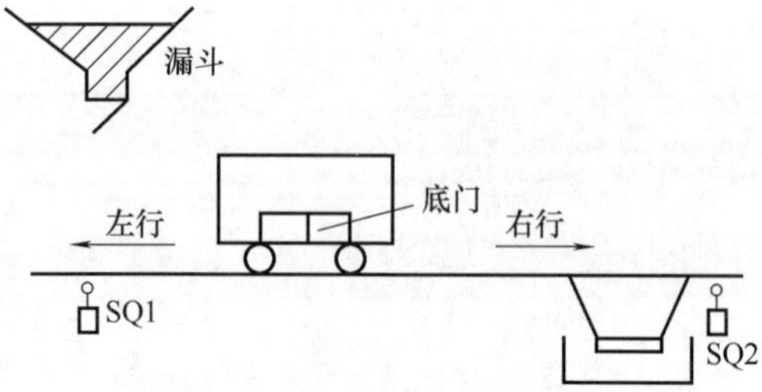

图 3-1　自动运料小车示意图

提出问题：

（1）整个运料小车运行过程可以划分为哪些步骤？

（2）顺序控制功能图的三要素？

（3）如何按照工艺步骤设计顺序控制功能图？

（4）怎样把顺序控制功能图转化成 PLC 程序？

知识链接

思考问题 1：什么是顺序控制和顺序功能图？

一、顺序控制

所谓顺序控制，就是按照生产工艺规定的工艺顺序，在各个输入信号的作用下，根据内部状态和时间的顺序，在生产过程中各个执行机构自动地有秩序地进行操作。

顺序控制设计法首先根据系统的工艺过程，画出顺序功能图，然后根据顺序功能图画出梯形图。

顺序功能图是描述控制系统的控制过程、功能和特性的一种图形，也是设计 PLC 顺序控制程序的有力工具。顺序功能图是 PLC 的国际标准 IEC 61131-3 位居首位的编程语言，有的 PLC 为用户提供了顺序功能图语言，例如 S7-300/400/1500 的 S7-Graph 语言，在编程软件中生成顺序功能图后便完成了编程工作。现在还有相当多的 PLC（包括 S7-1200）没有配备顺序功能图语言，但是可以用顺序功能图来描述系统的功能，根据它来设计梯形图程序。

配套视频

顺序功能图

二、顺序功能图的基本元件

1. 步的基本概念

顺序控制设计法将系统的一个工作周期划分为若干个顺序相连的阶段，这些阶段称为步（Step），用编程元件（例如 M）来代表各步。

步是根据输出量的状态变化来划分的，在任何一步之内，各输出量的 1、0 状态不变，但是相邻两步输出量总的状态是不同的，步的这种划分方法使代表各步的编程元件的状态与各输出量的状态之间有着极为简单的逻辑关系。

顺序控制设计法用转换条件控制代表各步的编程元件，让它们的状态按一定的顺序变化，然后用代表各步的编程元件去控制 PLC 的各输出位。

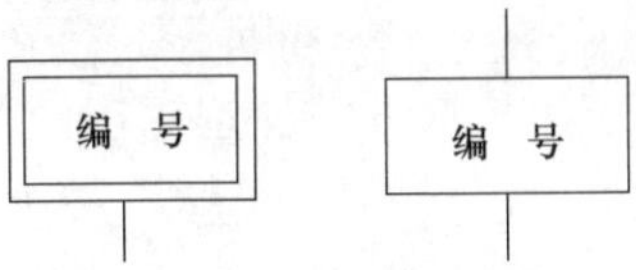

图 3-2　步的画法

顺序功能图中用矩形方框表示步，用代表各步的编程元件地址作为步的代号，并用编程元件地址来标注转换条件和各步动作或命令。

顺序功能图中步的画法，如图 3-2 所示。

2. 初始步与活动步

初始状态一般是系统等待启动命令的相对静止的状态。与系统的初始状态相对应的步称为初始步，初始步用双线方框来表示。

系统正处于某一步所在的阶段时，称该步为“活动步”，执行相应的非存储型动作；处于不活动状态时，则停止执行非存储型动作。

3. 与步对应的动作或命令

用矩形框中的文字或符号来表示动作，该矩形框与相应的步的方框用水平短线相连。应清楚地表明动作是存储型的还是非存储型的。非存储型的动作与步的状态波形完全相同；某些动作在连续的若干步都保持为“1”状态，这种动作是存储型动作，在程序中用置位和复位指令来实现。

动作在顺序功能图中的两种画法，如图 3-3 所示。

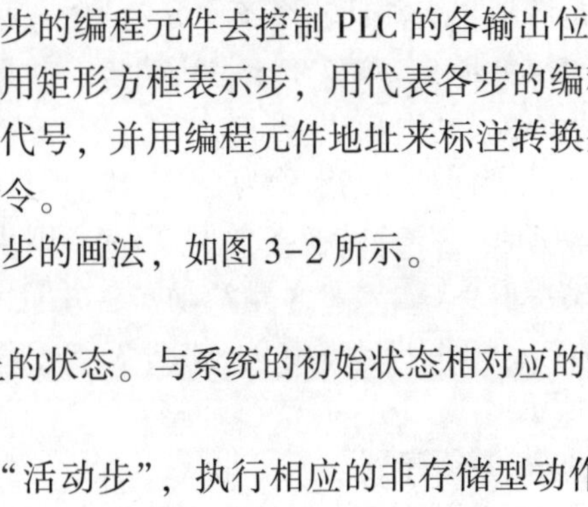

图 3-3　动作的画法

4. 有向连线

在画顺序功能图时，将代表各步的方框按它们成为活动步的先后次序顺序排列，并用有向连线将它们连接起来。步的活动状态默认的进展方向是从上到下或从左至右，在这两个方向有向连线上的箭头可以省略。

5. 转换与转换条件

转换用有向连线上与有向连线垂直的短划线来表示。使系统由当前步进入下一步的信号称为转换条件，转换条件可以是外部的输入信号或 PLC 内部产生的信号，转换条件还可以是若干个信号的与、或、非逻辑组合。

转换条件可以用文字语言、布尔代数表达式或图形符号标注在表示转换的短线的旁边，使用得最多的是布尔代数表达式，如图 3-4 所示。

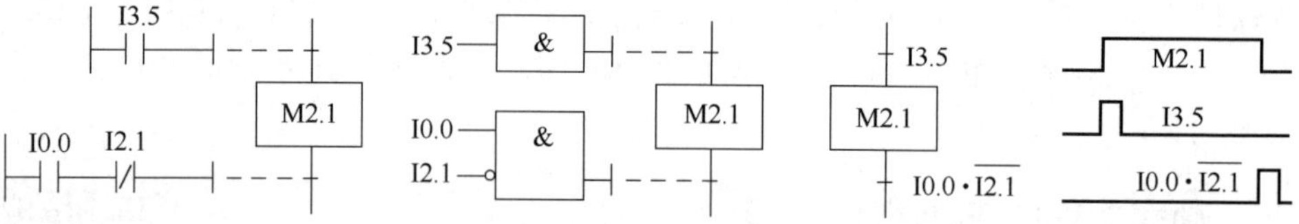

图 3-4 转换条件的画法

三、顺序功能图的基本结构

1. 单序列

其特点是没有分支与合并，如图 3-5（a）图所示。

2. 选择序列

选择序列的开始称为分支，如果步 4 是活动步，并且转换条件 h 为 ON，则由步 4→步 5。如果步 4 是活动步，并且 k 为 ON，则由步 4→步 7。

选择序列的结束称为合并，如果步 6 是活动步，并且转换条件 j 为 ON，则由步 6→步 9。如果步 8 是活动步，并且 n 为 ON，则由步 8→步 9，如图 3-5（b）图所示。

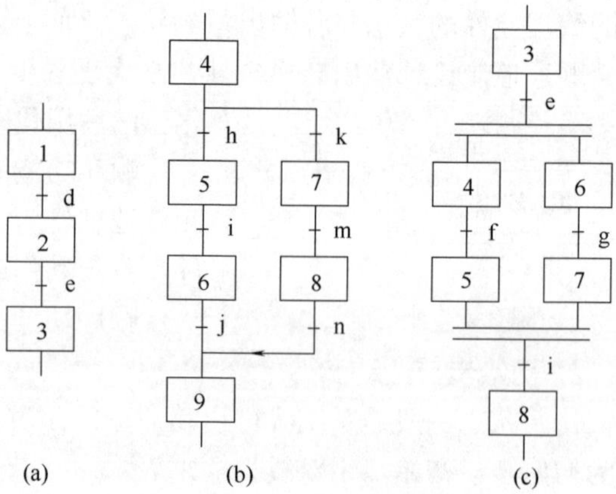

图 3-5 顺序功能图 3 种基本结构

3. 并行序列

并行序列用来表示系统的几个同时工作的独立部分的工作情况。并行序列的开始称为分支，当步 3 是活动步，并且转换条件 e 为 ON，从步 3 转换到步 4 和步 6。为了强调转换的同步实现，水平连线用双线表示。

并行序列的结束称为合并，当步 5 和步 7 都处于活动状态，并且转换条件 i 为 ON 时，从步 5 和步 7 转换到步 8，如图 3-5（c）图所示。

思考问题 2：如何画出运料小车控制的顺序功能图？

应用案例：小车开始时停在最左边，限位开关 I0. 2 为 1 状态。小车运行示意图，如图 3-6 所示。

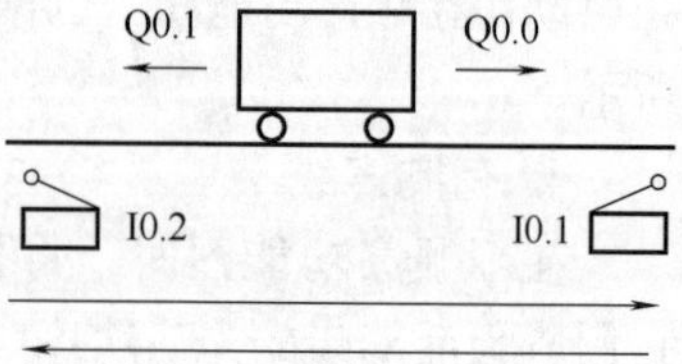

图 3-6 小车运行示意图

小车的运行过程是按下启动按钮，Q0. 0 变为 1 状态，小车右行。碰到右限位开关 I0. 1 时，Q0. 0 变为 0 状态，

Q0.1 变为 1 状态，小车改为左行。返回起始位置时，Q0.1 变为 0 状态，小车停止运行，同时 Q0.2 变为 1 状态，使制动电磁铁线圈通电，接通延时定时器 T1 开始定时。定时时间到，制动电磁铁线圈断电，系统返回初始状态。

小车运行控制系统的输入/输出波形，如图 3-7 所示。

根据 Q0.0~Q0.2 的 ON/OFF 状态的变化，将上述工作过程划分为 3 步，分别用 M4.1~M4.3 来代表这 3 步，另外还设置了一个等待启动的初始步 M4.0。为了便于将顺序功能图转换为梯形图，用代表各步的编程元件的地址作为步的代号。各步的运行时序如图 3-8 所示。

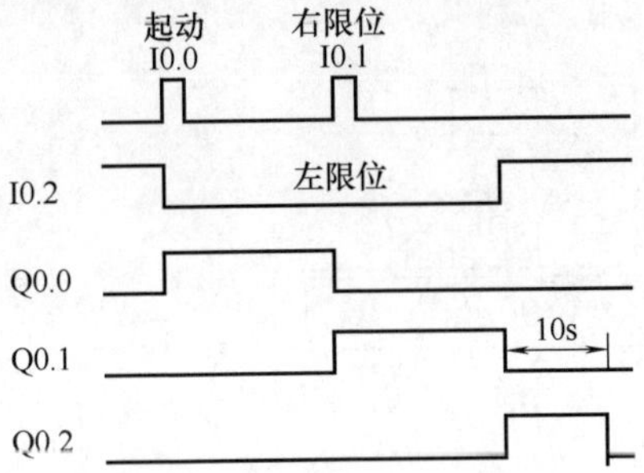

图 3-7　输入/输出波形图

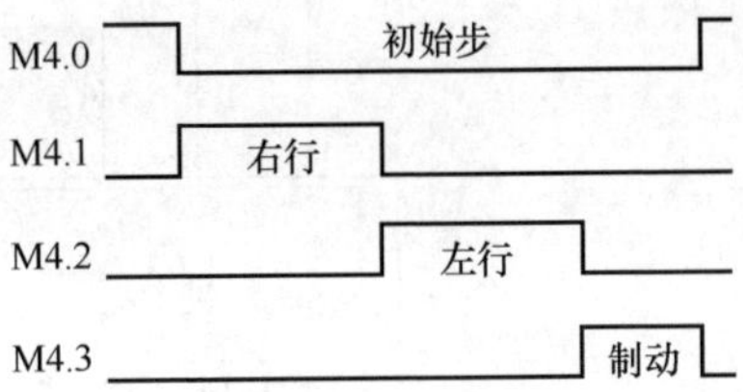

图 3-8　各步运行时序图

在图 3-9 的顺序控制功能图中，Q0.0~Q0.2 均为非存储型动作，在步 M4.1 为活动步时，动作 Q0.0 为 ON，步 M4.1 为不活动步时，动作 Q0.0 为 OFF。T1 的线圈在步 M4.3 通电，所以将 T1 放在步 M4.3 的动作框内。转换条件“T1”.Q 对应于接通延时定时器 T1 的常开触点，在 T1 的定时时间到时该转换条件满足。

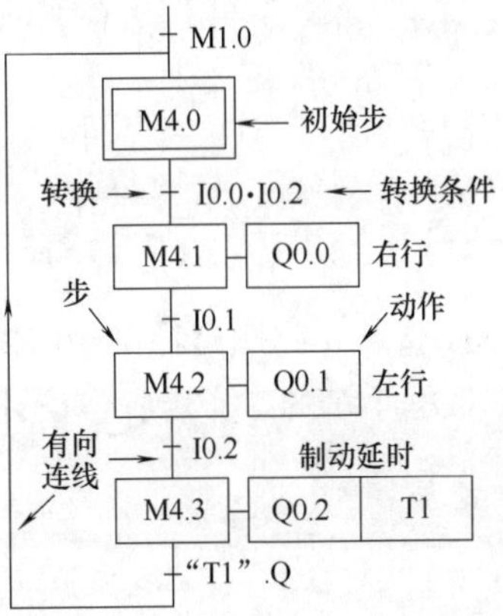

图 3-9　小车运行顺序控制功能图

任务实施

案例一：运料小车顺序功能图设计

1. 运行过程分析，划分工作步。

（1）左行程开关 SQ1 被压下→初始位置。

（2）按下启动按钮 SB1→小车开始装料，开始计时 8s。

（3）8s 后→装料结束，小车右行。

（4）碰到右行程开关 SQ2 →停止右行，底门打开，小车开始卸料，开始计时 5s。

（5）5s 后→卸料结束，小车自动左行。

（6）碰到左限位开关 SQ1 后，停止左行。

2. 确定输入/输出设备并分配 I/O 地址，如表 3-1 所示。

表 3-1　I/O 地址表

输入/输出	元件	地址	功能
输入	SB1	I0.0	启动按钮
	SB2	I0.1	停止按钮
	SQ1	I0.2	左限位开关
	SQ2	I0.3	右限位开关

续表

输入/输出	元件	地址	功能
输出	YV1	Q0. 0	加料电磁阀
	YV2	Q0. 1	卸料电磁阀
	KM1	Q0. 4	右行控制
	KM2	Q0. 5	左行控制

3. 设计 PLC 硬件接线原理图，如图 3-10 所示。

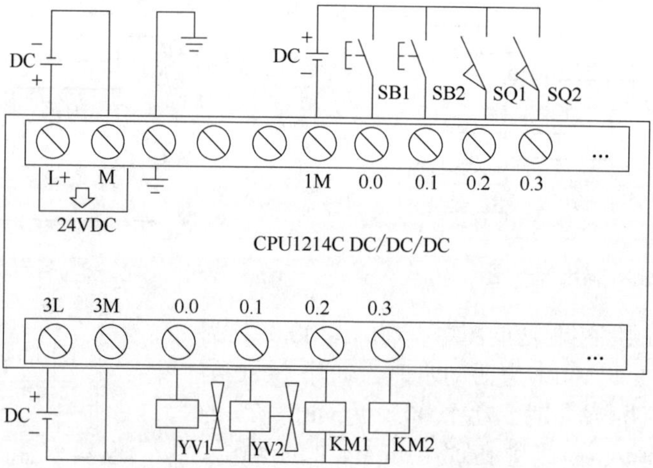

图 3-10 运料小车 PLC 硬件接线原理图

4. 运料小车顺序控制功能图设计

根据小车的工作步骤，设计顺序功能图，如图 3-11 所示。

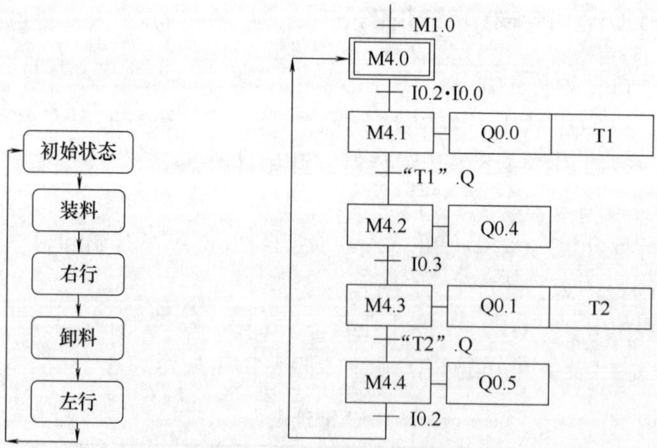

图 3-11 运料小车顺序控制功能图

思考问题 3：怎样把顺序功能图转化成 PLC 程序？

四、顺序功能图中转换实现的基本规则

1. 转换实现的条件

（1）该转换所有的前级步都是活动步。当编程元件代表各步进入 RUN 工作方式时，它们均处于 OFF 状态，必须用初始化脉冲 M1.0（开机时接通一个扫描周期）的常开触点作为转换条件，将初始状态预置为动状态，否则，功能图中因没有动状态而导致系统无法工作。

（2）相应的转换条件得到满足。

2. 转换实现应完成的操作

（1）使该转换所有的后续步都变为活动步。

（2）使该转换所有的前级步都变为不活动步。

3. 绘制顺序功能图的注意事项

（1）两个步绝对不能直接相连，必须用一个转换将它们分隔开。

（2）两个转换也不能直接相连，必须用一个步将它们分隔开。

（3）初始步对应于系统等待启动的初始状态，初始步是必不可少的。

（4）步和有向连线一般应组成闭环。

4. 顺序控制设计法的本质

经验设计法试图用输入信号 I 直接控制输出信号 Q，由于不同的系统的输出量 Q 与输入量 I 之间的关系各不相同，不可能找出一种简单通用的设计方法，如图 3-12（a）所示。

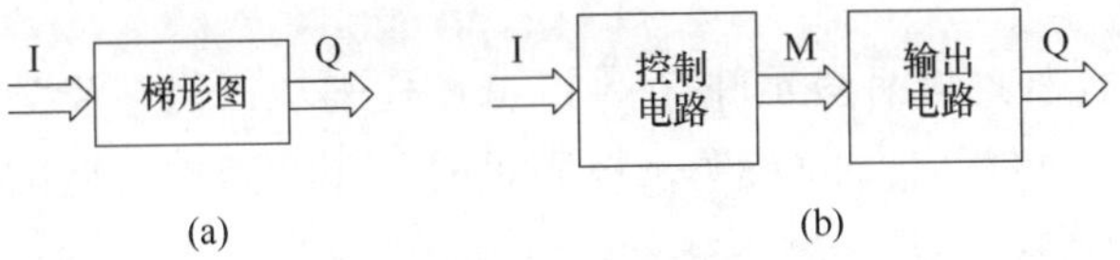

图 3-12　设计方法本质

顺序控制设计法则是用输入量 I 控制代表各步的编程元件（例如 M），再用它们控制输出量 Q。步是根据输出量 Q 的状态划分的，输出电路的设计极为简单。任何复杂系统的代表步的存储器位 M 的控制电路的设计方法都是通用的，并且很容易掌握，如图 3-12（b）所示。

五、使用置位复位指令的顺序控制梯形图编程方法

1. 控制程序典型结构

控制系统有自动和手动两种工作方式，每个扫描周期都会执行公用程序，如图 3-13 所示。自动方式和手动方式都需要执行的操作放在公用程序中，公用程序还用于自动程序和手动程序相互切换的处理。

2. 编程的基本方法

第一步：系统准备。开始执行自动程序时，要求系统处于与自动程序的顺序功能图的初始步对应的初始状。如果开机时系统没有处于初始状态，则应进入手动工作方式，用手动操作使系统进入初始状态后，再切换到自动工作方式，也可以设置使系统自动进入要求的初始状态的工作方式。

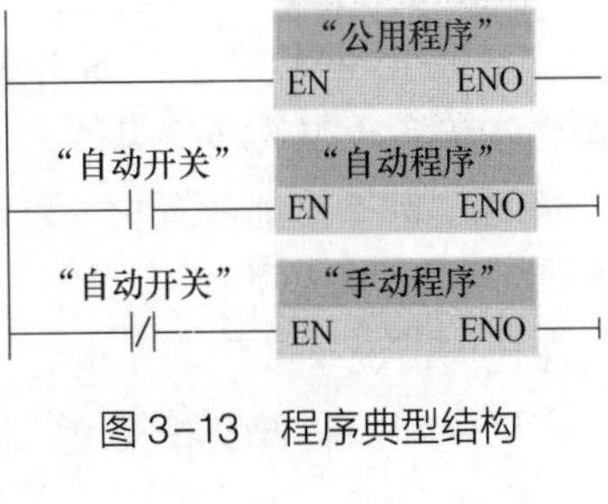

图 3-13　程序典型结构

第二步：初始化设计。刚开始执行用户程序时，系统的机械部分已经处于要求的初始状态。在 OB1 中用仅在首次扫描循环时为 1 状态的 M1.0（Firs Scan）将各步对应的编程元件（例如图中的 MW4）均复位为 0 状态，然后将初始步对应的编程元件（例如下图中的 M4.0）置位为 1 状态，为转换的实现做好准备。

OB1 中的初始化程序，如图 3-14 所示。

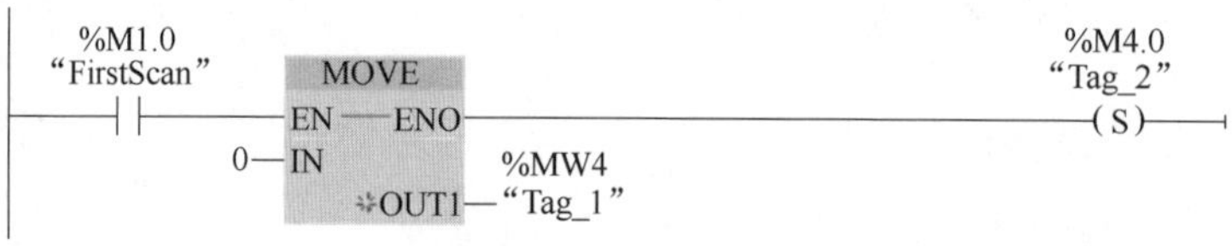

图 3-14　初始化程序 1

也可以用复位位域指令来复位，如图 3-15 所示。

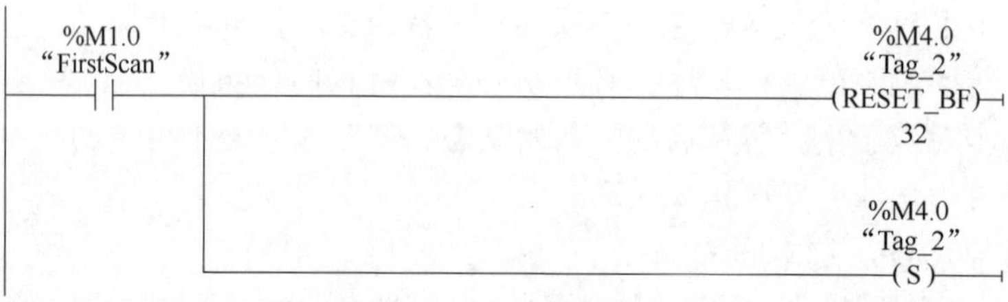

图 3-15　初始化程序 2

第三步：步的转换设计。在梯形图中，用编程元件（例如 M）代表步，当某步为活动步时，该步对应的编程元件为 ON。当该步之后的转换条件满足时，转换条件对应的触点或电路接通。

将转换条件对应的触点或电路与代表所有前级步的编程元件的常开触点串联，作为与转换实现的两个条件同时满足对应的电路。该电路接通时，将所有后续步对应的存储器位置位，和将所有前级步对应的存储器位复位。例如图 3-16 程序。

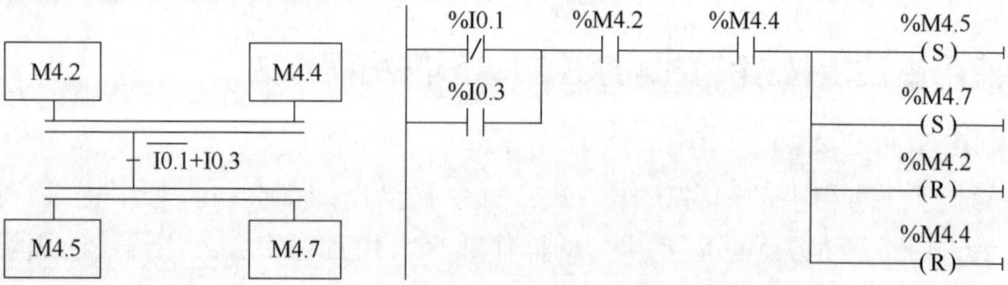

图 3-16　步的转换设计

在图 3-16 的程序中，如果转换所有的前级步（步 M4.2 和步 M4.4）都是活动步，并且满足该转换对应的转换条件（/I0.1+I0.3），则转换实现。即该转换所有的后续步（步 M4.5 和步 M4.7）都被置位为活动步，该转换所有的前级步（步 M4.2 和步 M4.4）都被复位为不活动步。

在任何情况下，代表步的存储器位的控制电路都可以用这一原则来设计，每一个转换对一个这样的控制置位和复位的电路块，有多少个转换就有多少个这样的电路块。这种设计法特别有规律，梯形图与转换实现的基本规则之间有着严格的对应关系，在设计复杂的顺功能图的梯形图时既容易掌握，又不容易出错。

第四步：输出的设计。根据顺序功能图，用代表步的存储器位的常开触点或它们的并联电路来控制输出位的线圈。Q0.0 仅仅在步 M4.1 为 ON，它们的波形完全相同。因此用 M4.1 的常开触点直接控制 Q0.0 的线圈。接通延时定时器 T1 的线圈仅在步 M4.3 接通，因此用 M4.3 的常开触点控制 T1 的线圈。

例如实现项目“小车顺序控制”的顺序功能图（图 3-9）中步 M4.1 下面的 I0.1 对应的转换需要同时满足两个条件，即该转换的前级步是活动步（M4.1 为 ON）和转换条件满足（I0.1 为 ON）。在梯形图中，用 M4.1 和 I0.1 的常开触点组成的串联电路来表示上述条件。该电路接通时，两个条件同时满足。此时用置位指令将 M4.2 置位，该转换的后续步变为活动步。用复位指令将 M4.1 复位，该转换的前级步变为不活动步。每一个转换对应一个这样的电路。

将小车运行的顺序功能图（图 3-9）转换成梯形图程序，如图 3-17 所示。

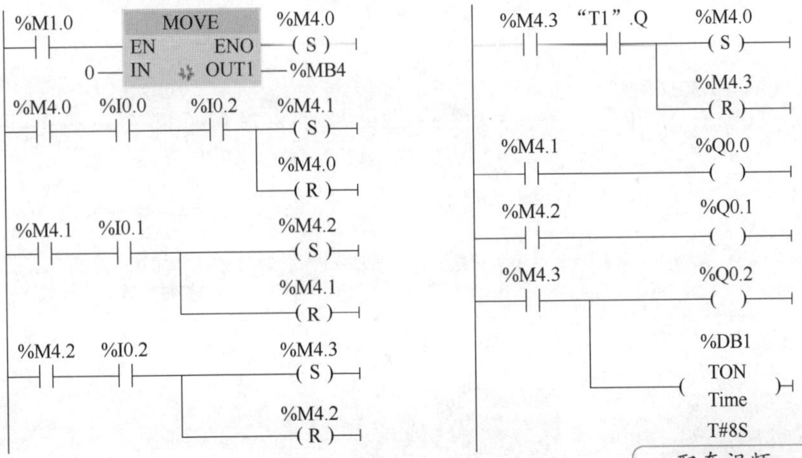

图 3-17　小车运行程序梯形图

配套视频
运料小车控制程序设计

配套视频
运料小车一般程序设计

案例二：运料小车顺序控制程序设计

根据图 3-11 的运料小车顺序功能图，设计其顺序控制程序，如图 3-18 所示。

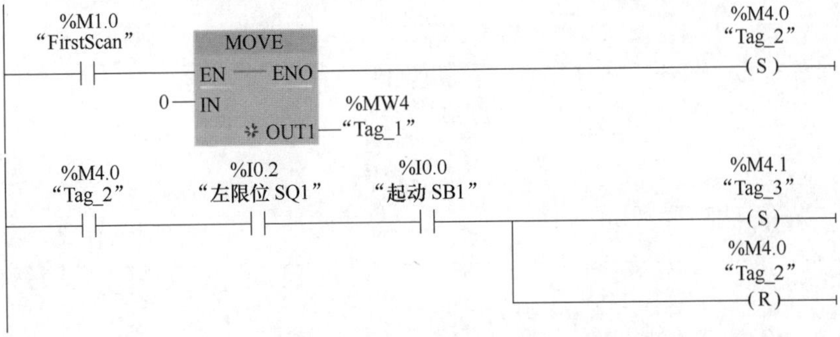

图 3-18　运料小车顺序控制程序

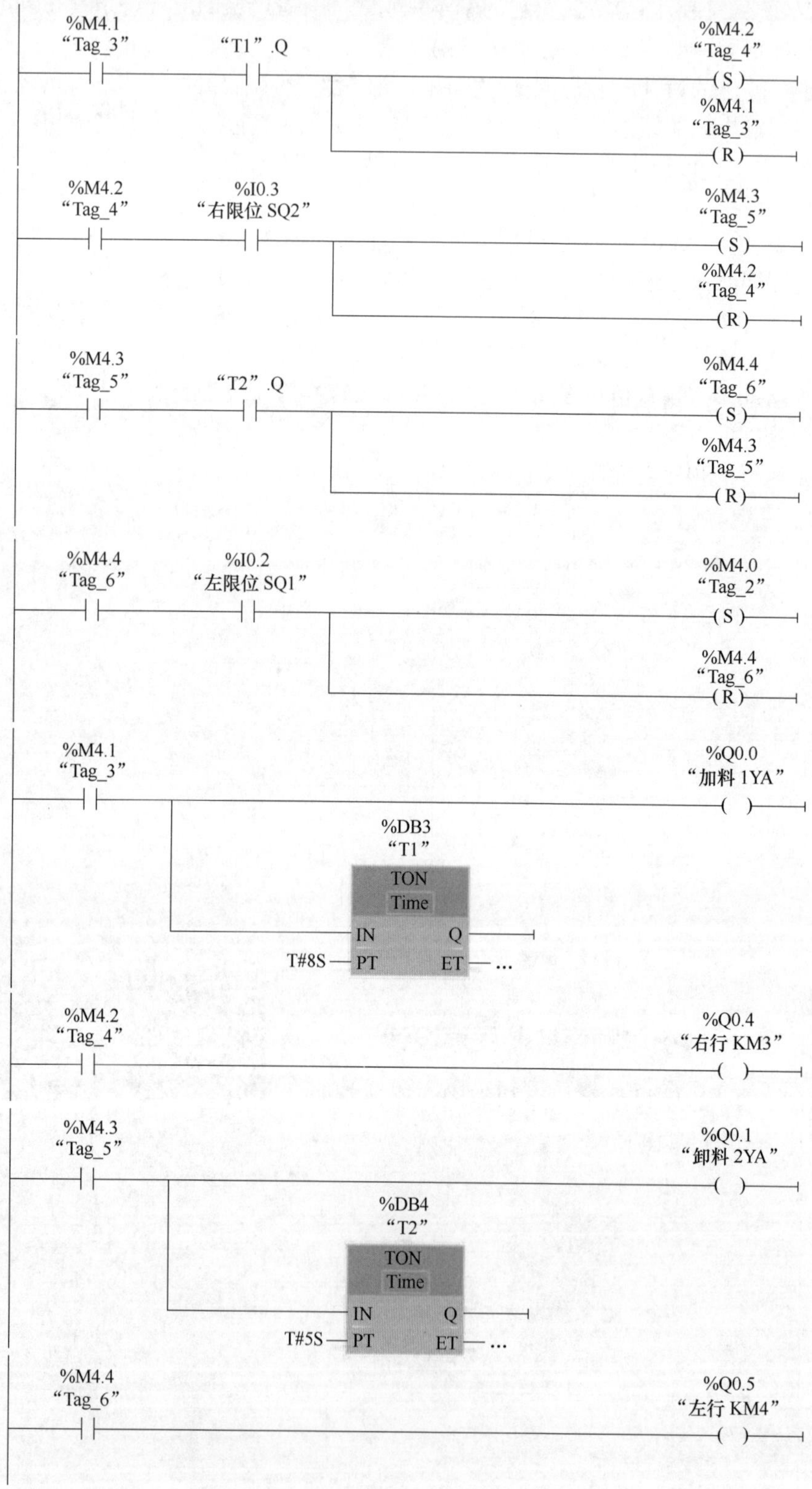

图 3-18　运料小车顺序控制程序（续）

任务拓展

小车往返控制系统设计

控制要求：

启动后，小车在 A-B-C-D 四点之间往返运行，运行过程示意图，如图 3-19 所示。

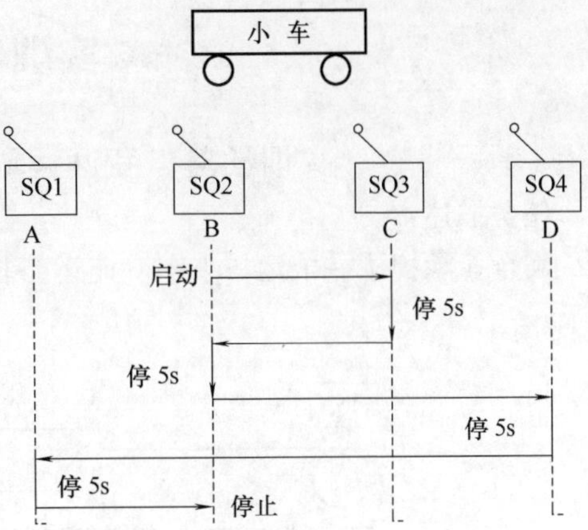

图 3-19　小车往返运行示意图

习　题

1. 某一步的后面有几个步，当满足不同的转换条件时，转向不同的步，此种顺序功能图为________。

2. 顺序功能图中的一个转移能够触发必须满足的两个条件为________和________。

3. 用单序列顺序控制设计液体混合装置的控制程序。

4. 用并行序列顺序控制设计十字路口交通灯的控制程序。

小贴士：自动搬运车

自动搬运车是指装有自动位置感应器件或者导引装置，能够沿规定的路径行驶，在车体上还具有编程和停车选择装置、安全保护装置以及各种物料移载功能的搬运车辆。

搬运车发展历史，经历三代发展，搬运车发展正在向第四代发展。

第一代搬运车为手动搬运车，简称 CBY，其特点是自动化、智能化程度不高，但它为人工搬运向机械化搬运转化做出了巨大的贡献，时至今日，它在搬运车市场仍然具备一定的市场份额；

第二代搬运车是以内燃叉车为代表的内燃搬运车，简称 FT，具备较高的自动化，内燃叉车以发动机为动力，动力强劲，缺点是有废气排放污染环境，效能较低，有害人类健康，不适合食品行业使用；

第三代搬运车是以电动叉车为代表的全电动搬运车，简称 CBD，其自动化程度和内燃叉车相当，但它是节能环保理念推动的动力技术更新，使用的是电池动力，电动搬运车具备节能、无废气排放、噪声小等优点，是食品行业的最佳选择，但是由于其受电瓶容量的限制，功率小，作业时间短。

第四代搬运车发展是以自动无人搬运车为代表的，是当今柔性制造系统（FMS）和自动化仓储系统中物流运输的有效手段，现代的 AGV 是由计算机控制，是一种智能化比较高的搬运车。

实训任务单一

实训任务　变速运动运料小车控制系统设计

任务描述：

某企业承担了一个运料小车变速运行控制系统设计任务，小车送料示意图如图 3-20 所示。

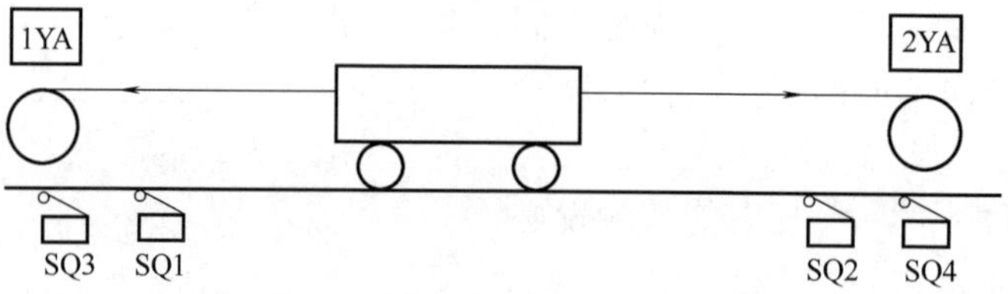

图 3-20　变速运动运料小车运行示意图

任务要求：

循环过程开始时，小车处于最左端，此时，装料电磁阀 1YA 得电，延时 20s；装料结束，接触器 KM3、KM5 得电，向右快行；碰到限位开关 SQ2 后，KM5 失电，小车慢行；碰到限位开关 SQ4 时，KM3 失电，小车停，电磁阀 2YA 得电，卸料开始，延时 15s；卸料结束后，KM4、KM5 得电，小车向左快行；碰到限位开关 SQ1，KM5 失电，小车慢行；碰到限位开关 SQ3，KM4 失电，小车停。

1. 任务分组

小组序号		小组名称	
任务名称	变速运动运料小车控制系统设计		
组员	承担角色	职责	

2. 任务分析

控制系统组成	
控制过程分析	
I/O 设备确定	
PLC 型号确定	

3. 设计决策

（1）I/O 地址分配。

输入			输出		
元件	地址	功能	元件	地址	功能

（2）PLC 电气原理图设计。

PLC 硬件接线电气原理图

电气元件明细表

序号	元件名称	规格型号	单位	数量	电气符号

（3）PLC 程序设计思路。

（4）顺序控制功能图。

4. 设计实施

耗材与工具领取。

序号	名称	规格型号	数量

5. 电气接线

出现的问题	解决的措施

6. 程序编辑与调试

出现的问题	解决的措施

实训任务单二

实训任务　运料小车控制系统设计

任务描述：

某化工企业需要设计一个自动运送原料的小车，其系统工作示意图，如图 3-21 所示。

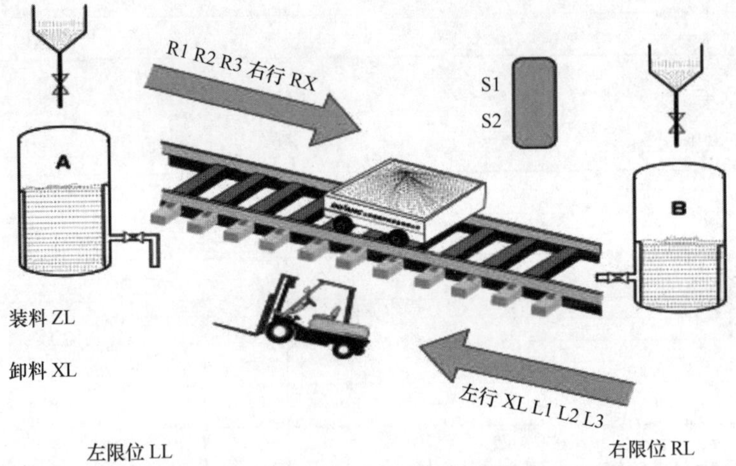

图 3-21　运料小车工作示意图

任务要求：

系统启动后，选择手动方式（A4），通过 ZL、XL、RX、LX 四个开关的状态决定小车的运 行方式。装料开关 ZL 为 ON，系统进入装料状态，灯 S1 亮，ZL 为 OFF，右行开关 RX 为 ON，灯 R1、R2、R3 依次点亮，模拟小车右行，卸料开关 XL 为 ON，小车进入卸料，XL 为 OFF，左行开关 LX 为 ON，灯 L1、L2、L3 依次点亮，模拟小车左行。选择自动方式（按下微动按钮 A3），系统进入装料→右行→卸料→装料→左行→卸料→装料循环。选择单周期方式（按 下微动按钮 A2），小车运行来回一次。选择单步方式，按一次微动按钮 A1 一次，小车运行 一步。

1. 任务分组

小组序号		小组名称	
任务名称	运料小车控制系统设计		
组员	承担角色	职责	

2. 任务分析

控制系统组成	
控制过程分析	
I/O 设备确定	
PLC 型号确定	

3. 设计决策

（1）I/O 地址分配。

输入			输出		
元件	地址	功能	元件	地址	功能

（2）PLC 电气原理图设计。

PLC 硬件接线电气原理图

电气元件明细表

序号	元件名称	规格型号	单位	数量	电气符号

（3）PLC 程序设计思路。

（4）顺序控制功能图。

4. 设计实施

耗材与工具领取。

序号	名称	规格型号	数量

5. 电气接线

出现的问题	解决的措施

6. 程序编辑与调试

出现的问题	解决的措施

任务二　气动机械手的 PLC 控制

配套课件

气动机械手的PLC控制

搬运机械手可以快速处理搬运任务，降低物流搬运成本。PLC 控制的机械手通过修改程序，更换功能模块，添加新功能等，可以不断满足变化的市场需求、新产品和新生产流程。

任务描述

气动机械手的 PLC 控制系统设计

某轻工物流企业承担了一个气动机械手控制系统设计任务，要求用机械手将工件由 A 处抓取并放到 B 处。机械手的执行机构为气缸，其左右、上下动作为双动，夹紧松开为单动；气缸的动作由电磁阀控制，气缸的行程由装在气缸上的磁性开关的位置决定，动作示意图，如图 3-22 所示，图中 YV 为电磁阀，SQ 为磁性位置开关。

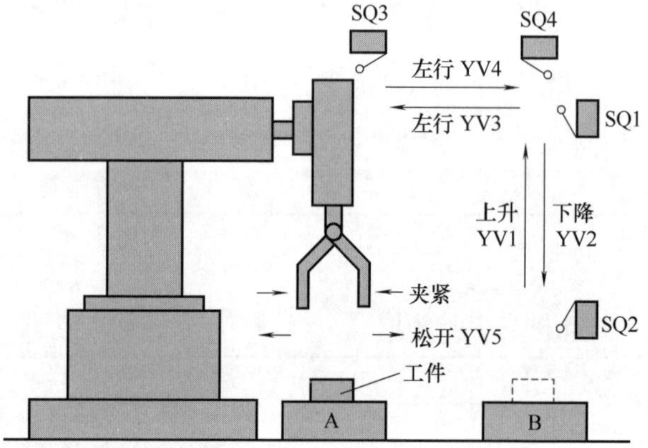

图 3-22　气动机械手示意图

控制过程：

（1）初始位置，机械手处于左上角位，上限磁性开关和左限磁性开关接通，机械手的夹钳处于松开状态，原位指示灯亮。

（2）当启动按钮按下，机械手下行。

（3）下限位磁性开关接通时，机械手停止下行，夹钳夹紧。

（4）1s 后机械手上行。

（5）上限位磁性开关接通后，机械手停止上行，开始右移。

（6）右限位磁性开关接通后，机械手停止右行，开始下行。

（7）下限位磁性开关接通后，机械手停止下行，夹钳打开。

（8）2s 后机械手上行。

（9）上限位磁性开关接通后，机械手停止上行，开始左移。

（10）左限位行程磁性开关接通后，机械手停止左行，回到初始位置。

提出问题：

（1）整个系统的控制过程分解成哪些顺序控制步骤？

（2）如何设计顺序控制功能图？

（3）如果设置一个停止按钮，使机械手在完成一个周期的运行后停止在初始位置，要如何设计？

（4）如何设计使机械手能循环运行？

知识链接

思考问题 1： 如何设计选择序列的顺序控制程序？

一、选择序列和并行序列顺序功能图

1. 单序列型顺序功能图

单流程（顺序结构）是最简单的一种结构，其动作是一个接一个地完成，各个工步按顺序执行，上一工步执行结束，转换条件成立，开通下一工步，同时关断上一工步。如图 3-23（a）所示。

特点：

（1）单流程结构功能图是由一系列相继被激活的状态组成，状态与状态之间只有一个转移，转移与转移之间只有一个状态。

（2）在单流程结构功能图中，有向连线没有分支和合并。

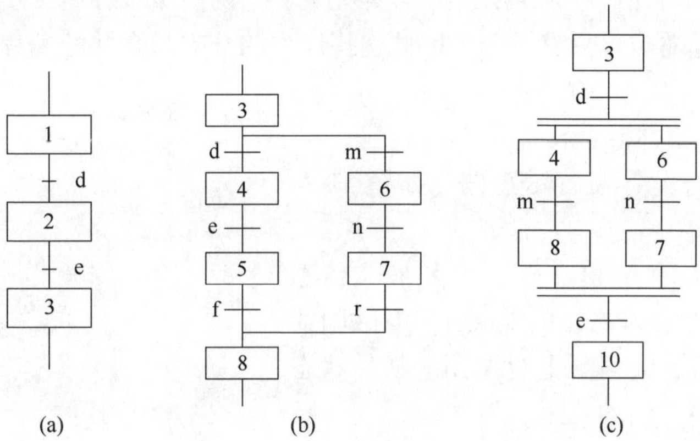

图 3-23　顺序功能图类型

（a）单序列示意图　（b）选择序列示意图　（c）并行序列示意图

2. 选择序列型的顺序功能图

在实际工作中，对具有多流程的工作要进行流程选择或分支选择，即一个控制流程可能转入多个可能的控制流程中的某一个，但不允许多路分支同时执行，究竟转移到哪一个分支取决于转移条件哪一个为真，如图 3-23（b）所示。

选择序列的开始成为分支，转换条件只能标在水平连线之下。如在动状态 3 时，当条件 d=1 时，动状态转移到 4；当条件 m=1 时，动状态转移到 6。一般只允许选择其中一个序列，可见各序列是互相排斥的。

选择序列的结束成为合并，转换条件只能标在水平连线之上。如在动状态 5 时，当条件 f=1 时，动状态转移到 8；在动状态 7 时，当条件 r=1 时，动状态转移到 8。

3. 并行序列型的顺序功能图

在实际中，一个顺序控制状态流需要分成多个不同分支控制状态流，这就是并行分支或并发分支。当一个控制状态流分成多个分支时，所有的分支控制状态流必须同时激活。

当多个控制流产生的结果相同时，可以把这些控制流合并成一个控制流，即并行分支的连接。在合并控制流时，所有的分支控制流必须都是完成了的。这样，在转移条件满足时才能转移到下一个状态。

并发顺序一般用双水平线表示，同时结束若干个顺序也必须用双水平线表示，如

图 3-23（c）所示。

为了强调转移的同步实现，并发顺序用双水平线表示。当状态 4、6 同时激活后，每个子序列的动状态进展是独立的。在表示同步的双水平线之上，只允许有一个转换条件。

并行序列的结束称为合并。合并时，在表示同步的双水平线之下，只允许有一个转换条件。当连接到双水平线上的所有的前级状态 8、7 都处于动状态，且转换条件 e=1 时，才会发生状态 8 和状态 7 到状态 10 的进展，此时状态 8 和状态 7 变为静状态，状态 10 变为动状态。

二、选择序列和并行序列型顺序控制程序编程方法

1. 选择序列的编程方法

如果某一转换与并行序列的分支、合并无关，它的前级步和后续步都只有一个，需要复位、置位的存储器位也只有一个，因此选择序列的分支与合并的编程方法与单序列的编程方法完全相同。

应用案例 1：液体混合装置的 PLC 控制。

两种液体混合搅拌装置示意图，如图 3-24 所示。

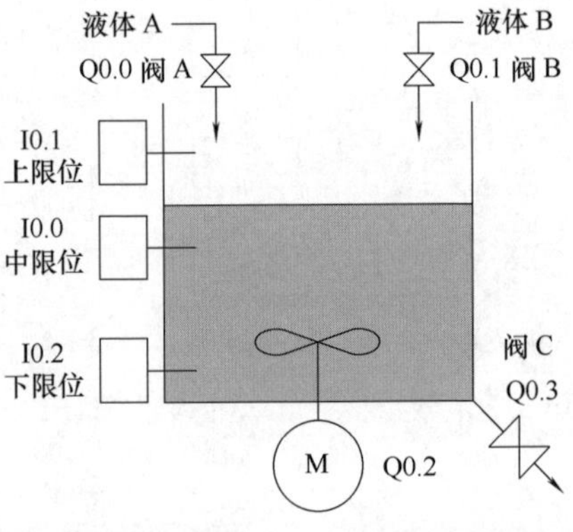

图 3-24　两种液体混合搅拌装置示意图

其中 I0.0、I0.1 和 I0.2 连接的是液位传感器，液位传感器被液体淹没时为 ON，电磁阀线圈通电时阀门打开，线圈断电时关闭。初始状态时容器是空的，各阀门均关闭。

按下启动按钮，打开阀 A，液体 A 流入容器。中限位开关变为 ON 时，关闭阀 A，打开阀 B，液体 B 流入容器。液面升到上限位开关时，关闭阀 B，电动机开始运行，搅拌液体。50s 后停止搅拌，打开阀 C，放出混合液。液面降至下限位开关之后再过 6s，容器放空，关闭阀 C，打开阀 A，又开始下一周期的操作。按下停机按钮，当前工作周期的操作结束后，才停止操作，返回并停留在初始状态。

两种液体混合控制系统顺序功能图和顺序控制程序，如图 3-25 所示。

配套视频

液体混合顺序控制程序设计

应用案例 2：3 条运输带顺序启动逆序停止控制设计。

3 条运输带顺序相连，按下启动按钮 I0.2，1 号运输带开始运行，5s 后 2 号运输带自动启动，再过 5s 后 3 号运输带自动启动。按了停止按钮 I0.3 后，先停 3 号运输带，5s 后停 2 号运输带，再过 5s 停 1 号运输带。系统装置示意图和运行波形图，如图 3-26 所示。

将系统的一个工作周期划分为 6 步，即等待启动的初始步、4 个延时步和 3 条运输带同时运行的步。用 M4.0～M4.5 来代表各步。Q0.2 在步 M4.1～M4.5 均为 1 状态，Q0.3 在步 M4.2～M4.4 均为 1 状态。

为了简化程序，在步 M4.1 将 Q0.2 置位，在步 M4.0 将 Q0.2 复位为 0 状态。同样地，在步 M4.2 将 Q0.3 置位；在步 M4.5 将它复位。

系统顺序功能图和顺序控制程序，如图 3-27 所示。

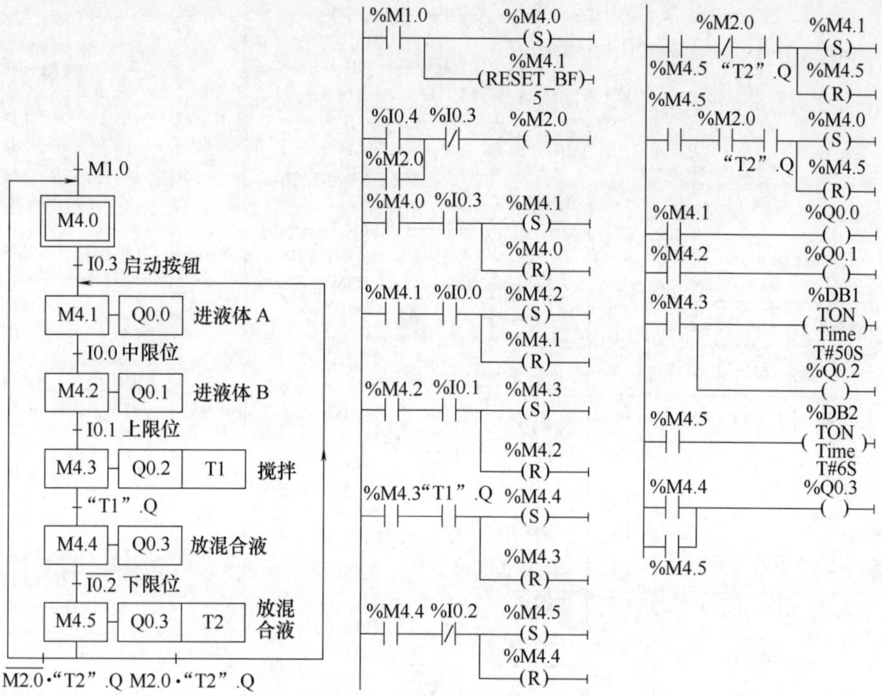

图 3-25　顺序功能图和顺序控制程序

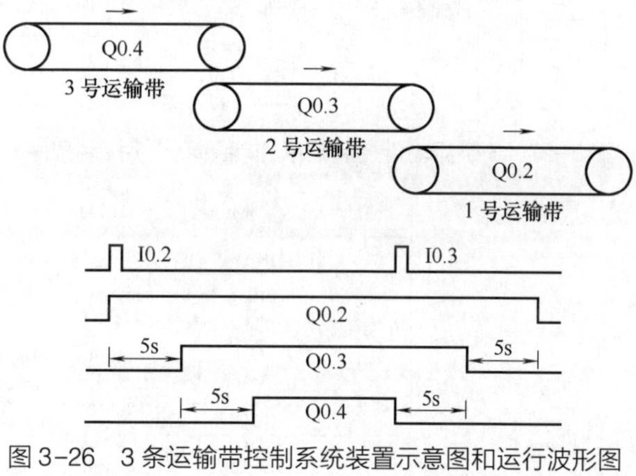

图 3-26　3 条运输带控制系统装置示意图和运行波形图

在顺序启动 3 条运输带的过程中，操作人员如果发现异常情况，可以由启动改为停车。按下停止按钮 I0. 3 后，将已经启动的运输带停车，仍采用后启动的运输带先停车的原则。

在步 M4. 1，只启动了 1 号运输带。按下停止按钮 I0. 3，系统应返回初始步。

在步 M4. 2，已经启动了两条运输带。按下停止按钮，转换到步 M4. 5，2 号运输带停车，延时后返回初始步，1 号运输带停车。

2. 并行序列的编程方法

在图 3-28 所示程序中，步 M4. 2 之后有一个并行序列的分支，用 M4. 2 和转换条件 I0. 3 的常开触点组成的串联电路，将后续步对应的 M4. 3 和 M4. 5 同时置位，将前级步对

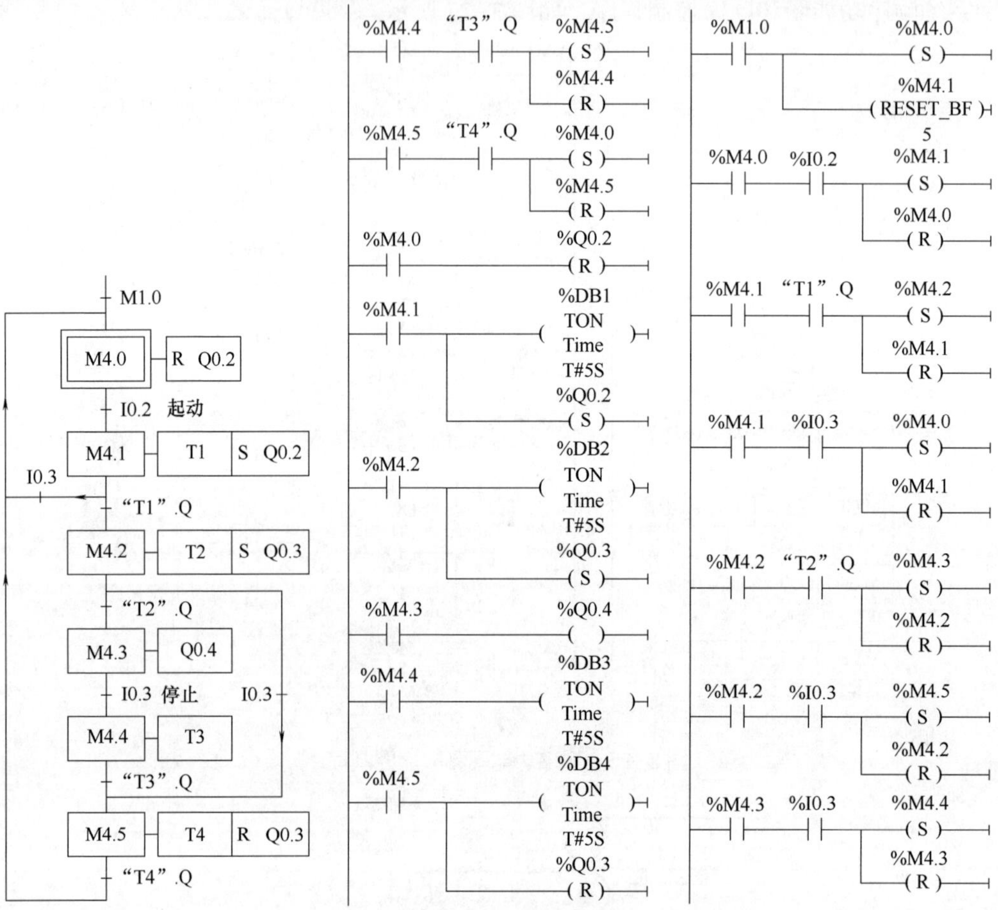

图 3-27　3 条运输带控制顺序功能图和顺序控制程序

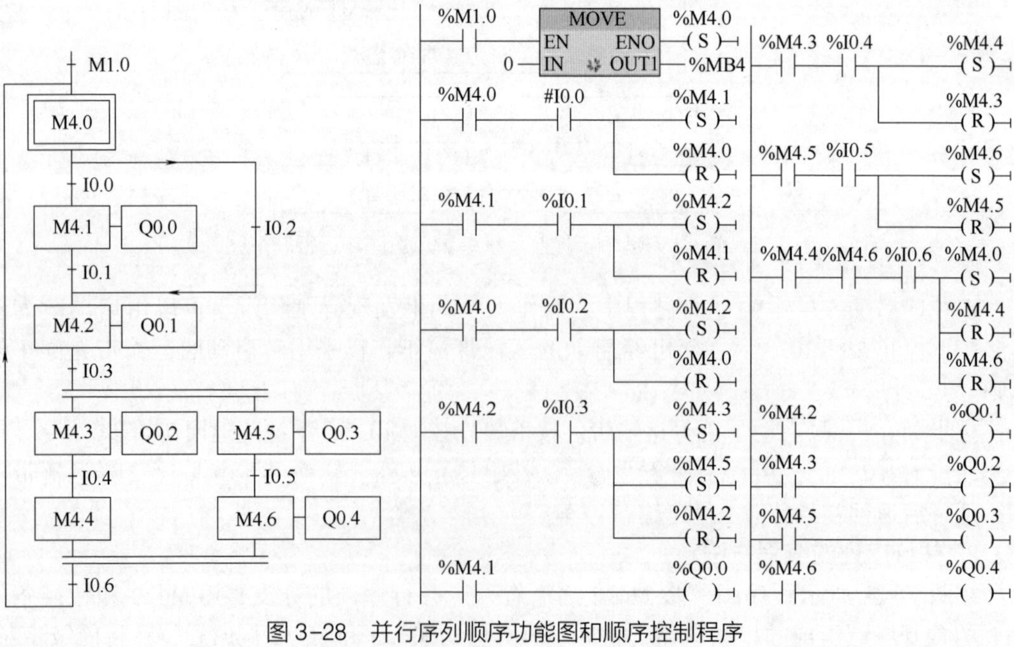

图 3-28　并行序列顺序功能图和顺序控制程序

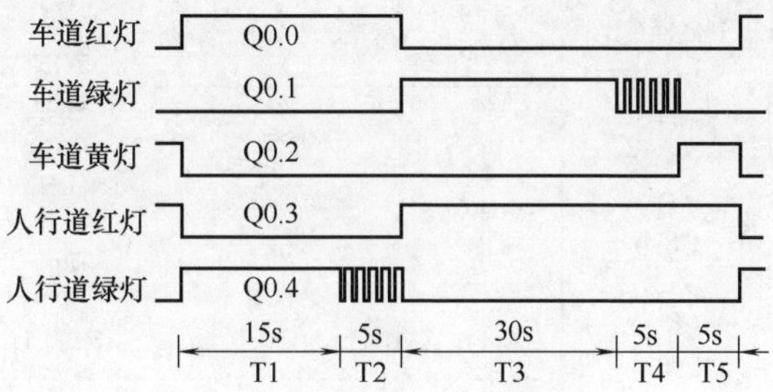

图 3-29　交通灯运行波形图

应的 M4.2 复位。

I0.6 对应的转换之前有一个并行序列的合并，用两个前级步 M4.4 和 M4.6 的常开触点，和转换条件 I0.6 的常开触点组成的串联电路，将后续步对应的 M4.0 置位，和将前级步对应的 M4.4、M4.6 复位。

应用案例 3：十字路口交通灯顺序控制。

交通灯按图 3-29 所示的波形图顺序运行。

交通灯顺序控制功能图如图 3-30 所示。开机后仅初始步 M4.0 为 1 状态，按下启动按钮 I0.0，连续标志 M2.0 变为 ON 并保持，步 M4.1 和步 M4.5 同时变为活动步。用并行序列来表示车道交通灯和人行道交通灯同时工作的情况。

在 T5 的定时时间到时，转换条件 M2.0 ·“T5”.Q 满足，将从步 M4.4 和步 M4.7 转换到步 M4.1 和步 M4.5，交通灯进入下一循环。

按下停止按钮 I0.1，M2.0 变为 0 状态，但是系统不会马上返回初始步。T5 的定时时间到时，转换条件 $\overline{\text{M2.0}}$ ·“T5”.Q 满足，将从步 M4.4 和步 M4.7 返回初始步。

当 M4.0 是活动步，并且转换条件 I0.0 满足，步 M4.1 与步 M4.5 应同时变为活动步，这是用 M4.0 和 I0.0 的常开触点的串联电路驱动两条置位指令来实现的。

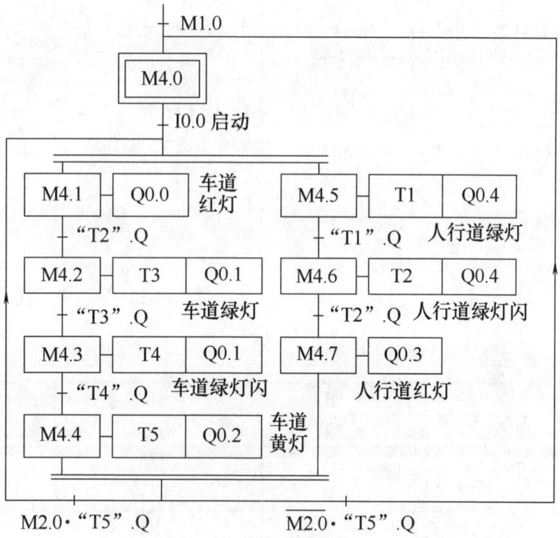

图 3-30　交通灯顺序控制功能图

M2.0 ·“T5”.Q 对应的转换之前有一个并行序列的合并，该转换实现的条件是所有的前级步（即步 M4.4 和 M4.7）都是活动步，和转换条件 M2.0 ·“T5”.Q 满足。由此可知，应将 M4.4、M4.7、M2.0 和“T5”.Q 的常开触点串联，作为使后续步 M4.1 和 M4.5 置位和使前级步 M4.4、M4.7 复位的条件。

车道绿灯 Q0.1 应在步 M4.2 常亮，在步 M4.3 闪烁。为此将 M4.3 与秒时钟存储器位 M0.5 的常开触点串联，然后与 M4.2 的常开触点并联，来控制 Q0.1 的线圈。用同样的方法来设计控制人行道绿灯 Q0.4 的电路。

顺序功能图示例，如图 3-31 所示。

任务实施

第一步：确定输入/输出设备，分配 I/O 地址，如表 3-2 所示。

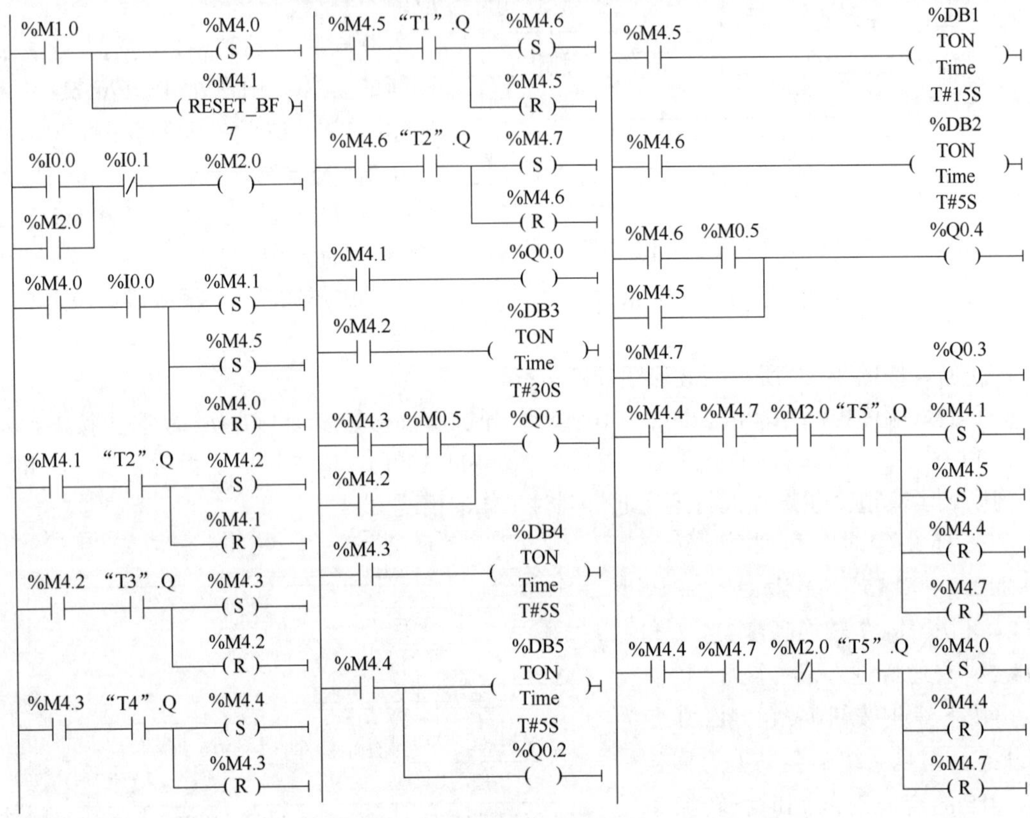

图 3-31　交通灯顺序功能图

表 3-2　　I/O 地址表

输入			输出		
元件	地址	功能	元件	地址	功能
SD1	I0. 0	启动	HL	Q0. 0	原位指示灯
SQ1	I0. 1	上限位	YV1	Q0. 1	上行
SQ2	I0. 2	下限位	YV2	Q0. 2	下行
SQ3	I0. 3	左限位	YV3	Q0. 3	左行
SQ4	I0. 4	右限位	YV4	Q0. 4	右行
SD2	I0. 5	停止	YV5	Q0. 5	抓紧/放松

第二步：设计 PLC 硬件接线原理图，如图 3-32 所示。

第三步：划分工作步骤，设计顺序功能图。

系统控制过程可以分解成以下的工作步骤：

① 初始位置，SQ1=1，SQ3=1→原位指示灯亮，YV5=0；

② 启动→YV2=1；

③ SQ3=1，SQ2=1→YV2=0，YV5=1，YV1=1；

④ SQ3=1，SQ1=1→YV1=0，YV5=1，YV4=1；

⑤ SQ4=1，SQ1=1→YV4=0，YV5=1，YV2=1；

⑥ SQ4=1，SQ2=1→YV2=0，YV5=0，YV1=1；

⑦ SQ4=1，SQ1=1→YV1=0，YV3=1；

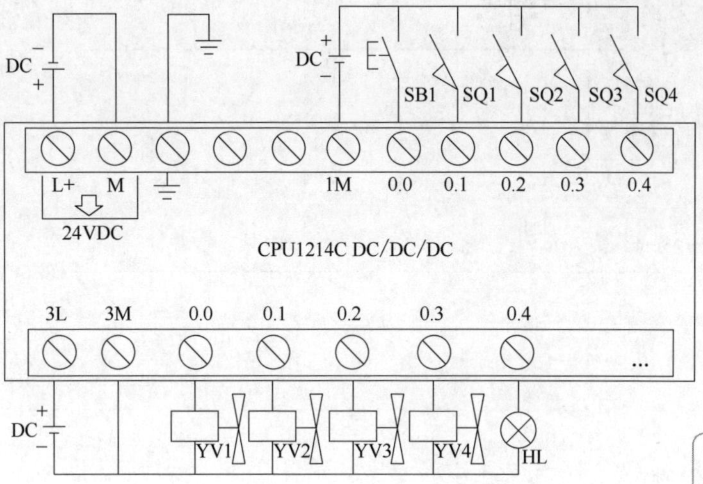

图 3-32　气动机械手 PLC 硬件接线原理图

配套视频
机械手运行顺序控制功能图设计

⑧ SQ3=1，SQ1=1→YV3=0，$\begin{cases}\text{I0.5=1：返回原位，等待启动信号。}\\ \text{I0.5=0：执行下行。}\end{cases}$

根据工作步骤，设计顺序控制功能图，如图 3-33 所示。

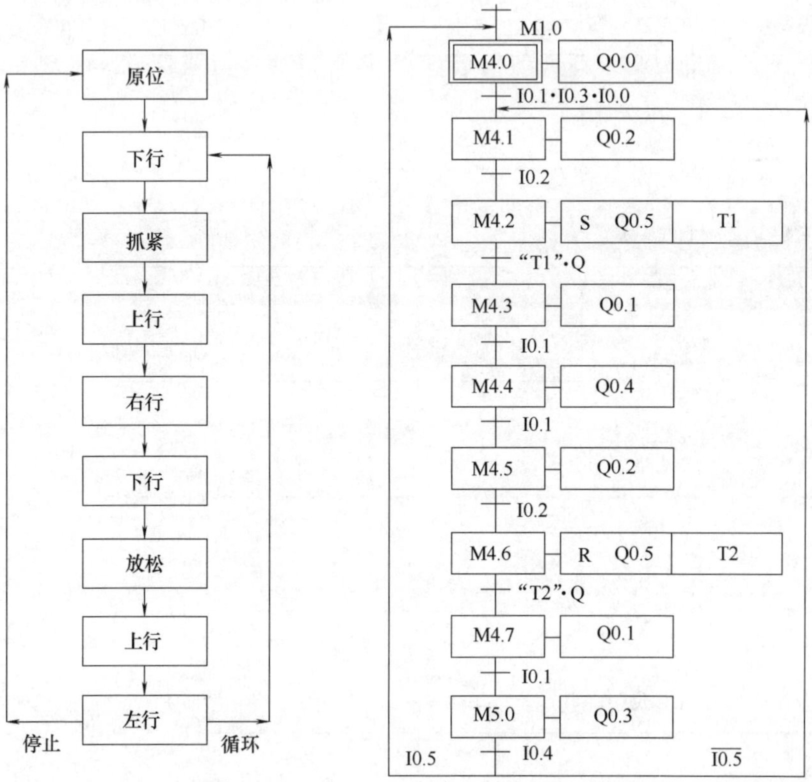

图 3-33　气动机械手工作步骤和顺序功能图

配套视频
机械手运行顺序控制功能图设计

第四步：程序设计，示例程序，如图 3-34 所示。

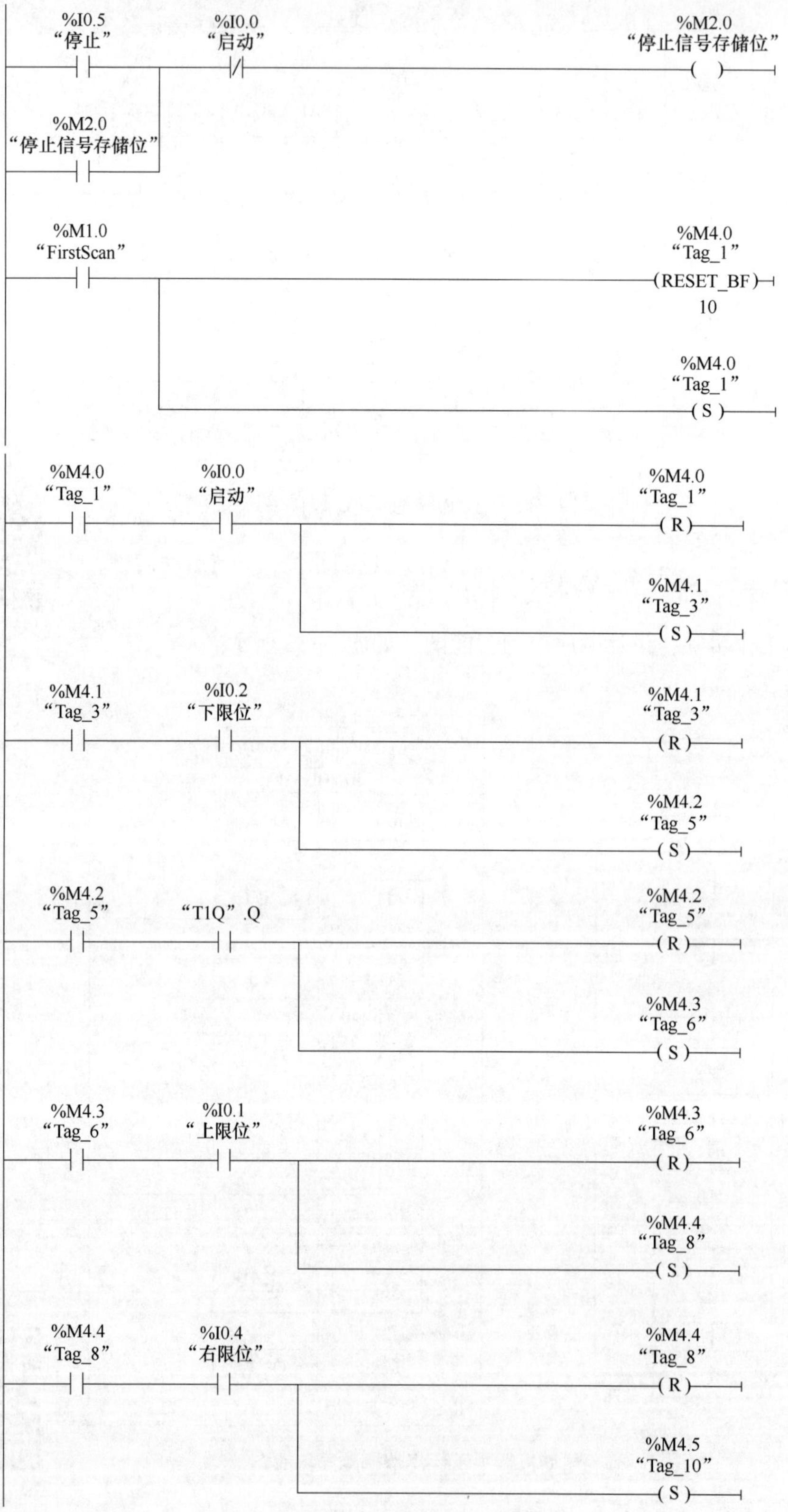

图 3-34　气动机械手 PLC 程序

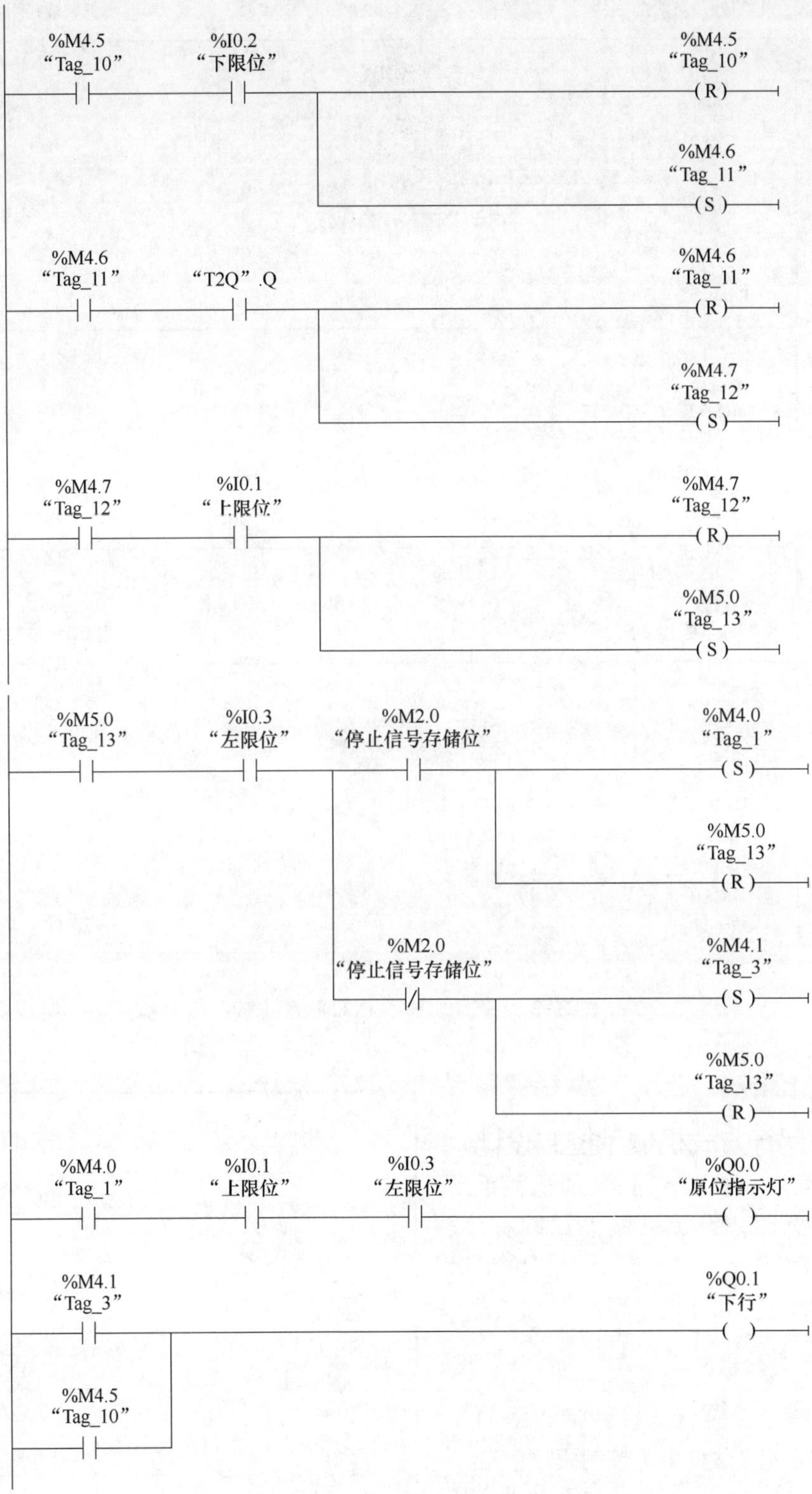

图 3-34　气动机械手 PLC 程序（续）

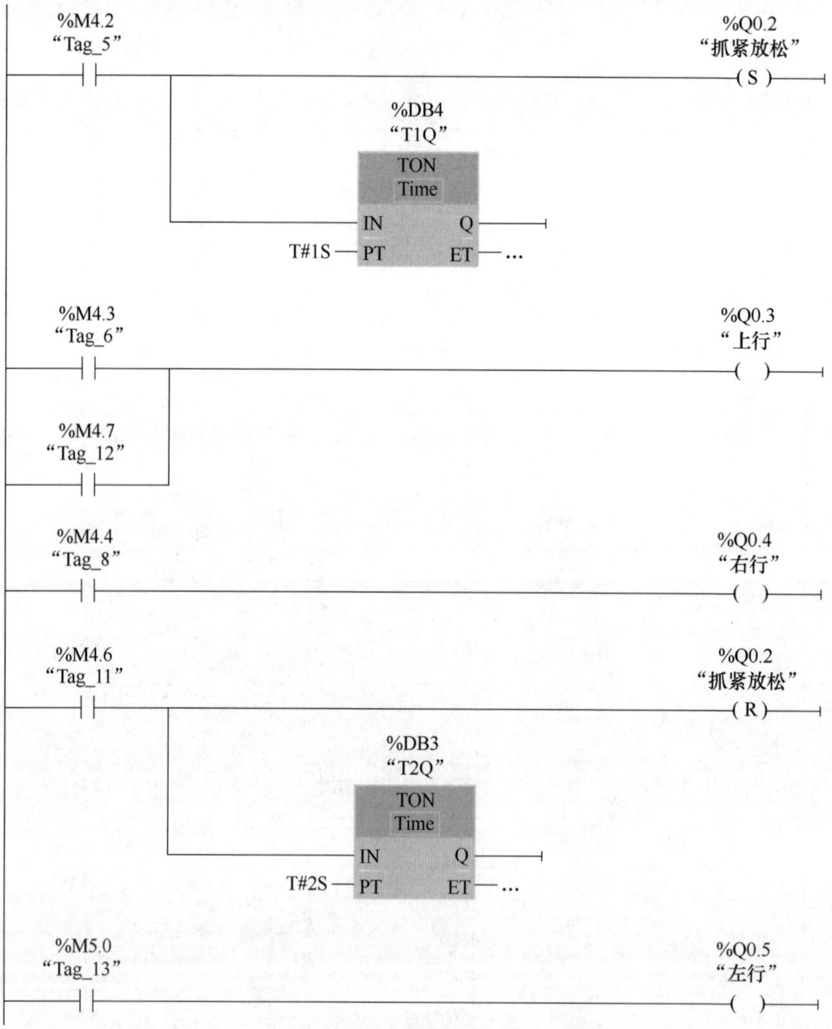

图 3-34　气动机械手 PLC 程序（续）

任务拓展

多种运行方式机械手控制设计

控制要求：根据下图 3-35 机械手操作面板示意图，设计机械手控制程序，要求有手动运行、自动回原位、单步运行、单周期运行和连续循环运行的方式。

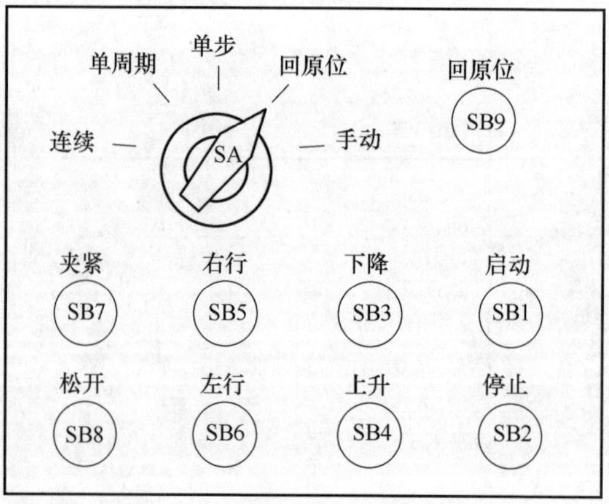

图 3-35　机械手操作面板示意图

习　题

1. 用顺序控制方法设计带有手动和自动运行模式的运料小车控制程序。

2. 如图 3-36 所示的机械手大小球分拣装置示意图，机械手下行吸取到球体后，根据大球和小球分别放到不同的收集位置。用顺序控制方法设计程序。

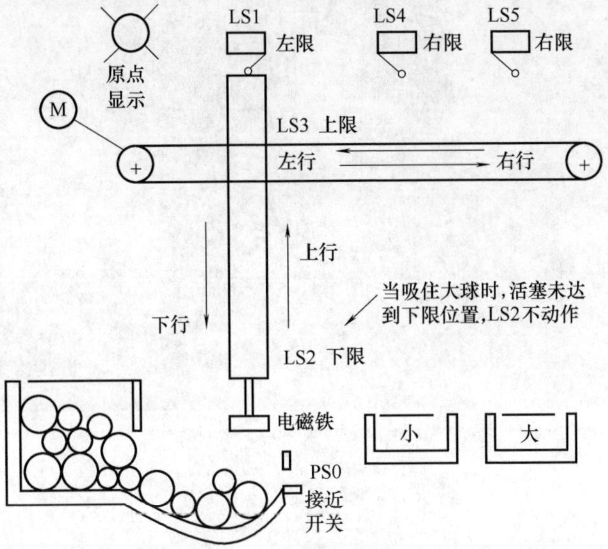

图 3-36　机械手大小球分拣装置示意图

小贴士：大国重器

大国重器是一个国家所能独立研制和生产的大型工业机器装备，它是一个国家综合实力的体现，它具有众多高科技含量，对一个国家的制造业和其他相关行业的发展起重要作用。近些年以来，我国科技界取得多项重要突破。科技工作者们步履不停，他们在追寻科学真理的道路上百折不挠，不断刷新着人类所能达到的新高度。党的二十大提到不少科技领域取得的重大成果，标志着我国进入创新型国家行列。

核电技术
“华龙一号”每台机组
年发电能力近100亿度
相当于每年减少
二氧化碳排放816万吨
量子信息
“九章二号”量子计算原型机
求解特定问题
比超算快10的24次方倍
（亿亿亿倍）
深地探测
2018年6月2日，“地壳一号”钻机宣布完成“首秀”
以完钻井深7018米创亚洲国家大陆科学钻井新纪录
深海探测
2020年11月10日
“奋斗者”号创造10909米中国载人深潜记录
探月探火
卫星导航
2020年7月31日
北斗三号全球卫星导航系统正式建成开通

实训任务单一

实训任务　搬运机械手的 PLC 控制

任务描述：

某自动生产线上料站有一个搬运机械手，要求用机械手将工件由 A 处抓取并放到 B 处。机械手的执行机构为气缸，其左、右、上、下动作为双动，夹紧松开为单动；气缸的动作由电磁气阀控制，气缸的行程由装在气缸上的磁性开关的位置决定，动作过程和运行操作面板如图 3-37 所示，图中 YV 为电磁阀，SQ 为磁性位置开关。

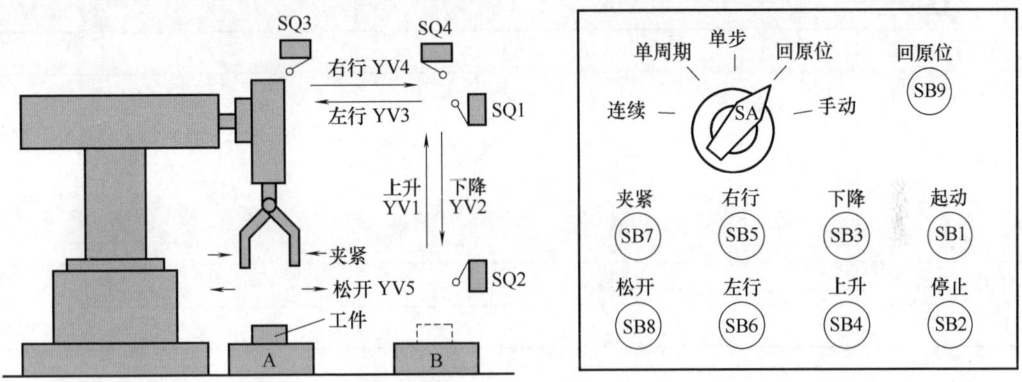

图 3-37　机械手动作过程和运行操作面板示意图

任务要求：

方法一：回原位。

方法二：单周期运行。

（1）初始位置，机械手处于左上角位，上限磁性开关和左限磁性开关接通，机械夹钳处于松开状态，原位指示灯亮。

（2）当启动按钮按下，机械手下行。

（3）下限位磁性开关接通时，机械手停止下行，机械夹钳夹紧。

（4）1s 后机械手上行。

（5）上限位磁性开关接通后，机械手停止上行，开始右移。

（6）右限位磁性开关接通后，机械手停止右行，开始下行。

（7）下限位磁性开关接通后，机械手停止下行，机械夹钳松开。

（8）2s 后机械手上行。

（9）上限位磁性开关接通后，机械手停止上行，开始左移。

（10）左限位行程磁性开关接通后，机械手停止左行，回到初始位置。

方法三：连续运行。

同方法二的步骤（1）~（9），第（10）步为左限位开关接通后，机械手停止左行，开始下行，以此循环。

方法四：手动运行。

按下 SB3~SB8，分别执行下降、上升、右行、左行、加紧、松开等动作。

1. 任务分组

小组序号		小组名称	
任务名称	搬运机械手的 PLC 控制		
组员	承担角色	职责	

2. 任务分析

控制系统组成	
控制过程分析	
I/O 设备确定	
PLC 型号确定	

3. 设计决策

（1）I/O 地址分配。

输入			输出		
元件	地址	功能	元件	地址	功能

（2）PLC 电气原理图设计。

PLC 硬件接线电气原理图

电气元件明细表

序号	元件名称	规格型号	单位	数量	电气符号

（3）PLC 程序设计思路。

（4）顺序功能图。

4. 设计实施

耗材与工具领取。

序号	名称	规格型号	数量

5. 电气接线

出现的问题	解决的措施	

6. 程序编辑与调试

出现的问题	解决的措施

实训任务单二

实训任务　气动旋转机械手的 PLC 控制

任务描述：

某自动生产线上料站有一个气动旋转机械手，其系统实物如图 3-38 所示。

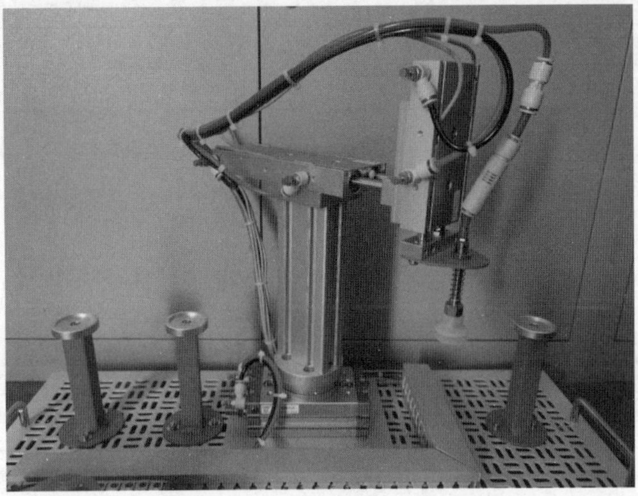

图 3-38　气动旋转机械手实物图

任务要求：

（1）机械手停在初始状态，旋转气缸左限位传感器得电、机械手缩回到位传感器得电、上升到位传感器得电。

（2）按下启动按钮 SB1，伸缩电磁阀 YV1 得电，机械手伸出。

（3）当伸出到位传感器 SQ1 得电时，升降电磁阀 YV2 得电，机械手开始下行。

（4）当下行到位传感器 SQ2 得电时，吸气电磁阀 YV3 得电，开始吸取物体，延时 5s。

（5）物体吸取好后，升降电磁阀 YV2 失电，机械手开始上行。

（6）当上行到位传感器 SQ3 得电时，伸缩电磁阀 YV1 失电，机械手缩回。

（7）当缩回传感器 SQ4 得电时，旋转电磁阀 YV4 得电，机械手开始右旋。

（8）当右旋到位传感器 SQ5 得电后，伸缩电磁阀 YV1 得电，机械手伸出。

（9）当伸出到位传感器 SQ1 得电时，升降电磁阀 YV2 得电，机械手开始下行。

（10）当下行到位传感器 SQ2 得电时，吸气电磁阀 YV3 失电，物体放在 B 点上，延时 2s。

（11）物体放下后，升降电磁阀 YV2 失电，机械手开始上升。

（12）当上升到位传感器 SQ3 得电时，伸缩电磁阀 YV1 失电，机械手缩回。

（13）当缩回传感器 SQ4 得电时，旋转电磁阀 YV4 失电，机械手开始左旋。

（14）左旋到位传感器 SQ6 得电时，机械手回到原位。

1. 任务分组

小组序号		小组名称	
任务名称	气动旋转机械手的 PLC 控制		
组员	承担角色	职责	

2. 任务分析

控制系统组成	
控制过程分析	
I/O 设备确定	
PLC 型号确定	

3. 设计决策

（1）I/O 地址分配。

输入			输出		
元件	地址	功能	元件	地址	功能

（2）PLC 电气原理图设计。

PLC 硬件接线电气原理图

电气元件明细表

序号	元件名称	规格型号	单位	数量	电气符号

（3）PLC 程序设计思路。

（4）顺序功能图。

4. 设计实施

耗材与工具领取。

序号	名称	规格型号	数量

5. 电气接线

出现的问题	解决的措施	

6. 程序编辑与调试

出现的问题	解决的措施

任务三　传送带变速运行的 PLC 控制

配套课件

传送带变速运动的PLC控制

在当前，交流电动机仍然是很多种机械和自动化设备的驱动电机，但是对于交流电动机的控制已经不是简单的通过接触器和继电器实现的启停、正反转、变换接法等。通过变频器来控制交流电机，大大提高了交流电机的使用效率和控制功能。

西门子变频器是由德国西门子公司研发、生产、销售的知名变频器品牌，主要用于控制和调节三相交流异步电机的速度。西门子变频器以其稳定的性能、丰富的组合功能、高性能的矢量控制技术、低速高转矩输出、良好的动态特性、超强的过载能力、创新的 BiCo（内部功能互联）功能以及无可比拟的灵活性，在变频器市场占据着重要的地位。

现如今，工厂与机械制造业的自动化需求日益增多。传统的集成式控制系统被逐渐分割为独立的运动控制过程，相应简化了每个工艺步骤的复杂性。西门子推出的用于小型自动化生产线的 V20 系列基本型变频器针对此类应用为用户提供了简易、经济的驱动解决方案。SINAMICS V20 具有调试过程快捷、易于操作、稳定可靠以及经济高效的特点，并且可以与西门子 S7 系列 PLC 配合使用。

任务描述

自动生产线传送带可以实现在不同的速度下运行

传送带部分由传送带输送线、三相异步电动机、西门子 V20 变频器组成，如图 3-39 所示。主要完成物料的传送。传送带输送线由三相交流异步电动机拖动，将物料输送到相应的位置；三相异步电动机驱动传送带转动，由变频器控制。

控制要求：

(1) 启动信号 SB1 为 ON，电动机启动并运行在第一段，频率为 10Hz；延时 5s 后，电动机运行在第二段，频率为 15Hz；再延时 10s 后，电动机正向运行在第三段，频率为 25Hz。

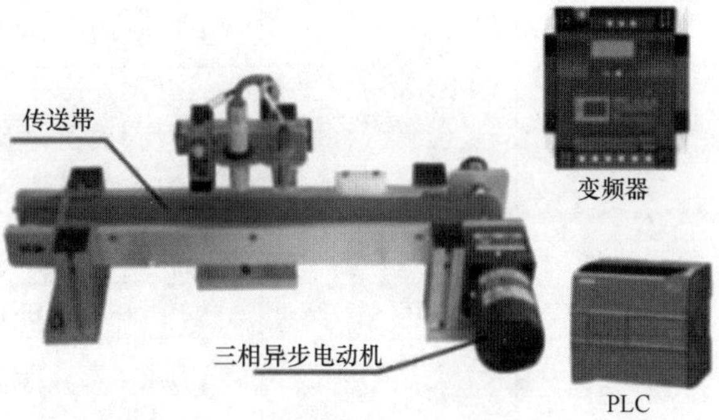

图 3-39　自动生产线传送带组成

(2) 停止信号 SB2 为 ON，电动机停止运行。

提出问题：

(1) 西门子变频器的结构和功能？

(2) 变频器调速方式有哪几种，分别如何设置参数？

(3) 变频器与 PLC 如何联机控制交流电机的运行？

知识链接

思考问题 1：西门子 V20 变频器的结构和功能是什么？

一、西门子 V20 变频器的操作面板结构和功能

配套视频
V20变频器BOP介绍

V20 变频器的 BOP 操作面板，如图 3-40 所示。面板的结构包括显示屏和 6 个功能按钮。

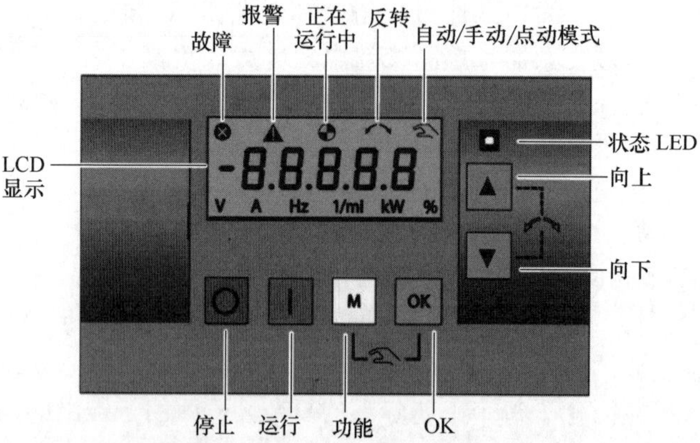

图 3-40　V20 变频器 BOP 操作面板

面板上各个按钮功能和使用方法，如表 3-3 所示。

表 3-3　V20 变频器操作面板按钮功能

○	停止变频器	
	单击	OFF1 停车方式：电机按参数 P1121 中设置的斜坡下降时间减速停车 说明： 若变频器配置为 OFF1 停车方式，则该按钮在“自动”运行模式下无效
	双击（<2s） 或长按（>3s）	OFF2 停车方式：电机不采用任何斜坡下降时间按惯性自由停车
I	启动变频器 若变频器在“手动”/“点动”运行模式下启动，则显示变频器运行图标（◕） 说明： 若当前变频器处于外部端子控制（P0700＝2，P1000＝2）并处于“自动”运行模式，该按钮无效	
M	多功能按钮	
	短按（<2s）	• 进入参数设置菜单或转至下一显示画面 • 就当前所选项重新开始按位编辑 • 在按位编辑模式下连按两次即返回编辑前画面
	长按（>2s）	• 返回状态显示画面 • 进入设置菜单
OK	短按（<2s）	• 在状态显示数值间切换 • 进入数值编辑模式或换至下一位 • 清除故障
	长按（>2s）	• 快速编辑参数号或参数值
M + OK	手动/点动/自动 按下该组合键在不同运行模式间切换： 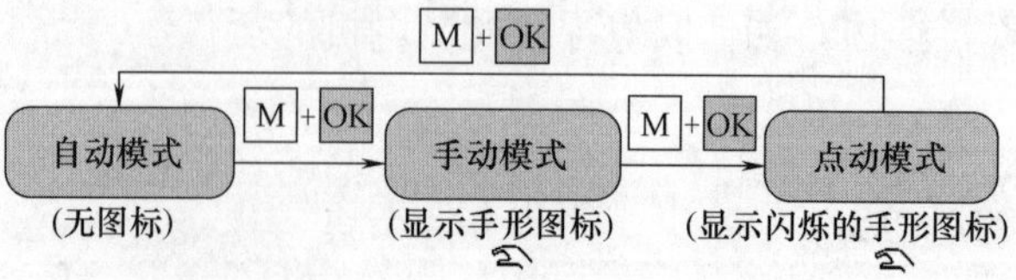 说明： 只有当电机停止运行时才能启用点动模式	

续表

▲	• 当浏览菜单时,按下该按钮即向上选择当前菜单下可用的显示画面 • 当编辑参数值时,按下该按钮增大数值 • 当变频器处于“运行”模式,按下该按钮增大速度 • 长按(>2s)该按钮快速向上滚动参数号、参数下标或参数值
▼	• 当浏览菜单时,按下该按钮即向下选择当前菜单下可用的显示画面 • 当编辑参数值时,按下该按钮减小数值 • 当变频器处于“运行”模式,按下该按钮减小速度 • 长按(>2s)该按钮快速向下滚动参数号、参数下标或参数值
▲ + ▼	使电机反转。按下该组合键一次启动电机反转。再次按下该组合键撤销电机反转。变频器上显示反转图标(↗↖)表明输出速度与设定值相反

在操作面板的显示屏上，除了可以显示参数名称和数值之外，还可以显示变频器的运行状态，其各种状态图标功能，如表 3-4 所示。

表 3-4　　**状态图标功能**

⊗	变频器存在至少一个未处理故障	
▲	变频器存在至少一个未处理报警	
◐	◐:	变频器在运行中(电机频率可能为 0r/min)
	◐(闪烁):	变频器可能被意外上电(例如,霜冻保护模式时)
↗↖	电机反转	
☝	☝:	变频器处于“手动”模式
	☝(闪烁):	变频器处于“点动”模式

V20 变频器可以显示两种菜单，其结构和功能，如表 3-5 所示。

表 3-5　　**菜单结构**

菜单	描　述
50/60Hz 频率选择菜单	此菜单仅在变频器首次上电时或者工厂复位后可见
主菜单	
显示菜单(默认显示)	显示诸如频率、电压、电流、直流母线电压等重要参数的基本监控画面
设置菜单	通过此菜单访问用于快速调试变频器系统的参数
参数菜单	通过此菜单访问所有可用的变频器参数

不同菜单的选择和设置方法，如图 3-41 所示。

二、V20 变频器的接线端子

V20 变频器的接线端子在外壳的后面，如图 3-42 所示。

V20 变频器有 19 个用户端子，用来连接外部的控制信号，各个端子名称和功能如图 3-43 所示。

思考问题 2：变频器的调速方式有哪几种，分别如何设置参数？

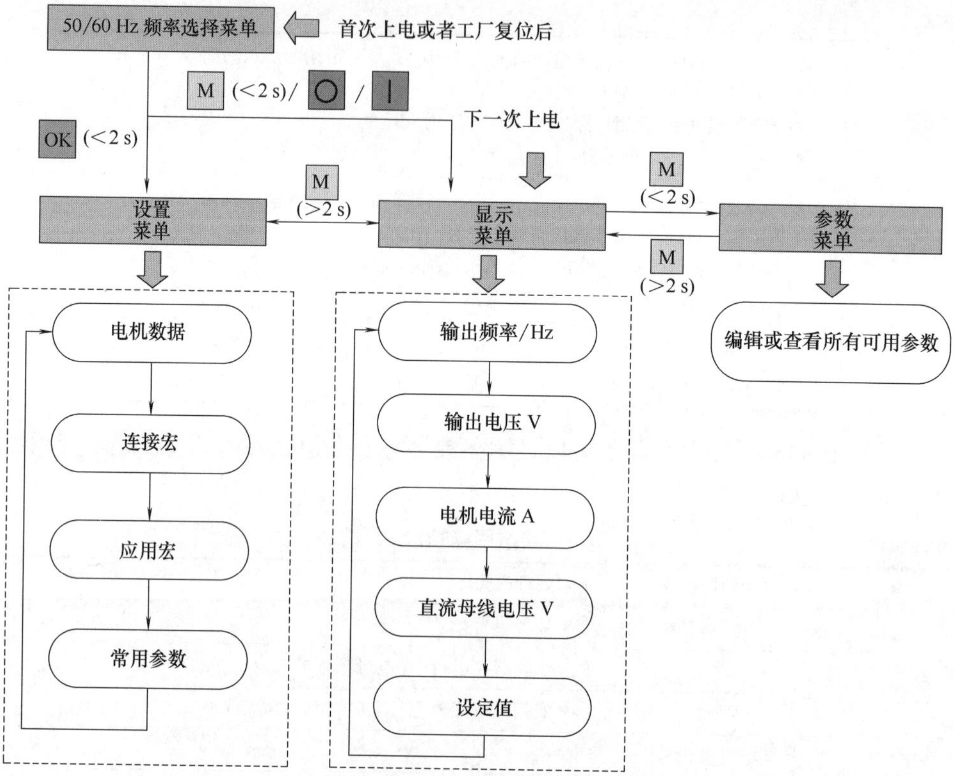

图 3-41　菜单的设置

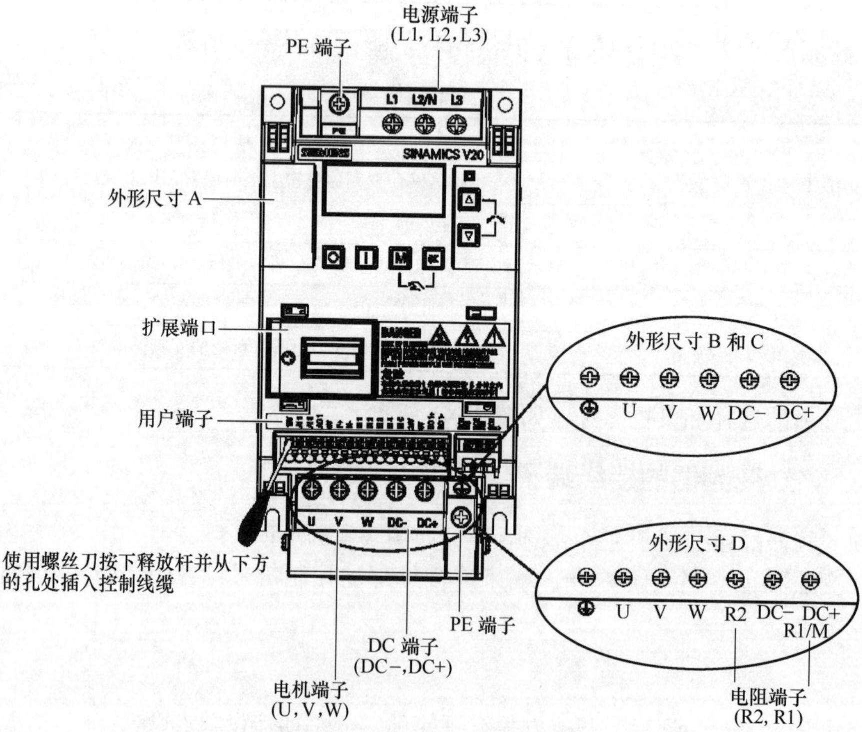

图 3-42　V20 变频器接线端子

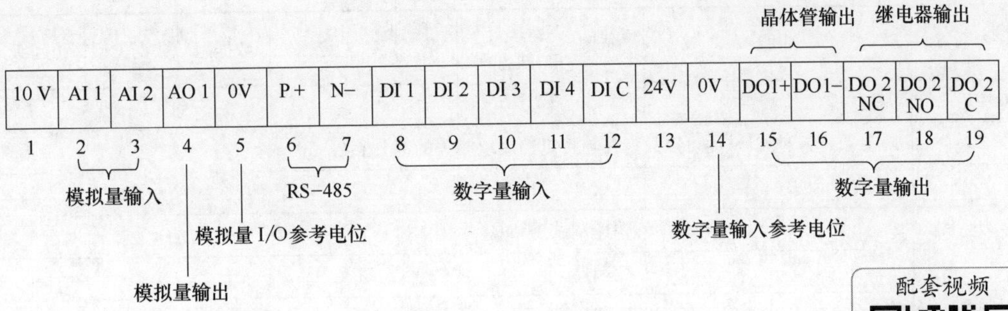

图 3–43　用户端子

配套视频

V20参数功能

三、V20 变频器常用参数含义

1. 调试参数（表 3–6）

表 3–6　调试参数

参数	功能	范围	工厂缺省值	可更改状态	定标	数据组	数据类型	访问级别
P0003	用户访问级别	0~4	1	U,T	—	—	U16	1
	定义参数集的用户访问级别							
	0	用户自定义参数列表-更多详情见 P0013						
	1	标准:允许访问常用参数						
	2	扩展:允许扩展访问,例如,访问变频器 I/O 功能						
	3	专家:仅供专家使用						
	4	维修:仅供经授权的维修人员使用,有密码保护						
P0004	参数过滤	0~22	0	U,T	—	—	U16	1
	按照功能性对参数进行过滤,以便更有针对性地进行调试							
	0	所有参数						
	2	变频器						
	3	电机						
	5	工艺应用/装置						
	7	命令、二进制 I/O						
	8	模拟量输入及模拟量输出						
	10	设定值通道/RFG						
	12	变频器特征						
	13	电机控制						
	19	电机识别						
	20	通信						
	21	报警/故障/监控						
	22	工艺控制器						

续表

参数	功能	范围	工厂缺省值	可更改状态	定标	数据组	数据类型	访问级别
P0010	调试参数	0~30	0	T	—	—	U16	1
	对参数进行过滤，从而可以只选择与特定功能组相关的部分参数							
	0	就绪						
	1	快速调试						
	2	变频器						
	29	下载						
	30	出厂设置						
相关性：	变频器运行前需复位为 0 P0003（用户访问级别）也可定义访问的参数类型							
说明：	• P0010＝1 设 P0010＝1 可以非常快速而简便地调试变频器。此时只能看到重要的参数（例如：P0304、P0305 等）。必须逐一输入这些参数的值。设 P3900＝1～3 即结束快速调试并开始内部计算。计算完成后参数 P0010 和 P3900 自动复位为零 • P0010＝2 仅用于维护目的 • P0010＝30 当复位参数或者复位变频器至用户默认设置时，必须将 P0010 设为 30 此时设 P0970＝1 就会开始复位参数 变频器所有参数会自动复位至缺陷设置 当您在参数设置过程中遇到问题并希望重新开始时，这种复位操作非常有用 此时设 P0970＝21 就会开始复位用户默认参数值 变频器所有参数会自动复位至工厂缺省设置 工厂设置大约持续 60 秒							
P0970	工厂复位	0~21	0	—	—	—	U16	1
	P0970＝1，所有参数（不包括用户默认设置）复位至默认值 P0970＝21，所有参数以及所有用户默认设置复位至工厂复位状态							
	0	禁止						
	1	参数复位						
	21	用户默认参数复位						
相关性	首先设定 P0010＝30（出厂设置） 在复位参数至缺省值之前停止变频器（即禁止所有脉冲）							

2. 电机参数（表 3-7）

表 3-7　　电机参数

参数	功能	范围	工厂缺省值	可更改状态	定标	数据组	数据类型	访问级别
P0304[0...2]	电机额定电压[V]	10~2000	400	C(1)	—	DDS	U16	1
	电机铭牌上的电机标称电压							
相关性	仅当 P0010＝1（快速调试）时才能更改 缺省值取决于变频器类型及其额定数据							

续表

参数	功能	范围	工厂缺省值	可更改状态	定标	数据组	数据类型	访问级别
小心	输入的铭牌数据必须与电机接线(星形/三角形)一致。也就是说,如果电机采用三角形接线方式,则必须输入三角形接线的铭牌数据 IEC 电机 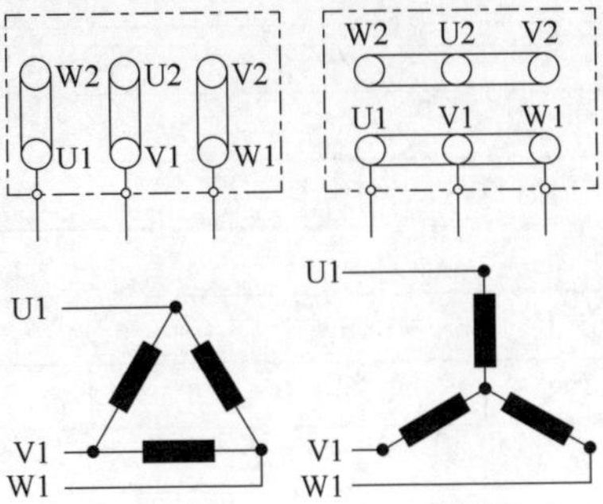 三角形接线　星形接线							
说明	下图给出了典型铭牌的示例以及有关电机数据在铭牌上的位置 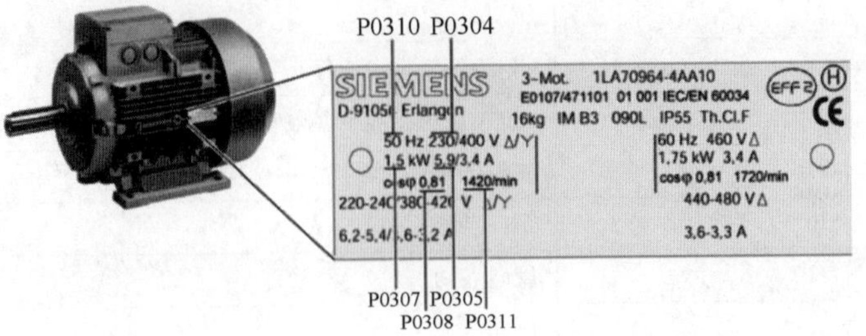 							
P0305[0...2]	电机额定电流[A]	0.01~10000.00	1.86	C(1)	—	DDS	Float	1
	电机铭牌上的电机标称电流							
P0307[0...2]	电机额定功率	0.01~2000.00	0.75	C(1)	—	DDS	Float	1
	电机铭牌上的电机标称功率[kW/hp]							
相关性:	如果 P0100=1,则功率值单位为[hp] 仅当 P0010=1(快速调试)时才能更改							
P0310[0...2]	电机额定频率[Hz]	12.00~599.00	50.00	C(1)	—	DDS	Float	1
	电机铭牌上的电机标称频率							
相关性:	仅当 P0010=1(快速调试)时才能更改 如果更改此参数,则自动重新计算极对数							
说明:	更改 P0310 的值可能影响电机最大频率							
P0311[0...2]	电机额定转速[r/min]	0~40000	1395	C(1)	—	DDS	U16	1
	电机铭牌上的电机标称转速							
相关性	仅当 P0010=1(快速调试)时才能更改 此参数设为 0 时内部计算其值 V/f 控制中的滑差补偿需要有电机额定转速才能正常工作 如果更改此参数,则自动重新计算极对数							
说明	缺省值取决于变频器类型及其额定数据							

3. 控制参数（表 3-8）

表 3-8 控制参数

参数	功能	范围	工厂缺省值	可更改状态	定标	数据组	数据类型	访问级别
P0700[0...2]	选择命令源	0~5	1	C(1),T	—	CDS	U16	1
	选择数字量命令源							
	0	出厂默认设置						
	1	操作面板(键盘)						
	2	端子						
	5	RS485 上的 USS/MBUS						
P0701[0...2]	数字量输入 1 的功能	0~99	0	T	—	CDS	U16	2
	选择数字量输入 1 的功能							
	0	禁止数字量输入						
	1	ON/OFF1						
	2	ON 反向/OFF1						
	3	OFF2-按惯性自由停车						
	4	OFF3-快速斜坡下降停车						
	9	故障确认						
	10	正向点动						
	11	反向点动						
	12	反向						
	13	MOP(电动电位计)升速(增加频率)						
	14	MOP 降速(减小频率)						
	15	固定频率选择器位 0						
	16	固定频率选择器位 1						
	17	固定频率选择器位 2						
	18	固定频率选择器位 3						
	22	快速停车命令源 1						
	23	快速停车命令源 2						
	24	快速停车超驰						
	25	直流制动使能						
	27	PID 使能						
	29	外部跳闸						
	33	禁止附加频率设定值						
	99	BICO 参数设置使能						
P0702[0...2]	数字量输入 2 的功能	0~99	0	T	—	CDS	U16	2
	选择数字量输入 2 的功能							
P0703[0...2]	数字量输入 3 的功能	0~99	0	T	—	CDS	U16	2
	选择数字量输入 3 的功能							

续表

参数	功能	范围	工厂缺省值	可更改状态	定标	数据组	数据类型	访问级别
P0704[0...2]	数字量输入 4 的功能	0~99	15	T	—	CDS	U16	2
	选择数字量输入 4 的功能							
P1000[0...2]	频率设定值选择	0~77	1	C(1),T	—	CDS	U16	1
	0	无主设定值						
	1	MOP 设定值						
	2	模拟量设定值						
	3	固定频率						
	5	RS485 上的 USS						
	7	模拟量设定值 2						
	10	无主设定值+MOP 设定值						
	11	MOP 设定值+MOP 设定值						
	12	模拟量设定值+MOP 设定值						
	13	固定频率+MOP 设定值						
	15	RS485 上的 USS+MOP 设定值						
	17	模拟量设定值 2+MOP 设定值						
	20	无主设定值+模拟量设定值						
	21	MOP 设定值+模拟量设定值						
	22	模拟量设定值+模拟量设定值						
	23	固定频率+模拟量设定值						
	25	RS485 上的 USS+模拟量设定值						
	27	模拟量设定值 2+模拟量设定值						
	30	无主设定值+固定频率						
	31	MOP 设定值+固定频率						
	32	模拟量设定值+固定频率						
	33	固定频率+固定频率						
	35	RS485 上的 USS+固定频率						
	37	模拟量设定值 2+固定频率						
	50	无主设定值+RS485 上的 USS						
	51	MOP 设定值+RS485 上的 USS						
	52	模拟量设定值+RS485 上的 USS						
	53	固定频率+RS485 上的 USS						
	55	RS485 上的 USS+RS485 上的 USS						
	57	模拟量设定值 2+RS485 上的 USS						
	70	无主设定值+模拟量设定值 2						
	71	MOP 设定值+模拟量设定值 2						

续表

参数	功能	范围	工厂缺省值	可更改状态	定标	数据组	数据类型	访问级别
	72	模拟量设定值+模拟量设定值 2						
	73	固定频率+模拟量设定值 2						
	75	RS485 上的 USS+模拟量设定值 2						
	77	模拟量设定值 2+模拟量设定值 2						
P1001[0...2]~P1015	固定频率 1[Hz]	-599.00~599.00	10.00	U,T	—	DDS	Float	2
	定义固定频率设定值 1。有 2 种固定频率： 1. 直接选择(P1016=1)： —在此操作方式下，1 个固定频率选择器(P1020 至 P1023)选择 1 个固定频率 —如果多个输入同时激活，则所选择的频率相加。例如：FF1+FF2+FF3+FF4 2. 二进制编码选择(P1016=2)： —使用这种方式可选择最多 16 个不同的固定频率值							
P1016[0...2]	固定频率模式	1~2	1	T	—	DDS	U16	2
	可以用两种不同的方式选择固定频率。通过 P1016 可定义方式							
	1	直接选择						
	2	二进制选择						
说明：	关于固定频率的使用说明							
P1080[0...2]	最小频率[Hz]	0.00~599.00	0.00	C(1),U,T	—	DDS	Float	1
	设定电机能够运行的最小频率，与频率设定值无关。对于除点动目标值源以外的所有的频率目标值源(例如 AI、MOF、FF、USS)而言，最小频率 P1080 是一个 0Hz 的掩蔽频率(类似于 P1091)。这样，就会在最佳时间内利用加速/减速斜坡通过频带+/-P1080。不允许在频带中停延。此外，通过信号功能 |f_act|>f_min 而输出一个实际频率 f_act 高于最小频率 P1080 的超调							
说明：	此参数中所设定的值对正向旋转和反向旋转都有效 在某些条件下(例如斜坡运行、电流限制)，电机可以在最小频率以下运行							
P1082[0...2]	最大频率[Hz]	0.00~599.00	50.00	C(1),T	—	DDS	Float	1
	设定电机能够运行的最大频率，与频率设定值无关。此参数中所设定的值对正转和反转都有效 此外，监控功能 |f_act|>=P1082(r0052 位 10，见下文示例)受该参数影响							
P1120[0...2]	斜坡上升时间[s]	0.00~650.00	10.00	C(1),U,T	—	DDS	Float	1
	在不使用圆弧功能时使电机从停车状态加速至电机最大频率(P1082)所需的时间。如果将斜坡上升时间设定得太短，则可能会引起变频器跳闸(过电流 F1)							
P1121[0...2]	斜坡下降时间[s]	0.00~650.00	10.00	C(1),U,T	—	DDS	Float	1
	在不使用圆弧功能时使电机从电机最大频率(P1082)减速至停车状态所需的时间							

其他参数功能可以参考西门子 V20 变频器操作手册。

四、变频器调速方式与参数设置

变频器的调试方式包括操作面板 MOP 调速、模拟量调速、数字量调速、PLC 联机调速、通信控制调速等。通过设置参数，可以选择调试方式以及设定不同速度对应的频率。

应用案例：V20 变频器的模拟量与数字量控制调速。

控制要求：

（1）电动机正转：按下自锁按钮 SB1（8～13 接通），数字输入口 DIN1 为 ON，电动机启动正转运转。转速由外接电位器 Rp 调节，模拟信号为 0～10V，对应变频器频率为 0～50Hz，电动机转速为 0～1440r/min。

（2）停转：放开自锁按钮 SB1，电动机停止旋转。

（3）电动机反转：按下自锁按钮 SB2（9～13 接通），数字输入口 DIN2 为 ON，电动机启动反转运转。转速仍由外接电位器 Rp 调节，运行状态与正转相同。

（4）停转：放开自锁按钮 SB2，电动机停止旋转。

（5）改变参数，观察电动机转速的变化。

电气接线，如图 3-44 所示。

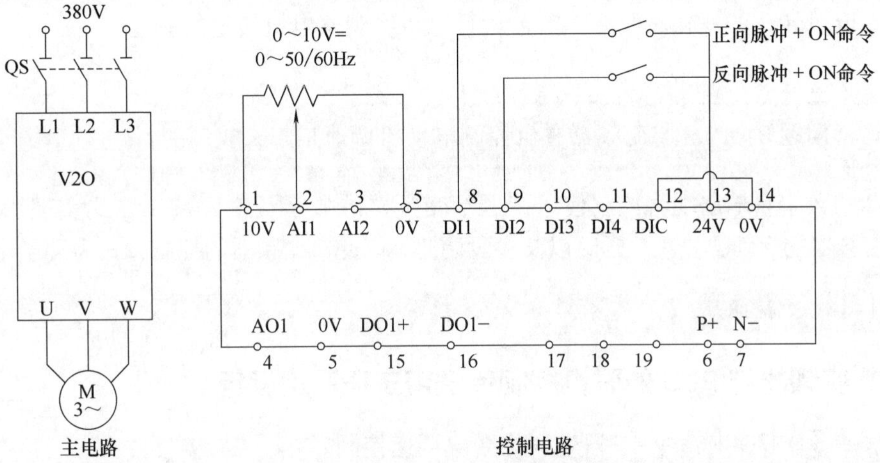

图 3-44　电气接线图

参数设置，如表 3-9 所示。

表 3-9　**参数设置**

	参数号	功能描述	设置值		参数号	功能描述	设置值
恢复参数	P0010	调试参数过滤器	30	控制参数	P0003	访问级别为专家级	3
	P0970	恢复出厂设置	1		P0004	参数过滤	0
电机参数	P0010	快速调试	1		P0700	选择命令源：端子排	2
	P0304	额定电压 V	与电机铭牌参数相同		P0701	接通正转、断开停止	1
	P0305	额定电流 A			P0702	接通反转、断开停止	2
	P0307	额定功率 kW			P1000	选择设定频率	2
	P0310	额定频率 Hz			P1080	最小频率	5
	P0311	额定转速 r/min			P1082	最大频率	50
	P0010	结束快速调试	0		P1120	斜坡上升时间	2
					P1121	斜坡下降时间	2

操作步骤：

（1）M 短按（<2s）进入参数设置菜单。

（2）参数 P0010=30 和 P0970=1 进行复位，复位后按 OK 确定。

（3）设置参数 P0003=3 和 P0004=0。

（4）设置电机基本参数前设置 P0010 为 1，P0010 设置完成后在设置电机基本参数 P0304、P0305、P0307、P0310、P0311。

（5）设置好电机基本参数后将 P0010 设置为 0，才能结束电机参数设置.

（6）参数 P700 设为 2，P0701 为 1、P0702 为 2。

（7）P1000 设为 2，通过模拟量进行频率的调节。

（8）P1080、P1082、P1120、P1121 等参数可自行给定数值，但 P1080 不能为 0，P1082 不可超过 50。

（9）M 长按（>2s）进入状态显示画面。按下 SB1 或者 SB2，启动电动机，调节电位器，观察电机转速的变化。改变参数再运行电机，观察电机转速的变化。

思考问题 3：PLC 与变频器联机控制电动机调速是怎么实现的？

PLC 的数字量输出端将控制信号传送给变频器的数字量输入端，以此实现用 PLC 程序控制变频器的启动、停止、延时以及多段调速。因此，变频器的控制方式为端子排控制。

任务实施

V20 变频器与 PLC 的联机控制传送带三段调速运行

方法一：ON/OFF 命令+三段速固定频率调速控制。

（1）确定输入/输出设备。分配 I/O 地址并建立变量表，如表 3-10 和表 3-11 所示。

表 3-10　I/O 地址表

	元件	地址	功能
输入	SB1	I0.1	启动
	SB2	I0.2	停止
输出		Q0.1	On/off 命令
		Q0.2	低速
		Q0.3	中速
		Q0.4	高速

表 3-11　PLC 变量表

名称	数据类型	地址
启动	Bool	%I0.1
停止	Bool	%I0.2
On/off 命令	Bool	%Q0.1
低速	Bool	%Q0.2
中速	Bool	%Q0.3
高速	Bool	%Q0.4

（2）设计联机系统接线原理图，如图 3-45 所示。

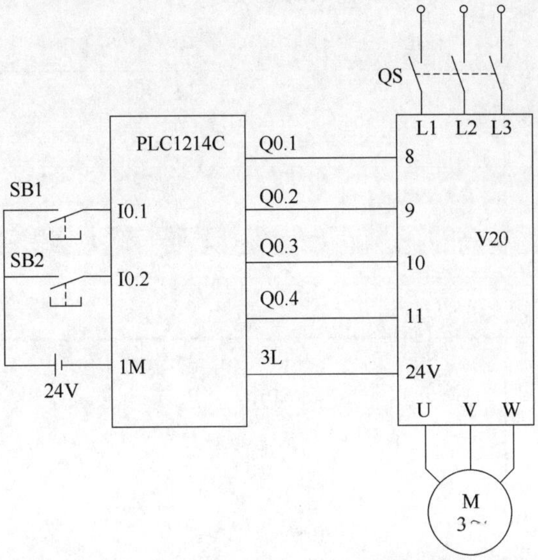

图 3-45　PLC 与变频器联机调速系统接线原理图

配套视频

多段调整参数设置

（3）设置参数，如表 3-12 所示。

表 3-12　　ON/OFF 命令+三段速固定频率调速参数设置表

参数	描述	工厂缺省值	Cn003 默认值	备注
P0700[0]	选择命令源	1	2	以端子为命令源
P1000[0]	选择频率	1	3	固定频率
P0701[0]	数字量输入 1 的功能	0	1	ON/OFF 命令
P0702[0]	数字量输入 2 的功能	0	15	固定转速位 0
P0703[0]	数字量输入 3 的功能	9	16	固定转速位 1
P0704[0]	数字量输入 4 的功能	15	17	固定转速位 2
P1016[0]	固定频率模式	1	1	直接选择模式
P1020[0]	BI:固定频率选择位 0	722.3	722.1	DI2
P1021[0]	BI:固定频率选择位 1	722.4	722.2	DI3
P1022[0]	BI:固定频率选择位 2	722.5	722.3	DI4
P1001[0]	固定频率 1	10	10	低速
P1002[0]	固定频率 2	15	15	中速
P1003[0]	固定频率 3	25	25	高速

（4）PLC 程序设计，示例程序如图 3-46 所示。

方法二：二进制模式下的固定频率调速控制。

（1）确定输入/输出设备。分配 I/O 地址并建立变量表，如表 3-13 和 3-14 所示。

（2）设计联机系统接线原理图，如图 3-45 所示。

（3）设置参数，如表 3-15 所示。

（4）PLC 程序设计，示例程序，如图 3-47 所示。

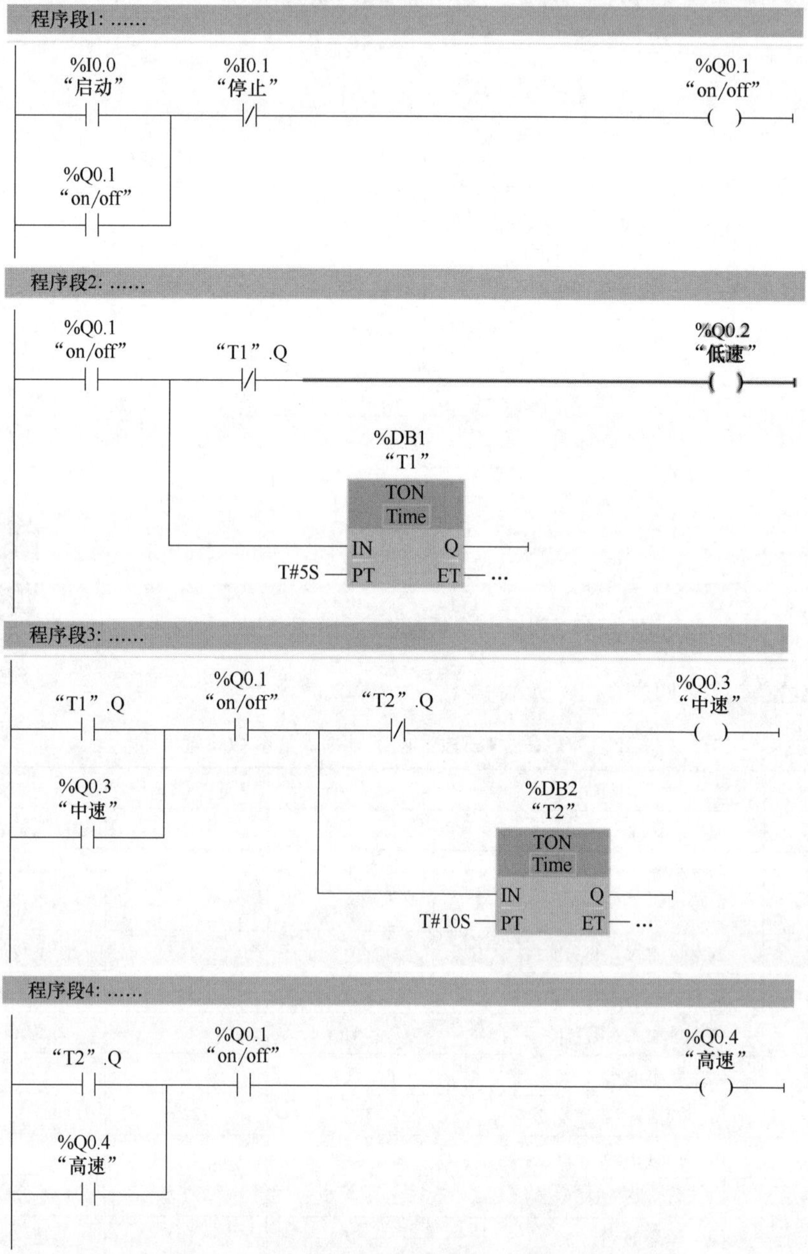

图 3-46　ON/OFF 命令+三段速固定频率调速 PLC 程序

表 3-13　I/O 地址表

	元件	地址	功能
输入	SB1	I0. 1	启动
	SB2	I0. 2	停止
输出		Q0. 1	固定转速位 0
		Q0. 2	固定转速位 1
		Q0. 3	固定转速位 2
		Q0. 4	固定转速位 3

表 3-14　　PLC 变量表

名称	数据类型	地址
启动	Bool	%I0.0
停止	Bool	%I0.1
固定转速位 0	Bool	%Q0.1
固定转速位 1	Bool	%Q0.2
固定转速位 2	Bool	%Q0.3
固定转速位 3	Bool	%Q0.4

表 3-15　　二进制模式下的固定频率调速参数设置表

参数	说明	工厂缺省值	Cn004 默认值	备注
P0700[0]	选择命令源	1	2	以端子为命令源
P1000[0]	选择频率	1	3	固定频率
P0701[0]	数字量输入 1 的功能	0	15	固定转速位 0
P0702[0]	数字量输入 2 的功能	0	16	固定转速位 1
P0703[0]	数字量输入 3 的功能	9	17	固定转速位 2
P0704[0]	数字量输入 4 的功能	15	18	固定转速位 3
P1016[0]	固定频率模式	1	2	二进制模式
P0840[0]	BI:ON/OFF1 命令	19.0	1025.0	变频器以所选的固定转速启动
P1020[0]	BI:固定频率选择位 0	722.3	722.0	DI1
P1021[0]	BI:固定频率选择位 1	722.4	722.1	DI2
P1022[0]	BI:固定频率选择位 2	722.5	22.2	DI3
P1023[0]	BI:固定频率选择位 3	722.6	722.3	DI4

分析：两位二进制码最多可以实现选择三段固定频率，三位二进制码最多可以实现选择七段固定频率，四位二进制码最多可以实现选择十五段固定频率。任务要求传送带运行有三个固定频率，所以使用两个固定转速位组成二位二进制码即可实现。二进制码对应的段速，如表 3-16 所示。

表 3-16　　两个固定转速位对应段速表

地址	转速位	第一段速	第二段速	第三段速
Q0.1	固定转速位 0	1	0	1
Q0.2	固定转速位 1	0	1	1

任务拓展

五段固定频率调速

电动机的控制要求：在自动化生产线上某电动机要求能自动运行。

按下电动机运行按钮，电动机启动并运行在低速 8Hz 频率所对应 224r/min 的转速上。

延时 5s 后电动机升速，运行在高清 40Hz 频率所对应的 1120r/min 转速上。

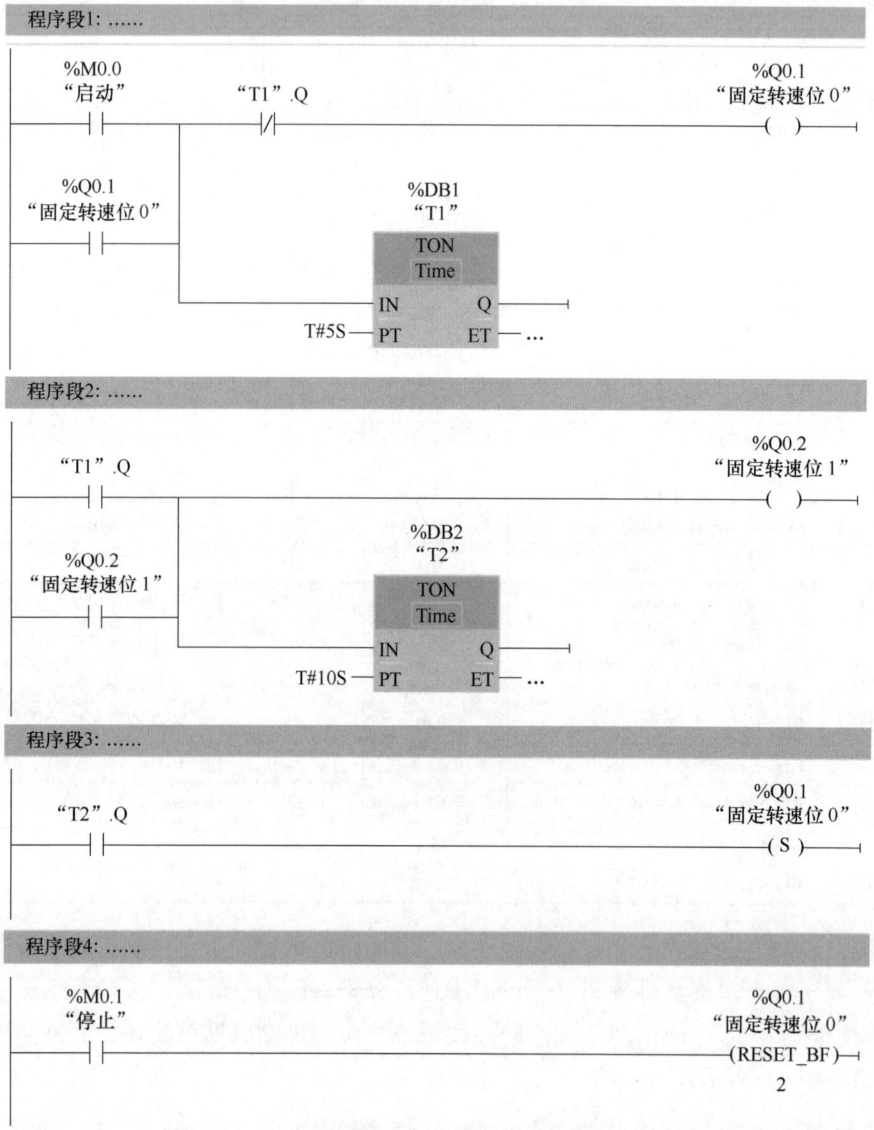

图 3-47　二进制模式下的三段固定频率调速 PLC 程序

再延时 5s 后电动机降速，运行在低速 10Hz 频率所对应的 280r/min 转速上。

再延时 5s 后电动机反方向旋转，运行在低速 20Hz 频率所对应的 560r/min 转速上。

再延时 5s 后电动机继续沿着该方向旋转，运行在高速 50Hz 频率所对应的 1120r/min 转速上。

再延时 5s 后，电动机停止运动。

五段固定频率控制特性曲线，如图 3-48 所示。

习　题

1. 用变频器控制交流电机实现正反转，并且使用模拟电位器进行调速。
2. 用变频器控制交流电机实现正反转，正转速度为 20Hz，反转速度为 30Hz。

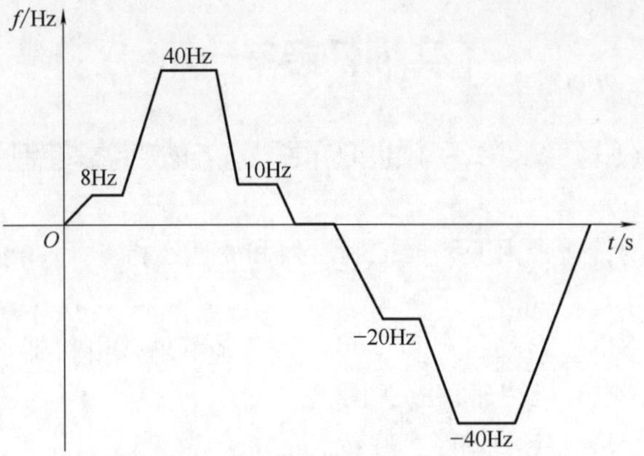

图 3-48　五段固定频率控制特性曲线

小贴士：“疫”路通畅，守护物资运输“生命线”

疫情防控，物资保障是关键，面对这场没有硝烟的战役，全国各地疫情防控指挥部医疗物资保障组勇挑重担，全力保障各地重点区域、重点人员核酸检测设施、试剂、医用防护和消杀用品采购及发放工作，义无反顾地冲在战“疫”一线，用实际行动诠释着对党和人民的忠诚。

交通是城市保供的“生命线”，保运输就是保防疫，保供应就是保民生。铁道线成为疫情防控保障重点物资运输的“生命线”。钢铁大动脉挺起坚强有力的脊梁，彰显货畅其流保障民生的“铁担当”。为了保障防疫物资安全及时运送到目的地，铁路部门坚持特事特办、急事急办，为防疫物资运输开辟“绿色通道”，不计成本、不惜代价，通过开行专列、组织高铁运输等方式提高防疫物资的运输时效，使得那些防疫物资第一时间运送到了战“疫”一线，为各地疫情防控赢得的宝贵的时机。

全国各地的公路运输积极应对突发疫情，主动作为，多措并举，贯彻落实中央和各地关于疫情防控和保通保畅部署要求，坚持“一盘棋”思维和“最小代价”原则，把握“严”与“通”之间的平衡，疏通堵点，畅通循环，确保“篱笆”扎紧、“疫”路畅通。

实训任务单一

实训任务　V20 变频器的模拟量与数字量控制调速

任务描述：

自动化生产线上的传送带由变频器控制启停和变速运行。

任务要求：

1. 按下自锁按钮 SB1，电动机启动正转运转。调节外接电位器 Rp，对应变频器频率在 5~50Hz 之间变化，电动机转速相应变化。

2. 放开自锁按钮 SB1，电动机停止旋转。

3. 按下自锁按钮 SB2，电动机启动反转运转。调节外接电位器 Rp，对应变频器频率在 5~50Hz 之间变化，电动机转速相应变化。

4. 放开自锁按钮 SB2，电动机停止旋转。

1. 任务分组

小组序号		小组名称	
任务名称	V20 变频器的模拟量与数字量控制调速		
组员	承担角色	职责	

2. 任务分析

控制系统组成	
控制过程分析	
I/O 设备确定	
PLC 型号确定	

3. 设计决策

（1）I/O 地址分配。

输入			输出		
元件	地址	功能	元件	地址	功能

（2）电气原理图设计。

电气原理图

电气元件明细表

序号	元件名称	规格型号	单位	数量	电气符号

（3）参数设置。

4. 设计实施

耗材与工具领取。

序号	名称	规格型号	数量

5. 电气接线

出现的问题	解决的措施

6. 参数设置与调试

出现的问题	解决的措施

实训任务单二

实训任务　PLC 与 V20 变频器联机控制电动机五段固定频率调速

任务描述：

在自动化生产线上某电动机要求能自动运行。其运行的五段固定频率特性曲线，如图 3-49 所示。

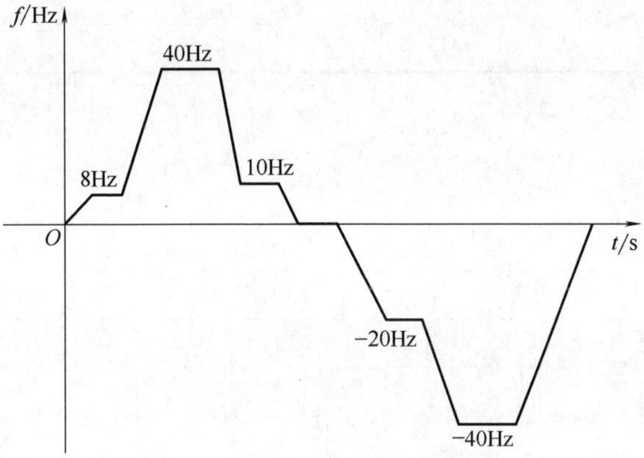

图 3-49　五段固定频率特性曲线

任务要求：

按下电动机运行按钮，电动机启动并运行在低速 8Hz 频率所对应 224r/min 的转速上。

延时 5s 后电动机升速，运行在高速 40Hz 频率所对应的 1120r/min 转速上。

再延时 5s 后电动机降速，运行在低速 10Hz 频率所对应的 280r/min 转速上。

再延时 5s 后电动机反方向旋转，运行在低速 20Hz 频率所对应的 560r/min 转速上。

再延时 5s 后电动机继续沿着该方向旋转，运行在高速 40Hz 频率所对应的 1120r/min 转速上。

再延时 5s 后，电动机停止转动。

1. 任务分组

小组序号		小组名称	
任务名称	PLC 与 V20 变频器联机控制电动机五段固定频率调速		
组员	承担角色	职责	

2. 任务分析

控制系统组成	
控制过程分析	
I/O设备确定	
PLC型号确定	

3. 设计决策

（1）I/O地址分配。

输入			输出		
元件	地址	功能	元件	地址	功能

（2）PLC电气原理图设计。

PLC硬件接线电气原理图

电气元件明细表

序号	元件名称	规格型号	单位	数量	电气符号

（3）参数设置。

（4）PLC 程序设计思路。

4. 设计实施

耗材与工具领取。

序号	名称	规格型号	数量

5. 电气接线

出现的问题	解决的措施

6. 程序编辑与调试

出现的问题	解决的措施

项目四　仓储系统的控制

仓储系统是现代自动生产线和立体仓库系统不可缺少的组成部分。仓储系统一般由抓取机械手或者托盘，步进电机或者伺服电机以及 PLC 控制器组成。使用 PLC 控制步进电机或者伺服电机，可以精确定位和运动，将物品准确的放入指定仓位中。

任务　单轴运动的 PLC 控制

配套课件

单轴运动的PLC控制

任务描述

某仓库有一个工件搬运机械手，如图 4-1 所示，用来抓取工件并搬运到对应的仓储位。

图 4-1　工件搬运机械手

控制要求：

启动后，机械手自动回原点，然后开始正向运行至 50mm 的位置后自动反向运行到-80mm 的位置，并且在两点之间往返运行。

停止后机械手停止运行。

提出问题：

（1）步进电机可以实现运动的精确控制，那么控制步进电机运行的高速脉冲输出 PTO 是如何组态的？

（2）运动控制指令是如何编程使用的？

知识链接

思考问题 1：高速脉冲输出 PTO 是如何组态的？

一、高速脉冲输出

S7-1200 PLC 提供高速脉冲输出端口。每个 CPU 有 4 个 PTO/PWM 发生器，通过 DC

输出的 CPU 集成的 Q0.0~Q0.3 或信号板上的 Q4.0~Q4.3 输出 PTO 或 PWM 脉冲。PTO/PWM 的输出点，如表 4-1 所示。

表 4-1　PTO/PWM 的输出点

PTO1		PWM1	
脉冲	方向	脉冲	方向
Q0.0 或 Q4.0	Q0.1 或 Q4.1	Q0.0 或 Q4.0	
PTO2		PWM2	
脉冲	方向	脉冲	方向
Q0.2 或 Q4.2	Q0.3 或 Q4.3	Q0.2 或 Q4.2	

脉冲宽度与脉冲周期之比称为占空比，脉冲列输出（PTO）功能提供占空比为 50% 的方波脉冲列输出。脉冲宽度调制（PWM）功能提供脉冲宽度可以用程序控制的脉冲列输出。

二、脉冲发生器组态

配套视频

脉冲发生器组态

具体步骤：

（1）打开 PLC 的设备视图，选中其中的 CPU。

（2）打开如图 4-2 巡视窗口的“属性”选项卡，选中左边的“PTO1/PWM1（Pulse 1）”中的“常规”参数组，用复选框选中右边窗口的复选框“允许使用该脉冲发生器”，激活该脉冲发生器。

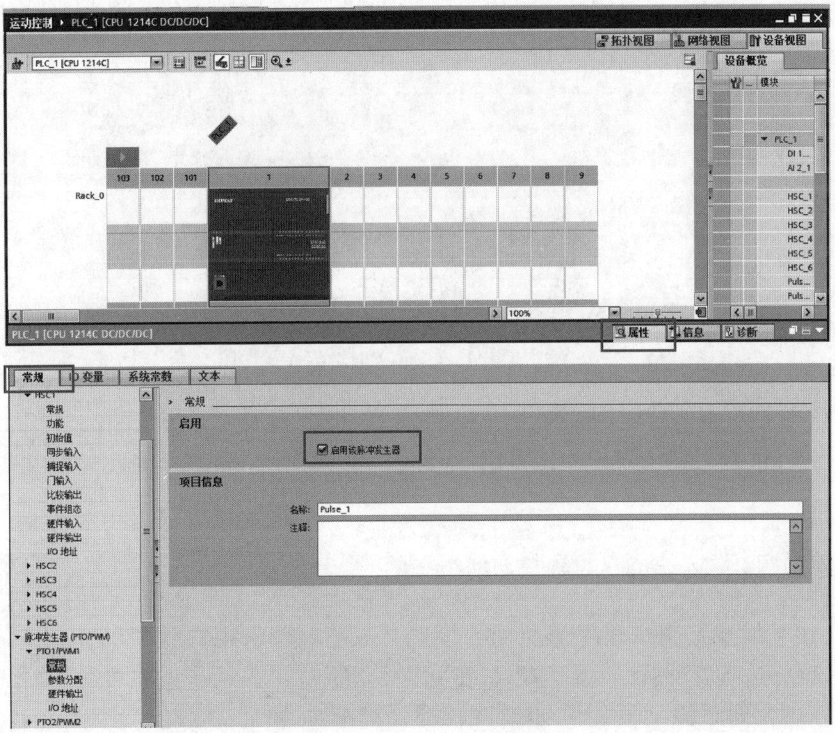

图 4-2　激活脉冲发生器

（3）选中左边窗口的“参数分配”组，在右边的窗口可以设置下列参数，如图 4-3 所示。

使用“信号类型”下拉式列表，可选脉冲发生器为 PWM 或 PTO。

使用“输出源”下拉式列表，可选“板载 CPU 输出”（CPU 集成的输出点）或“信号板输出”。

使用“时基”下拉式列表，可选毫秒或微秒。

使用“脉宽格式”下拉式列表，可选 4 种脉冲宽度格式：百分之一、千分之一（0~1000）、万分之一（0~10000）和 S7 模拟量格式（0~27648）。

使用“循环时间”设置脉冲的周期。

使用“初始脉冲宽度”，设置脉冲的占空比。脉冲宽度采用“脉冲宽度格式”设置的单位（百分数）。

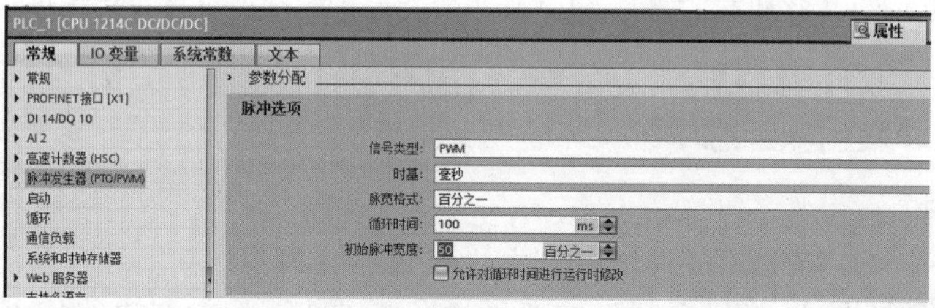

图 4-3 参数分配

（4）选中左边窗口的“IO 地址”参数组，在右边的窗口可以看到 PWM1 的起始地址、结束地址，如图 4-4 所示。它为 PWM 所分配的脉宽调制地址，此地址为 WORD 型，用于存放脉宽值。在运行时用这个地址来修改脉冲宽度。

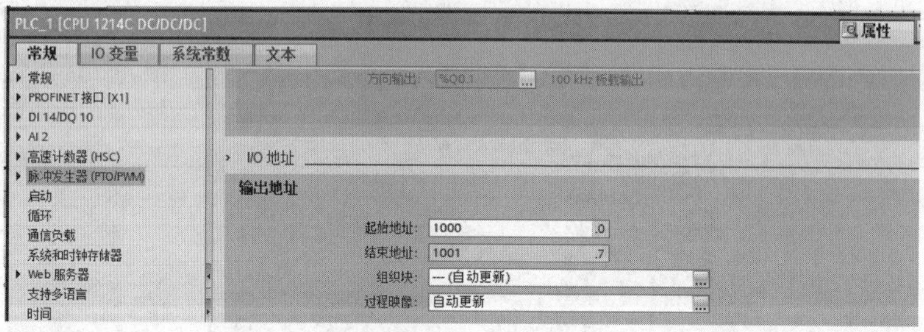

图 4-4 I/O 地址

在默认情况下，PWM1 地址为 QW1000，PWM2 地址为 QW1002，PWM3 地址为 QW1006，PWM4 地址为 QW1008，可以修改其起始地址。

思考问题 2：运动控制的轴是如何组态的？

配套视频

轴的组态

“轴”工艺对象是用户程序与驱动的接口。工艺对象从用户程序中收到控制命令，在运行时执行并监视 执行状态。“驱动”表示步进电机加电源部分或者伺服驱动器加脉冲接口转换器的机电单元。驱动是由 PLC 产生脉冲来控制“轴”工艺对象的。运动控制功能指令块必须在轴对象组态完成后才能使用。

工艺对象的组态前，需要添加工艺对象，具体操作为：选择项目树→工艺对象→插入新对象选项，双击该选项弹出插入新对象对话框，单击 Motion 选项，在名称文本框中输入对象名称，选择轴对象数据块编号，单击“确认”按钮确认。单击完成后可以在项目树中看到添加好的工艺对象，双击 Configuration（组态）选项进行参数组态，进入工艺对象组态目录树，如图 4-5 所示。

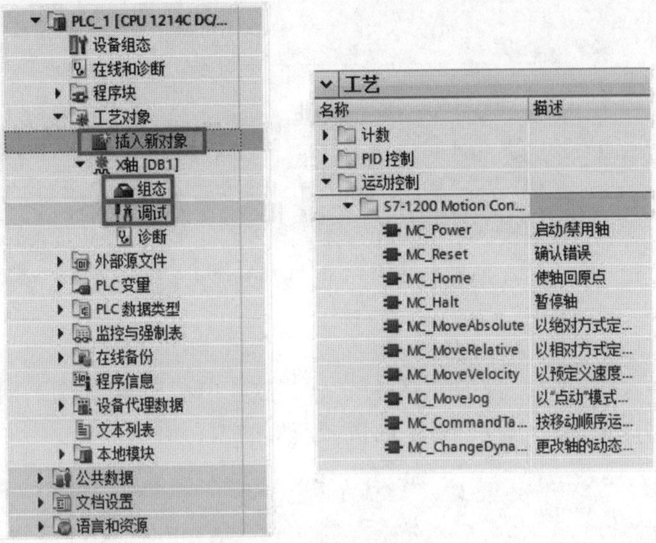

图 4-5 添加工艺对象—轴

参数组态主要定义了轴的工程单位，软硬件限位，启动/停止速度，参考点定义等。

（1）硬件接口（图 4-6） 选择脉冲发生器：此下拉列表框中可选择使用 Pulse1 或 Pulse2 作为脉冲输出。

设备组态：此处可进入 PLC 模块硬件组态页面。

用户单位：为系统选择长度单位，包括毫米、米、英寸、英尺、脉冲数、角度。

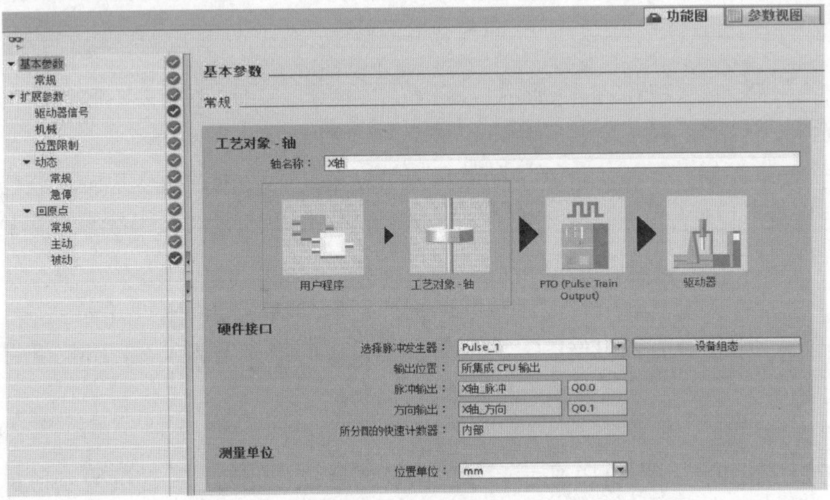

图 4-6 硬件接口

（2）扩展参数。

① 驱动器信号，参数如图 4-7 所示。选择“启用输出”：设置使能滑台伺服的输出点。

选择“输入就绪”：设置驱动器状态正常输入点，当驱动设备正常时会给出一个开关量输出，此信号可接入 到 CPU 中，告知运动控制器驱动正常。如果驱动不提供这种接口，可将此参数设为“True”。

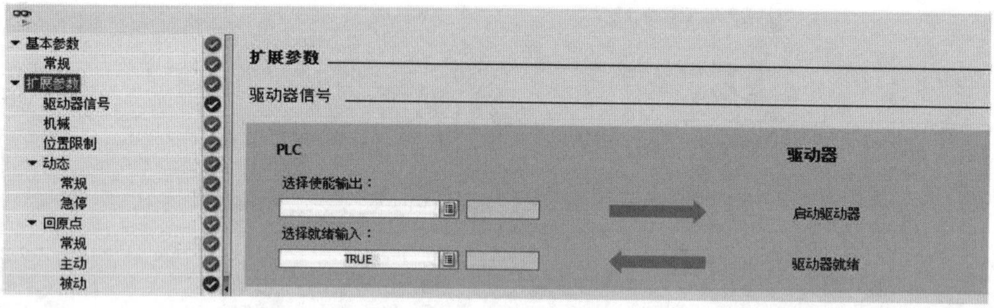

图 4-7　驱动器信号

② 机械，参数如图 4-8 所示。电机每转脉冲数：电机旋转一周所需的脉冲个数。电机每转的运载距离：电机旋转一周机械产生的位移。

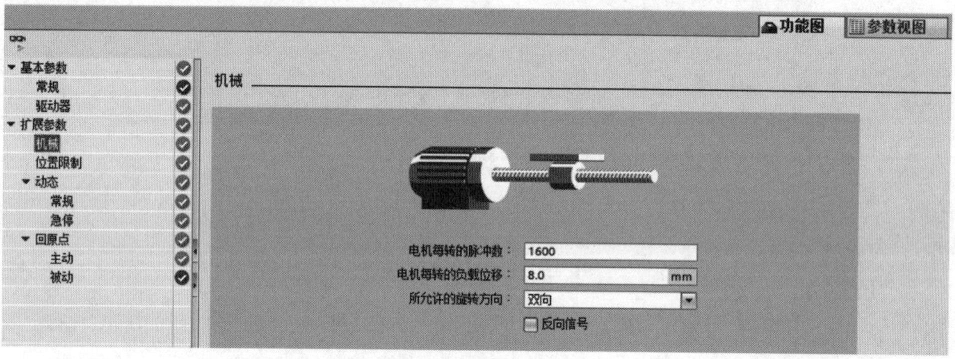

图 4-8　机械参数

③ 位置限制，参数如图 4-9 所示。启用硬限位开关：使能机械系统的硬件限位功能，在轴到达硬件限位开关时，它将使用急停减速斜坡停车。

启用软限位开关：使能机械系统的软件限位功能，此功能通过程序或者组态定义系统的极限位置。在轴到达软件限位开关，轴运动将被停止。工艺对象报故障，在故障被确认后，轴可以恢复在工作范围内的运动。

硬件下限位开关输入、硬件上限位开关输入：选择对应的硬限位开关。

选择电平：限位点有效电平，分为 High Level（高电平有效）和 Low Level（低电平有效）两种。

（3）动态参数。

① 常规动态参数如图 4-10 所示。速度限值的单位：此处选择速度限制值单位，包括 r/min（转/分钟）和 Pulse/s（脉冲数/秒）两种。

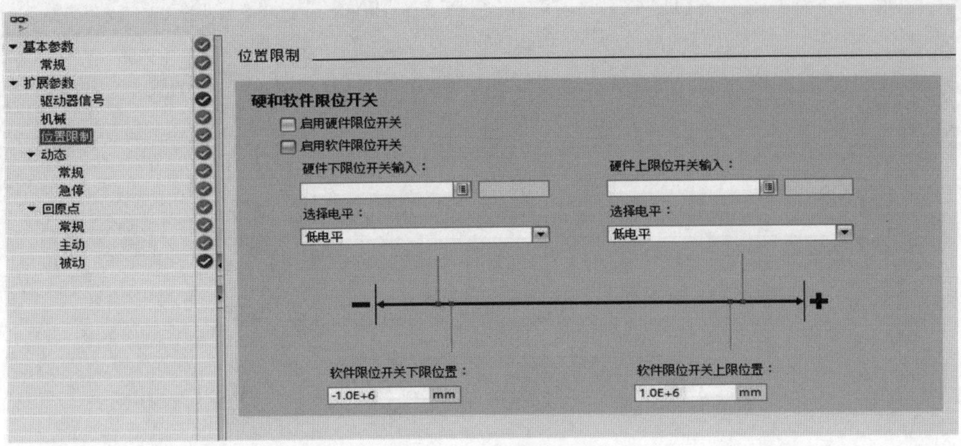

图 4-9　位置限制

最大速度：定义系统的最大运行速度，以毫秒/秒为单位的最大速度，由系统自动计算。

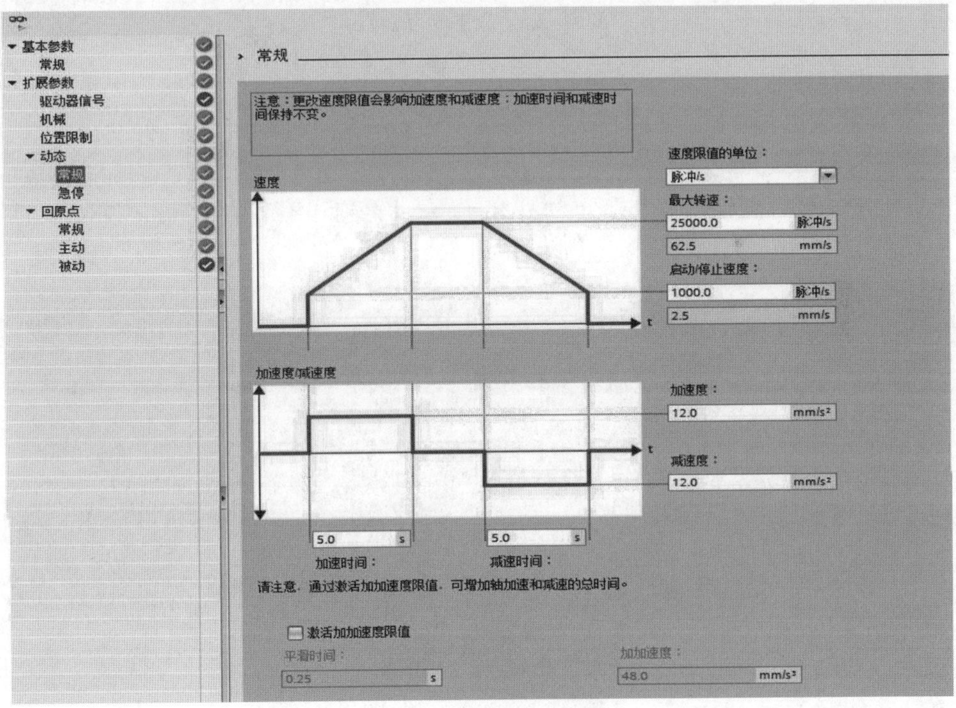

图 4-10　常规动态参数

启动/停止速度：定义系统的启动/停止速度，考虑到电机的扭矩等力学特性，其启动/停止速度不能为 0。

加/减速度与加/减速时间这两组数据，只要定义其中任意一组，系统会自动计算另外一组数据，这里的加/减速度与加/减速时间需要用户根据实际工作要求和系统本身特性调试得出。

② 急停，参数如图 4-11 所示。紧急减速度：此处定义从最大速度到启动/停止速度的减速度。

急停减速时间：此处定义从最大速度启动/停止速度的减速时间。

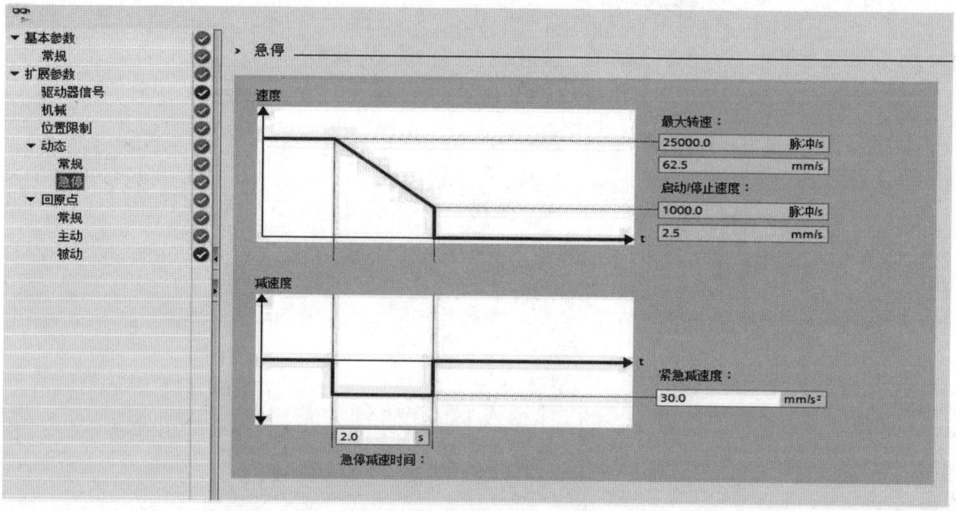

图 4-11　急停动态参数

（4）回原点

① 常规回原点参数如图 4-12 所示。输入参考点开关：此处定义参考点，一般使用数字量输入作为参考点开关。

选择电平：限位点有效电平，分为 High Level（高电平有效）和 Low Level（低电平有效）两种。

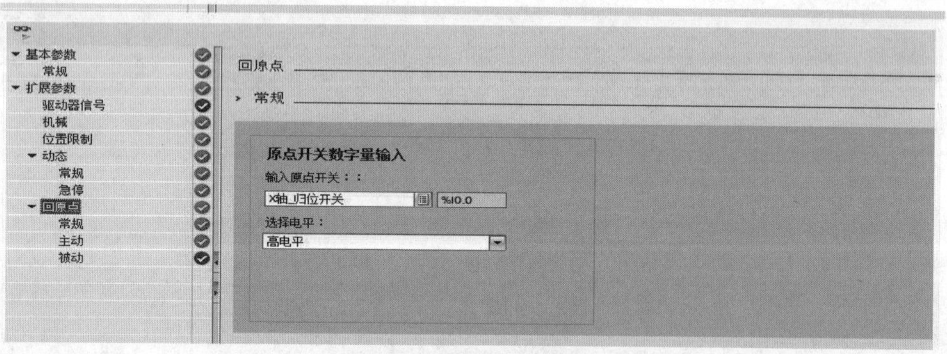

图 4-12　常规回原点参数

② 主动回原点参数如图 4-13 所示。允许硬限位开关处自动反转：此处可使能在寻找参考点过程中碰到硬件限位点自动反向，在激活回参考点 功能后，轴在碰到参考点之前碰到了硬件限位点，此时系统认为参考点在反方向，会按组态好的斜坡减速 曲线停车并反转。若该功能并没有被激活并且轴到达硬件限位点，则回参考点过程会被立即停止。

逼近/回原点方向：此处定义在执行寻找参考点的过程中的初始方向，包括正向寻找和负向寻找两种方式。

参考点开关一侧：此处定义使用参考点左边沿或者右边沿。

逼近速度：在进入参考点区域时的速度。

参考速度：在进入参考点区域后，到达参考点位置时的速度。

原点位置偏移：在参考点开关位置和参考位置有差别是，在此时输入距离参考点的偏移量。轴以到达速度 接近零位，在 MC_Home 语句的“位置”参数指定绝对参考点坐标。

参考点位置：参考点坐标有 MC_Home 指令块的 Position 参数确定。

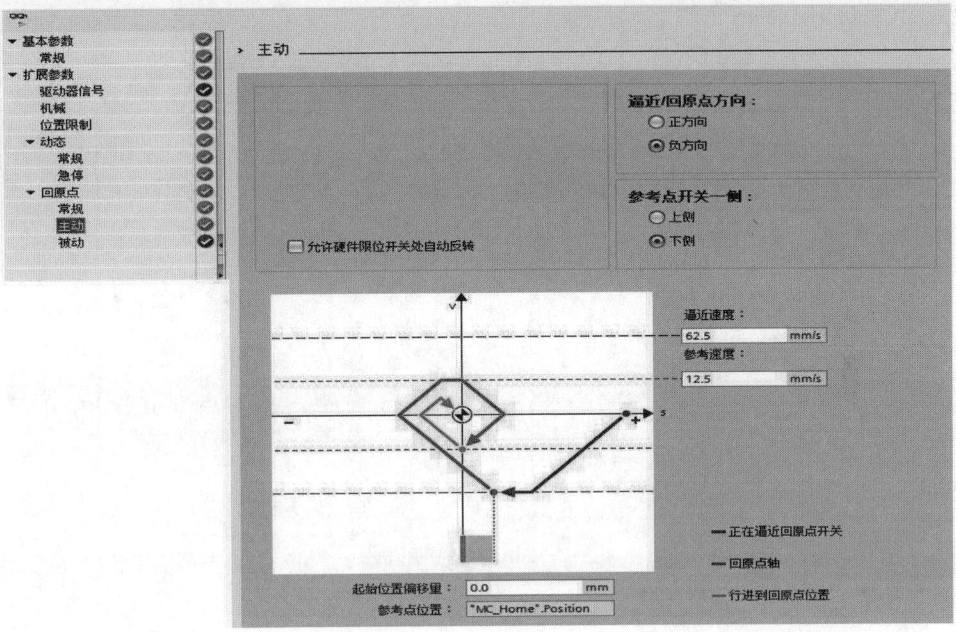

图 4-13　主动回原点参数

③ 被动回原点参数如图 4-14 所示。

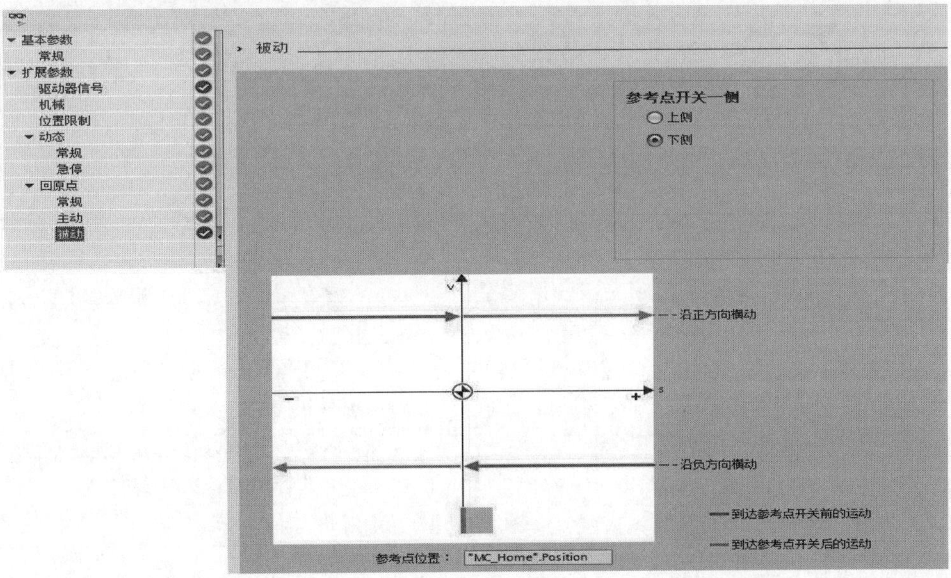

图 4-14　被动回原点参数

思考问题 3：运动控制指令的格式和功能是什么？

S7-1200 PLC 的运动控制指令 Motion Control 在“工艺”指令库中，主要包括启用/禁用轴指令 MC_Power，错误复位指令 MC_Reset，轴回原点指令 MC_Home，轴暂停指令 MC_Halt，绝对运动指令 MC_MoveAbsolute，相对运动指令 MC_MoveRelative，以预定速度运动指令 MC_MoveVelocity，轴点动指令 MC_MoveJog 等，如图 4-15 所示。

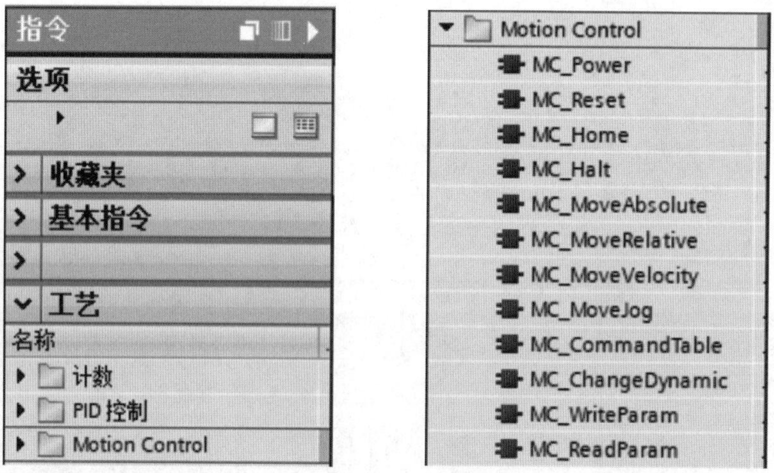

图 4-15　运动控制指令

运动控制指令的参数含义与功能，如表 4-2 所示。

配　套　视　频

运动控制指令1　运动控制指令2　运动控制指令3　运动控制指令4

表 4-2　运动控制指令功能

LAD	输入/输出	参数含义
启用/禁用轴		
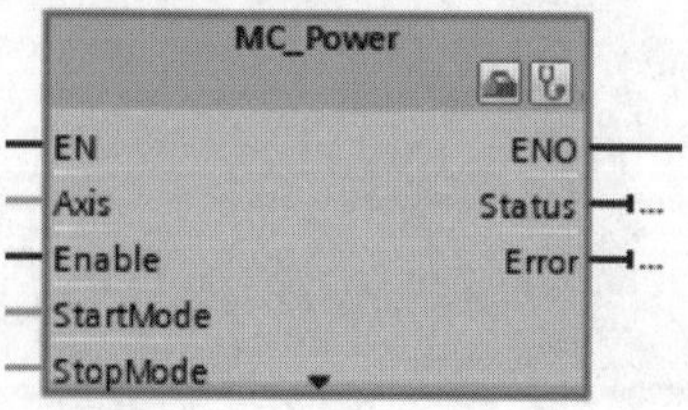	EN	指令使能
	Axis	组态好的工艺对象名称
	Enable	1:轴使能;0:轴停止
	StopMode	0:按照组态中的急停曲线停止高速脉冲输出; 1:立即停止,输出脉冲立即封死
	ENO	使能输出
	ErrorID	错误 ID 码
	ErrorInfo	错误信息

续表

<table>
<tr><th>LAD</th><th>输入/输出</th><th>参数含义</th></tr>
<tr><td colspan="3">故障确认</td></tr>
<tr><td rowspan="6">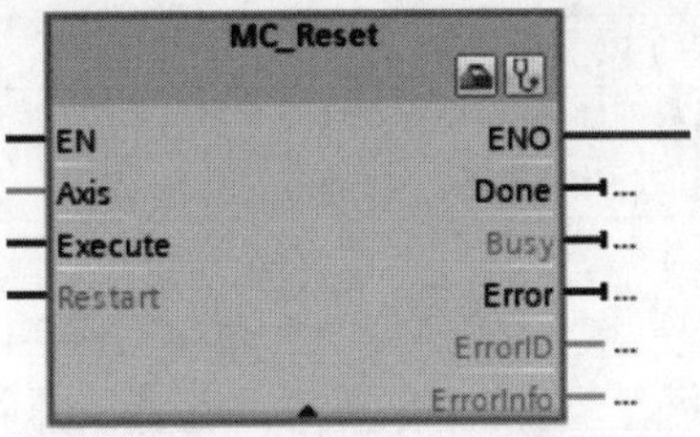
</td><td>EN</td><td>指令使能</td></tr>
<tr><td>Axis</td><td>组态好的工艺对象名称</td></tr>
<tr><td>Execute</td><td>边沿信号使能</td></tr>
<tr><td>ENO</td><td>使能输出</td></tr>
<tr><td>Done</td><td>故障确认</td></tr>
<tr><td>Busy</td><td>1:指令正在执行</td></tr>
<tr><td colspan="3">停止轴</td></tr>
<tr><td rowspan="7">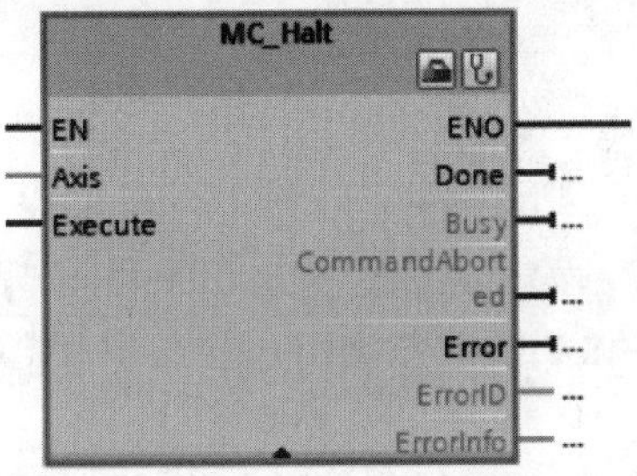
</td><td>EN</td><td>指令使能</td></tr>
<tr><td>Axis</td><td>组态好的工艺对象名称</td></tr>
<tr><td>Execute</td><td>边沿信号使能,按照组态好的减速曲线停车</td></tr>
<tr><td>ENO</td><td>使能输出</td></tr>
<tr><td>Done</td><td>停止确认:速度降为0</td></tr>
<tr><td>Busy</td><td>1:指令正在执行</td></tr>
<tr><td>CommandAbort</td><td>1:热在执行期间被另一任务所中止</td></tr>
<tr><td colspan="3">轴回原点</td></tr>
<tr><td rowspan="8">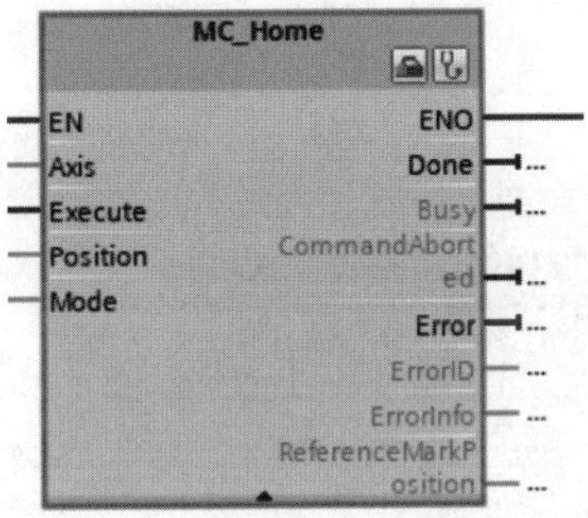
</td><td>EN</td><td>指令使能</td></tr>
<tr><td>Axis</td><td>组态好的工艺对象名称</td></tr>
<tr><td>Execute</td><td>边沿信号使能,执行回原点</td></tr>
<tr><td>Position</td><td>当轴达到参考输入点绝对位置(模式2、3);位置值(模式1);修正值(模式2)</td></tr>
<tr><td>Mode</td><td>0、1:执行绝对回原点动作;
2:执行被动回原点动作;
3:执行主动回原点动作;</td></tr>
<tr><td>ENO</td><td>使能输出</td></tr>
<tr><td>Done</td><td>执行完成</td></tr>
<tr><td>Busy</td><td>1:指令正在执行</td></tr>
<tr><td colspan="3">绝对运动</td></tr>
<tr><td rowspan="8">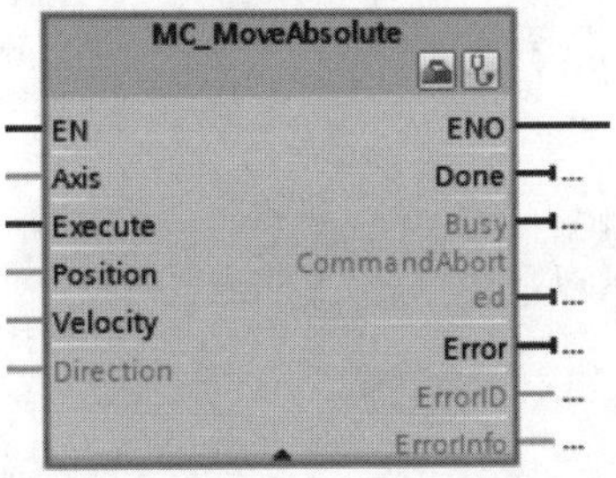
</td><td>EN</td><td>指令使能</td></tr>
<tr><td>Axis</td><td>组态好的工艺对象名称</td></tr>
<tr><td>Execute</td><td>边沿信号使能,轴按照设定的速度和距离运行,方向由距离的(+、-)决定</td></tr>
<tr><td>Position</td><td>目标位置值(+、-)</td></tr>
<tr><td>Velocity</td><td>定义速度:启动/停止速度≤Velocity≤最大速度</td></tr>
<tr><td>ENO</td><td>使能输出</td></tr>
<tr><td>Done</td><td>已达到目标位置</td></tr>
<tr><td>Busy</td><td>1:指令正在执行</td></tr>
</table>

续表

<table>
<tr><th>LAD</th><th>输入/输出</th><th>参数含义</th></tr>
<tr><td colspan="3">相对运动</td></tr>
<tr><td rowspan="8">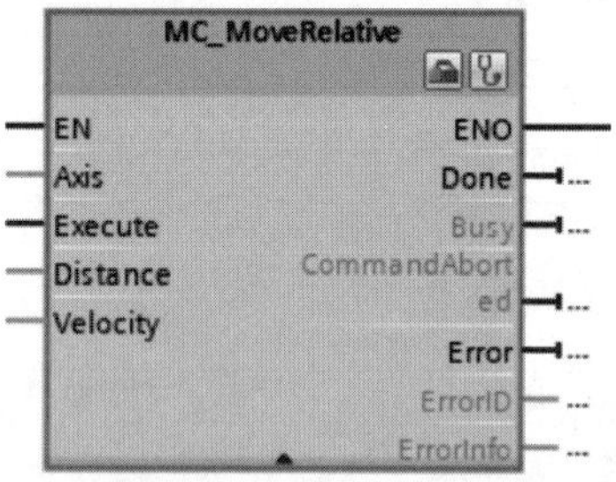
</td><td>EN</td><td>指令使能</td></tr>
<tr><td>Axis</td><td>组态好的工艺对象名称</td></tr>
<tr><td>Execute</td><td>边沿信号使能,轴按照设定的速度和距离运行,方向由距离的(+、-)决定</td></tr>
<tr><td>Distance</td><td>运行距离(+、-)</td></tr>
<tr><td>Velocity</td><td>定义速度:启动/停止速度≤Velocity≤最大速度</td></tr>
<tr><td>ENO</td><td>使能输出</td></tr>
<tr><td>Done</td><td>已达到目标位置</td></tr>
<tr><td>Busy</td><td>1:指令正在执行</td></tr>
<tr><td colspan="3">点动</td></tr>
<tr><td rowspan="8">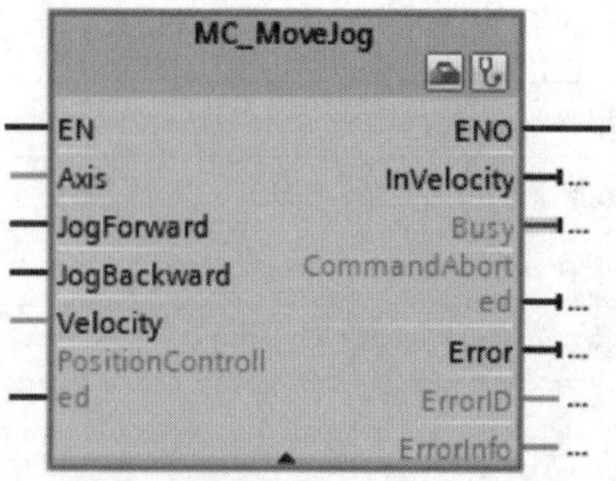
</td><td>EN</td><td>指令使能</td></tr>
<tr><td>Axis</td><td>组态好的工艺对象名称</td></tr>
<tr><td>JogForward</td><td>1:使能正向转动;0:停止</td></tr>
<tr><td>JogBackward</td><td>1:使能反向转动;0:停止</td></tr>
<tr><td>Velocity</td><td>定义的速度:启动/停止速度≤Velocity≤最大速度</td></tr>
<tr><td>ENO</td><td>使能输出</td></tr>
<tr><td>InVelocity</td><td>1:已达预设定的速度</td></tr>
<tr><td>Busy</td><td>1:指令正在执行</td></tr>
</table>

任务实施

第一步：启动 PTO。启用脉冲发生器 PTO3，如图 4-16 所示。

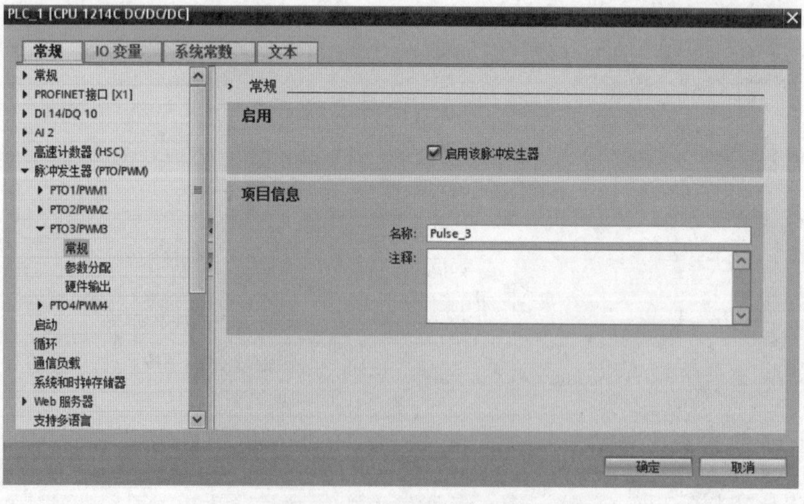

图 4-16　启用 PTO3

选择脉冲信号类型为脉冲 A 方向 B，如图 4-17 所示。

硬件输出系统默认为 Q0.4，同时启用方向输出，默认为 Q0.5，如图 4-18 所示。

第二步：组态轴。在常规参数窗口，定义轴名称为默认的轴_1，选择驱动器类型为PTO，设置位置单位为mm，如图4-19所示。

在驱动器参数窗口，选择脉冲发生器Pulse_3，信号类型PTO（脉冲A和方向B），脉冲输出类型为脉冲，输出点Q0.4，并勾选激活方向输出，默认Q0.5，如图4-20所示。

在机械参数窗口，设置电机每转脉冲数为1600，每转位移8.0mm，允许旋转方向为双向，如图4-21所示。

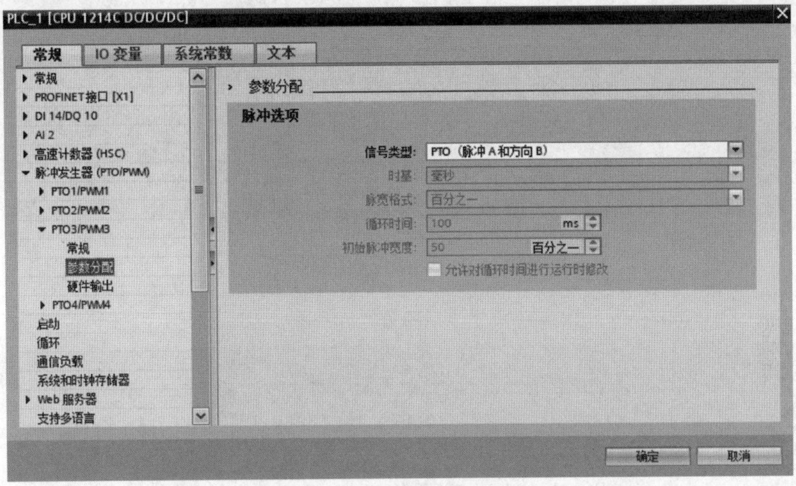

图4-17　选择脉冲信号类型

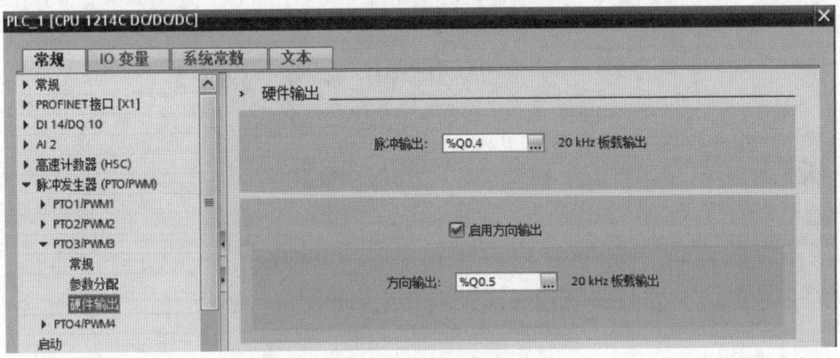

图4-18　硬件输出点

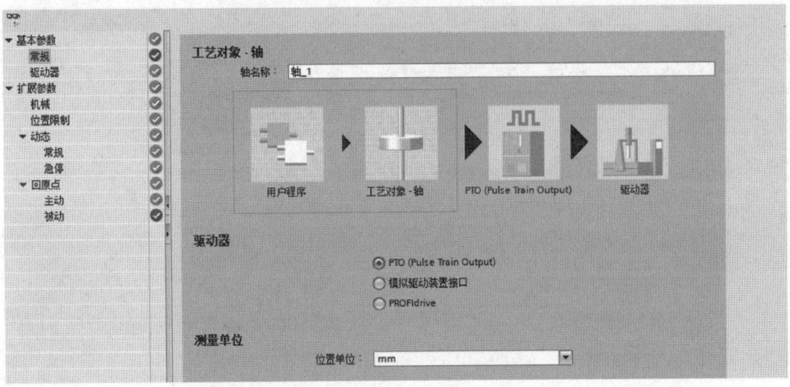

图4-19　组态轴的常规参数

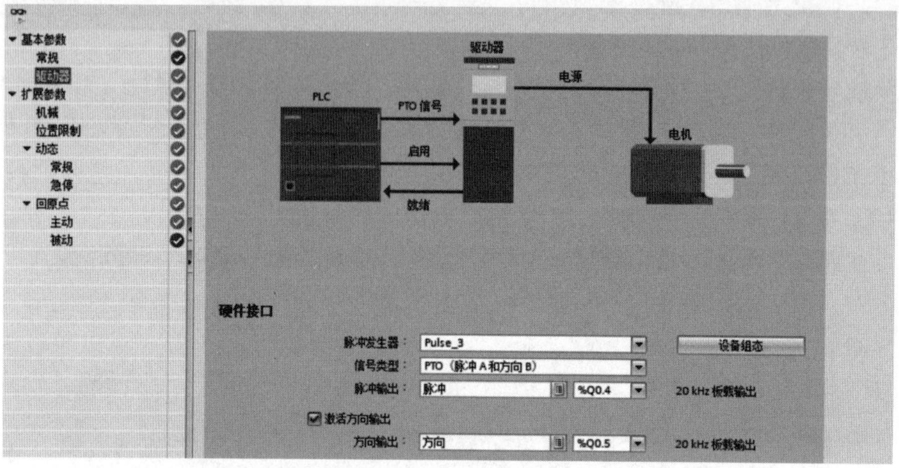

图 4-20　组态驱动器参数

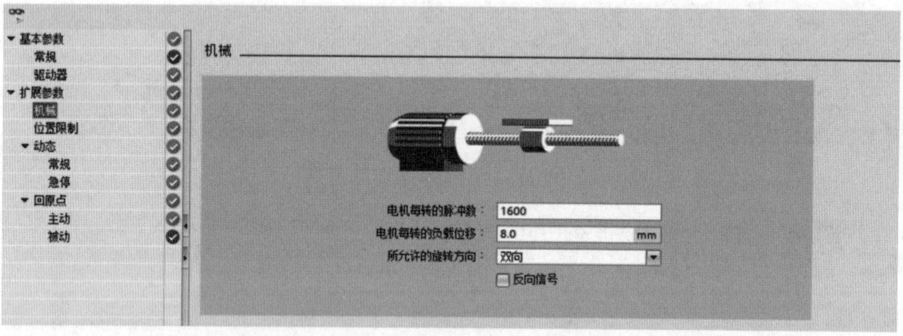

图 4-21　组态机械参数

在位置限制参数窗口，选择启用硬限位开关，并根据系统硬件，选择下限位开关 I0.3，上限位开关 I0.5，并且设置为高电平有效，如图 4-22 所示。

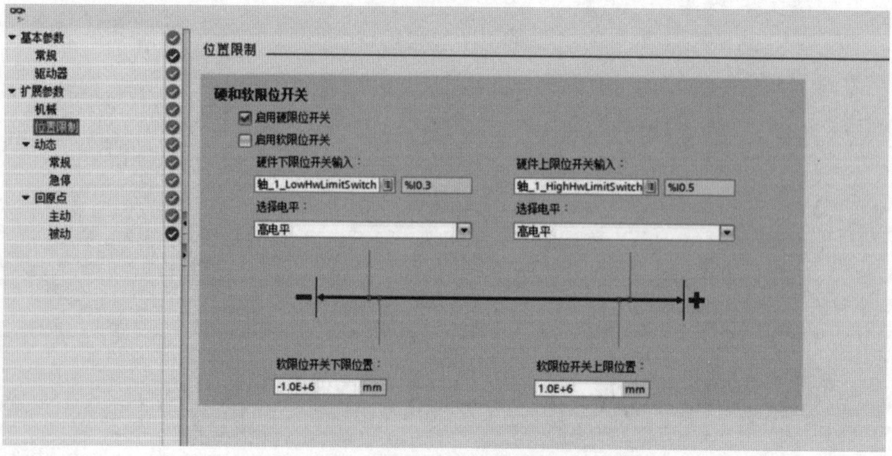

图 4-22　组态位置限制参数

在动态-常规参数窗口，选择速度单位为 mm/s，设置最大速度 100.0mm/s，启动/停止速度为 8.0mm/s，加速减速时间为 0.2s，如图 4-23 所示。

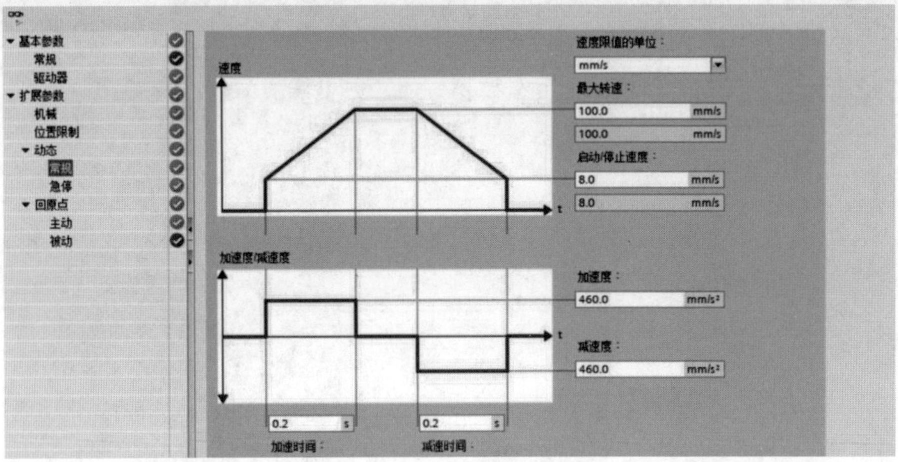

图 4-23　组态动态-常规参数

在动态-急停参数窗口，设置急停时间为 0.01s，其他参数数值可以使用默认值，如图 4-24 所示。

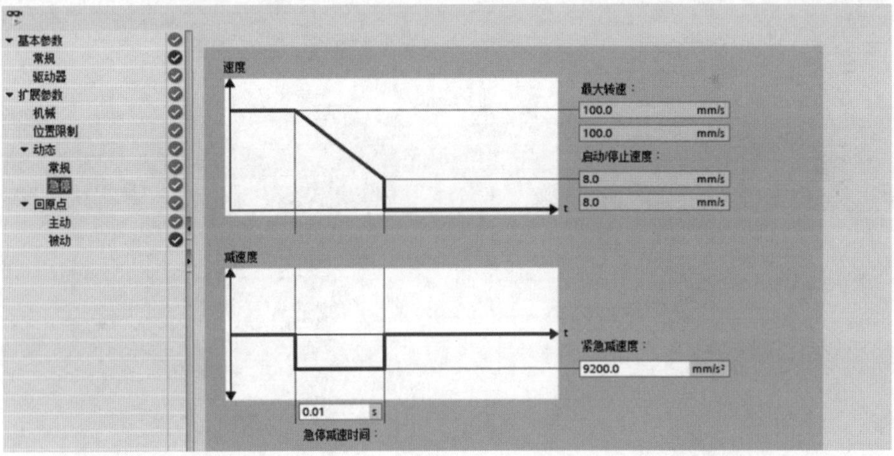

图 4-24　组态动态-急停参数

在回原点-主动参数窗口，根据系统硬件选择原点开关 I0.4，选择高电平有效；勾选“允许硬限位开关处自动反转”，其他参数可以使用默认或根据系统选择，如图 4-25 所示。

在回原点-被动参数窗口，选择高电平有效，如图 4-26 所示。

第三步：建立变量表，如图 4-27 所示。

第四步：步进电机的接线。Microtep 17HS101 两相混合式步进电动机驱动器端子功能，如图 4-28 所示。步进电机运动控制系统接线原理图，如图 4-29 所示。

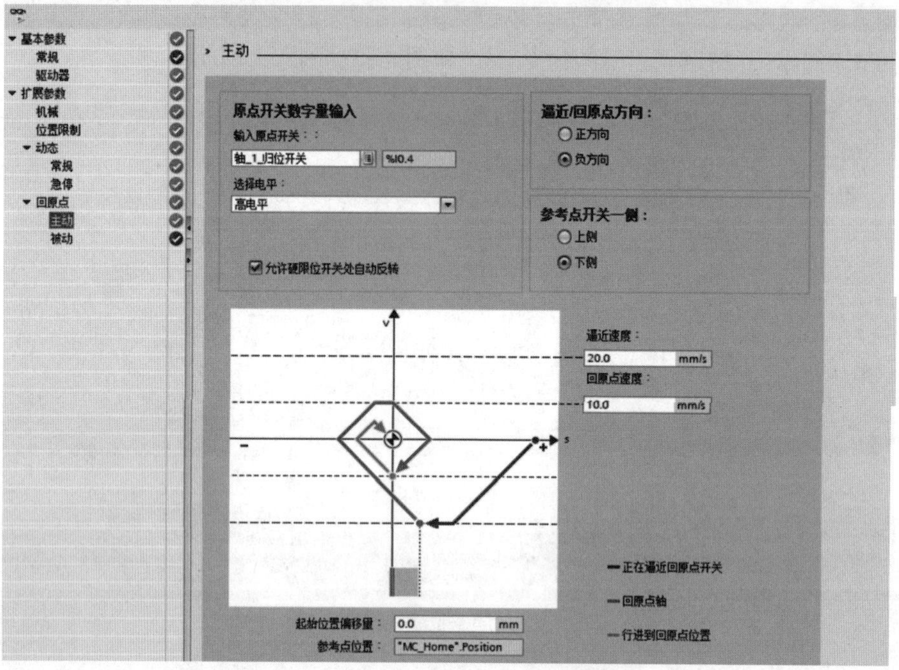

图 4-25　组态回原点-主动参数

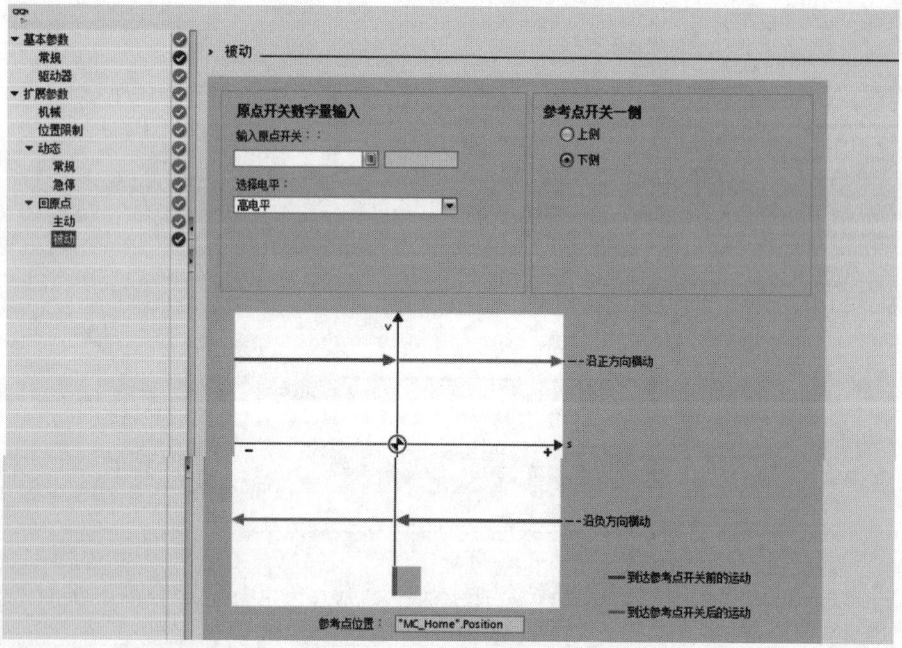

图 4-26　组态回原点-被动参数

第五步：步进驱动器设置，步进驱动器参数表如图 4-30 所示。包括细分步数的设置和电流值的设置，开关向下为 ON 状态。由图 4-21 所示电机每转脉冲数为 1600，因此将 S1、S2、S3 设置为 OFF、ON、OFF。Microtep 17HS101 输出相电流为 1.7A，因此将 S4、S5、S6 设置为 ON、ON、OFF。

名称	数据类型	地址 ▲
启动	Bool	%I0.0
停止	Bool	%I0.2
轴_1_LowHwLimitSwitch	Bool	%I0.3
轴_1_归位开关	Bool	%I0.4
轴_1_HighHwLimitSwitch	Bool	%I0.5
脉冲	Bool	%Q0.4
方向	Bool	%Q0.5

图 4-27　变量表

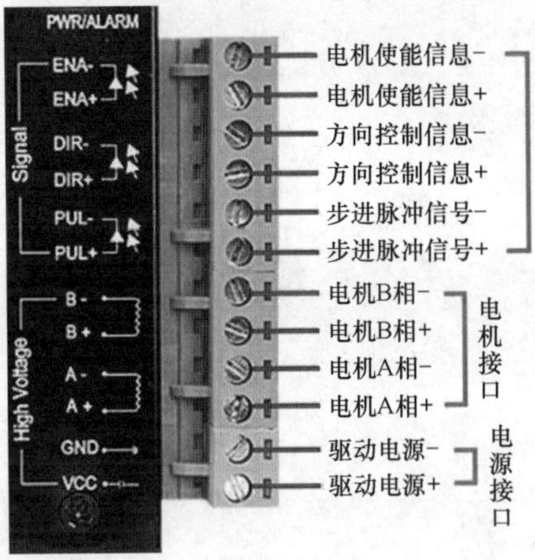

图 4-28　步进驱动器端子

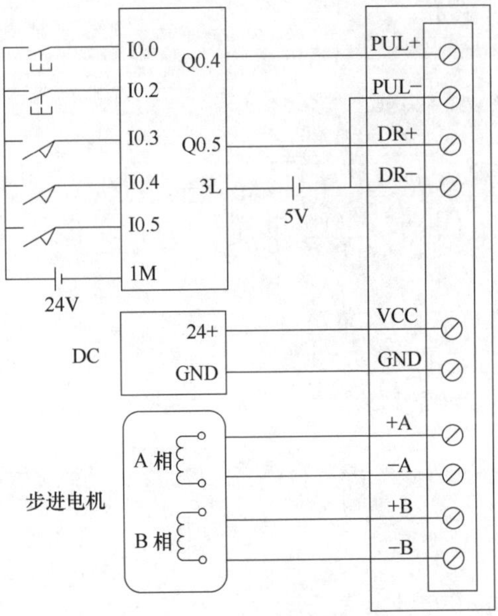

图 4-29　系统接线原理图

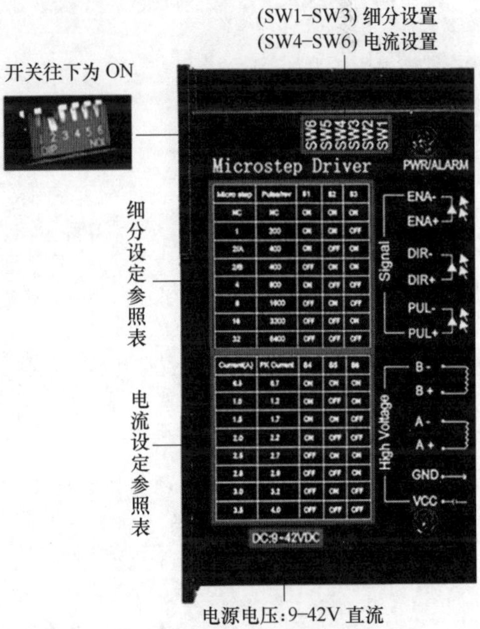

图 4-30　步进驱动器参数表

第六步：程序设计，示例程序，如图 4-31 所示。

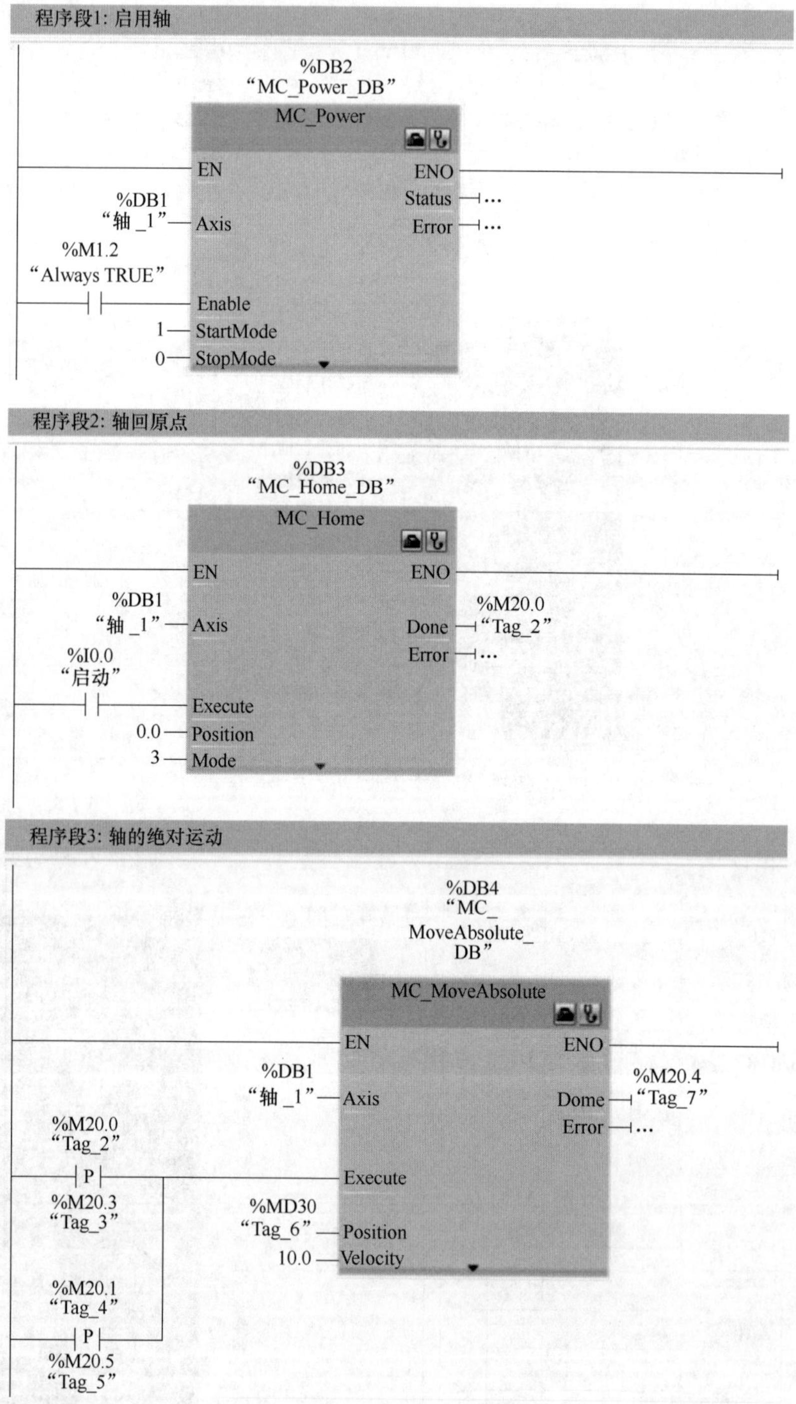

图 4-31 PLC 程序

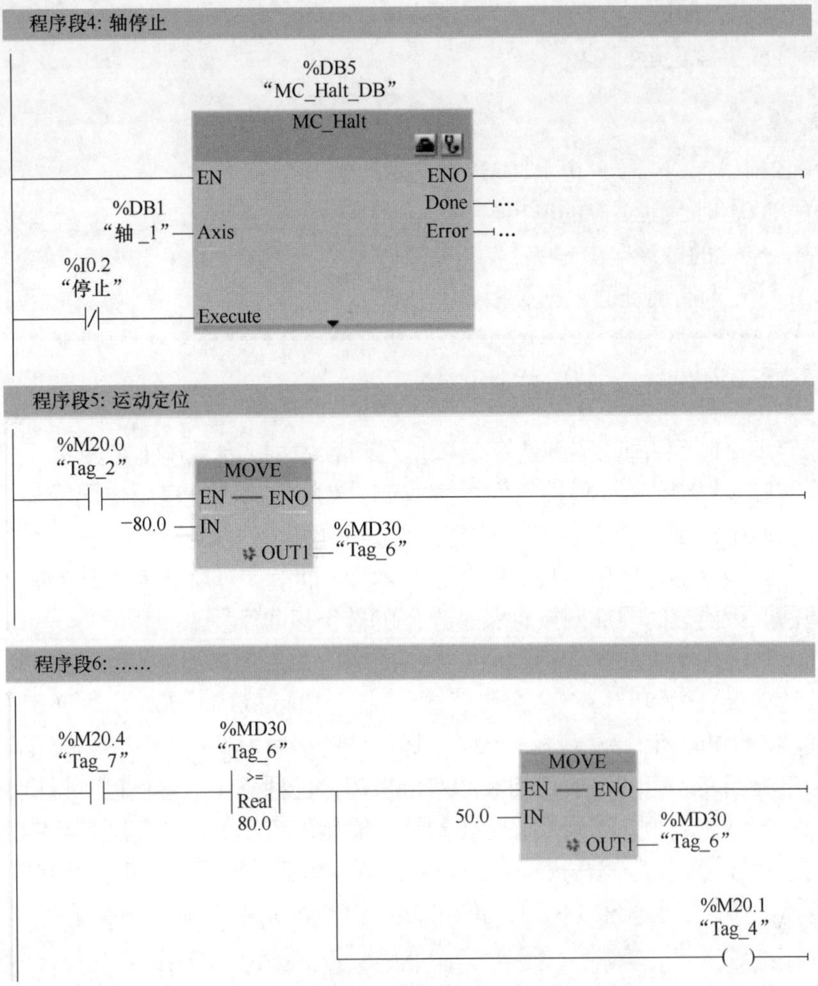

图 4-31　PLC 程序（续）

任务拓展

机械手在生产线的上料工位、加工工位、分拣工位之间搬运物品，如图 4-32 所示。

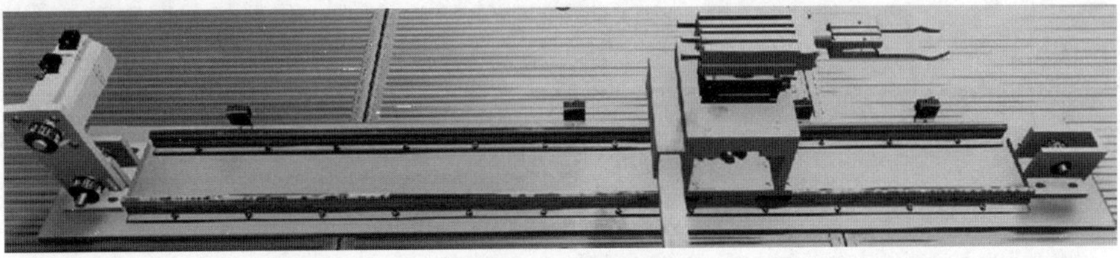

图 4-32　工件搬运机械手

控制要求：

启动后，机械手自动回原点，然后开始正向运行至 80mm 的位置后到达上料工位取料，3s 后继续正向运行至 150mm 的加工工位位置，10s 后继续正向运行至 250mm 的分拣工位位置，15s 后返回原点。

停止后机械手停止运行。

习 题

1. CPU1214C 有________个 PTO/PWM 发生器。
2. 使用 PTO1 时，其对应的输出端口为：脉冲________，方向________。
3. 可变占空比的脉冲输出是________。
4. PWM 脉宽调制地址的数据类型是________。

小贴士：神舟十五号成功对接

我国自 2021 年空间站实施建造以来，已陆续发射了天和核心舱、2 个实验舱、4 艘货运飞船、4 艘载人飞船接力建造空间站，如今，“天上宫阙”已经有了日渐清晰的模样。但不管是 T 字基本构型的搭建还是多艘飞船的来访，我国空间站均需要通过空间交会对接的方式来实现太空“搭积木”，而航天八院研制的对接机构则是实现空间站各航天器之间可靠对接、紧密连接的关键核心产品。

目前，我国采用的异体同构周边式对接机构分为主动对接机构和被动对接机构。一套主被动对接机构包含有 192 个传感器、18 个执行机构、260 余个弹簧、数百个齿轮和轴承，集机、电、液、热于一体，是公认的极其复杂的空间机构产品。

核心舱上安装了空间站所有的被动对接机构，包括三个对接端口（前向、径向、后向）和两个停泊端口（问天实验舱和梦天实验舱的专用），是名副其实的“太空母港”。神舟十四号与核心舱在径向端口对接停靠，天舟五号在核心舱后向端口对接停靠，其余两个超大实验舱停泊在侧向两个停泊口，构成了当前的空间站“T”字基本构型。

此次，神舟十五号采用快速交会对接模式，首次与 90 吨级的空间站在前向端口对接，并实现刚性连接，形成封闭的内通道，3 名航天员穿过对接机构进入空间站。核心舱上的对接口“满员”停靠，所有对接机构全部“上岗”工作。

为了实现可靠对接、安全停靠，型号研制队伍在地面通过了 31 次捕获缓冲试验，验证了对接机构具备在单项极限偏差、组合偏差共 31 种工况下的捕获缓冲能力，使对接机构的运动精度横向偏差可以控制在 1mm 以内，角度偏差控制在 0.1° 以内。

实训任务单

实训任务　码垛机器人步进电机运行的 PLC 控制设计

任务描述：

步进电机安装在丝杠装置上，其安装示意图如图 4-33 所示，其中 SQ13、SQ12、SQ11 分别为直角坐标系 Y 轴的定位开关，各定位开关根据货物尺寸进行安装调整，SQ14、SQ15 分别为极限位开关。

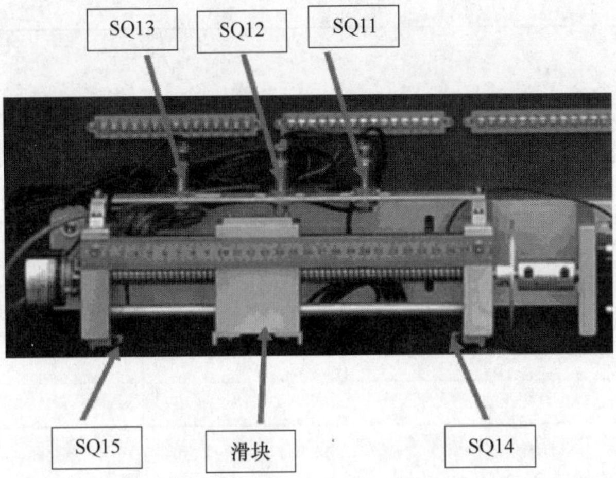

图 4-33　步进电机安装示意图

任务要求：

启动前，手动将码货小车移动至 SQ11 位置。按下启动按钮 SB1，沿丝杠向左行驶到定位开关 SQ12 处停止，3s 后开始返回，到 SQ11 处停止；2s 后继续向左运行，至 SQ13 处停止，3s 后开始返回，到 SQ11 处停止。整个过程中按下停止按钮 SB2，M3 停止，再次按下 SB1，小车从当前位置开始继续运行。小车运行时 HL2 长亮，小车停止时 HL2 以 2Hz 闪烁。

1. 任务分组

小组序号		小组名称	
任务名称	码垛机器人步进电机运行的 PLC 控制设计		
组员	承担角色	职责	

2. 任务分析

控制系统组成	
控制过程分析	
I/O 设备确定	
PLC 型号确定	

3. 设计决策

（1）I/O 地址分配。

输入			输出		
元件	地址	功能	元件	地址	功能

（2）PLC 电气原理图设计。

PLC 硬件接线电气原理图

电气元件明细表

序号	元件名称	规格型号	单位	数量	电气符号

（3）PLC 程序设计思路。

4. 设计实施

耗材与工具领取。

序号	名称	规格型号	数量

5. 电气接线

出现的问题	解决的措施

6. 程序编辑与调试

出现的问题	解决的措施

参考文献

［1］（美）弗兰克．D．佩德鲁泽拉．PLC 应用及实例解析［M］．北京：机械工业出版社，2019.

［2］待寿永．西门子 S7-1200 PLC 编程及应用教程［M］．2 版．北京：机械工业出版社，2021.

［3］王赛，张强，赖华．PLC 控制系统组建与调试［M］．北京：中国轻工业出版社，2021.

［4］胡盘峰．可编程控制器技术应用［M］．北京：中国轻工业出版社，2022.

［5］西门子 S7-1200 PLC 系统手册［Z］．西门子公司，2019.

［6］向晓汉．PLC 编程从入门到精通［M］．北京：化学工业出版社，2020.

［7］图说帮，PLC 编程从零基础到实战［M］．北京：中国水利水电出版社，2021.

［8］李涛，零基础学电工［M］．北京：北京时代华文书局，2022.

［9］韩雪涛．电工知识技能大全［M］．北京：电子工业出版社，2020.

［10］张晓艳．浅谈 PLC 技术在电气工程及其自动化控制中的应用［J］．时代汽车，2022（07）：29-30.